2020全国一级建造师执业资格考试经典真题荟萃

建筑工程管理与实务
百 题 讲 坛

主 编 龙炎飞

中国建材工业出版社

图书在版编目（CIP）数据

建筑工程管理与实务百题讲坛／龙炎飞主编. -- 北京：中国建材工业出版社，2020.4
2020全国一级建造师执业资格考试经典真题荟萃
ISBN 978-7-5160-2817-9

Ⅰ.①建… Ⅱ.①龙… Ⅲ.①建筑工程—施工管理—资格考试—习题集 Ⅳ.①TU71-44

中国版本图书馆CIP数据核字（2020）第024874号

内容简介

本书共分为3个部分：第1部分为案例题关键词索引，对应关联106道经典案例题，全面系统掌握关键考点；第2部分为106道经典案例题，以一二建经典案例真题为依据，结合最新标准规范和命题趋势，精准剖析，举一反三，对知识点纵横引申；第3部分为标准、规范及条文节选（超教材外），重点攻克每年都会出现的近20分超纲和最新规范考点。

本书通过对106道经典案例的深入解析，帮助考生理顺案例解题思路，揣摩命题考核点，从而使考生掌握答题方法和技巧，力求助考生备考事半功倍、攻克难关。

本书适用于参加全国一级建造师执业资格考试的考生。

建筑工程管理与实务百题讲坛
Jianzhu Gongcheng Guanli yu Shiwu Baiti Jiangtan
主　编　龙炎飞

出版发行：中国建材工业出版社
地　　址：北京市海淀区三里河路1号
邮　　编：100044
经　　销：全国各地新华书店
印　　刷：北京鑫正大印刷有限公司
开　　本：787mm×1092mm　1/16
印　　张：18.75
字　　数：450千字
版　　次：2020年4月第1版
印　　次：2020年4月第1次
定　　价：**99.80元**

本社网址：www.jccbs.com，微信公众号：zgjcgycbs
请选用正版图书，采购、销售盗版图书属违法行为
版权专有，盗版必究。本社法律顾问：北京天驰君泰律师事务所，张杰律师
举报信箱：zhangjie@tiantailaw.com　　举报电话：（010）68343948
本书如有印装质量问题，由我社市场营销部负责调换，联系电话：（010）88386906

丛书编写委员会

主　　任　胡宗强　龙炎飞

副 主 任　叶　宏　马庆华　何　峰

编　　委　谷永生　李宏伟　贾洪民

　　　　　林伟雄　柳　英　张淑绒

　　　　　张　楠　张永平　庄吉凯

　　　　　仝彩霞　方金强

序言

《2020全国一级建造师执业资格考试经典真题荟萃》系列丛书共6册，分别为：
1. 《建设工程经济》ISBN 978-7-5160-2815-5　马庆华　庄吉凯　主编
2. 《建设工程法规及相关知识》ISBN 978-7-5160-2818-6　何峰　主编
3. 《建设工程项目管理》ISBN 978-7-5160-2814-8　叶宏　主编
4. 《建筑工程管理与实务百题讲坛》ISBN 978-7-5160-2817-9　龙炎飞　主编
5. 《市政公用工程管理与实务百题讲坛》ISBN 978-7-5160-2820-9　胡宗强　主编
6. 《市政公用工程管理与实务精选精解》ISBN 978-7-5160-2819-3　胡宗强　主编

本系列丛书深度解析了各科目的历年真题及经典题，不仅帮助考生掌握考点、全面了解命题思路及考试趋势，而且提高了学习的系统性和完整性。

本系列丛书以"千题巧解，百题讲坛"的形式，筛选出历年有价值的经典真题和模拟题，用精炼、简明扼要的语言精确剖析，最大限度提升考生学习的效率和精准度。

公共基础科目

"建设工程经济""建设工程法规及相关知识"和"建设工程项目管理"3门公共基础课，全部为客观题，以①紧跟命题趋势，更新标准规范；②甄选热门精华，全新全面精解；③剔除陈旧考点，避免重复赘余；④摒弃送分易题，直击得分核心这四大筛选原则，分门别类提炼出《建设工程经济》300题，《建设工程法规及相关知识》350题，《建设工程项目管理》350题，形成公共基础科目的"千题巧解"，大大提高考生复习的针对性。

建筑工程管理与实务科目

本科目作者根据十年来授课经验和讲义总结，通过对历年真题的深入研究和把控，站在考生的角度，急考生之所急，采用案例"百题讲坛"的形式编写了《建筑工程管理与实务百题讲坛》。全书共分为3个部分：第1部分为案例题关键词索引，对应关联106道经典案例题，全面系统掌握关键考点；第2部分为106道经典案例题，以一二建经典案例真题为依据，结合最新标准规范和命题趋势，精准剖析，举一反三，对知识点纵横引申；第3部分为标准、规范及条文节选（超教材外），重点攻克每年都会出现的近20分超纲和最新规范考点。

市政公用工程管理与实务科目

本科目自 2017 年改版为"百题讲坛"以来，深受行业人士和广大考生好评，本次改版针对考试大纲和内容的变化，《市政公用工程管理与实务百题讲坛》在 2019 版的基础上，顺势做了更新替换。2020 版集聚 112 道经典案例题，将市政专业最难、最关键、能否拿下考试的重中之重融入本书，主要内容包括：40 道经典一建案例真题（2013—2019 年）、35 道经典二建案例真题（2009—2019 年）、37 道经典案例模拟题。

2020 年，本科目新增《市政公用工程管理与实务精选精解》一书。本书主要汇集了 2009—2019 年一建市政选择题，同时参照历年真题的形式，增加了道路、桥梁、轨道交通、给排水、管道、垃圾处理、施工测量与监控量测、施工管理等模拟题，力求最大程度地涵盖考试知识点，争取让考生在短时间内全面熟悉和掌握考试内容，力保客观题 40 分。

本系列丛书的作者均为在教学一线工作多年的权威、资深专家，对考试情况和考生学习都十分了解，解析内容反复推敲，力争精炼准确。

在《2020 全国一级建造师执业资格考试经典真题荟萃》系列丛书编写过程中，虽经反复推敲核正，仍不免有疏漏和不妥之处，恳请广大读者提出宝贵意见和建议。

编委会

2020 年 3 月

前言

目前市面上关于一级建造师考试的辅导用书比比皆是，各辅导资料质量参差不齐，内容大多千篇一律，质量过硬且能卓有成效地帮助考生通过考试的辅导资料并不多见。编者根据十年来的上课经验及讲义总结，通过对历年真题的深入研究和把控，站在考生的角度，急考生之所急，编写了2020年一级建造师《建筑工程管理与实务百题讲坛》。本书由3个部分组成：

第1部分：案例题关键词索引

每位考生都有自己比较熟悉和陌生的知识点，为了便于考生使用本书，针对百题讲坛的106个案例题所涉及的问题，罗列出每个案例题的关键词，令考生在有针对性地复习某个知识点时，能够迅速准确地找出所需要的案例题，从而进行有针对性的复习。

第2部分：106道经典案例题

本部分编者主要以一、二级建造师历年建筑工程管理与实务考试真题为依据，结合频繁变动的建筑施工行业规范，对案例题背景中已经废止的规范和条文做了相应的修改，同时对建造师考试用书历年改版过程中修改和删除的知识点所对应的案例题背景及问题，也做了相应调整，以满足考生2020年的考试复习要求。

本书案例题答案力求精准不拖沓，结合建筑工程管理与实务历年出题趋势，对案例题涉及的考点进行解析，同时举一反三，对相关考点做"知识点引申"，力求考生在复习该案例题的考点时，能够把与之相关的知识点一并复习到位。

第3部分：标准、规范及条文节选（超教材外）

建筑工程管理与实务科目案例题考点每年都会出现近20分的超纲内容和最新规范，该部分也是考生头疼且不容易复习到位的地方，编者经过对历年真题的深入研究，罗列出考试中经常涉及的标准规范条文，供考生作为超纲题复习备考的方向。

本书编写过程中，特别感谢西安建筑科技大学绿色建筑专业的博士们提供的支持，感谢为本书编写和出版提供支持和宝贵意见的各位授课老师。

本书在编写过程中，虽经反复推敲，仍不免有疏漏和不妥之处，恳请广大读者提出宝贵意见或建议，欢迎批评指正。

愿我的努力能够帮助广大考生一次性顺利通过建筑工程管理与实务科目。

2020年3月

每一本一建证书里,都藏着我用汗水封印的时光。当你决定为了一建努力奔跑,我助力,你加油,以期达到理想的彼岸。

左荣飞
2020年3月

目录

第1部分　案例题关键词索引 ……………………………………………………… 1

第2部分　106道经典案例题 ……………………………………………………… 7
案例 1　2019 年一建建筑案例真题一 …………………………………………… 7
案例 2　2019 年一建建筑案例真题二 …………………………………………… 9
案例 3　2019 年一建建筑案例真题三 …………………………………………… 13
案例 4　2019 年一建建筑案例真题四 …………………………………………… 16
案例 5　2019 年一建建筑案例真题五（有改动） ……………………………… 19
案例 6　2018 年一建建筑案例真题一 …………………………………………… 23
案例 7　2018 年一建建筑案例真题二 …………………………………………… 24
案例 8　2018 年一建建筑案例真题三 …………………………………………… 26
案例 9　2018 年一建建筑案例真题四 …………………………………………… 29
案例 10　2018 年一建建筑案例真题五（有改动） …………………………… 32
案例 11　2017 年一建建筑案例真题一 ………………………………………… 35
案例 12　2017 年一建建筑案例真题二 ………………………………………… 37
案例 13　2017 年一建建筑案例真题三 ………………………………………… 39
案例 14　2017 年一建建筑案例真题四 ………………………………………… 41
案例 15　2017 年一建建筑案例真题五（有改动） …………………………… 43
案例 16　2016 年一建建筑案例真题一 ………………………………………… 46
案例 17　2016 年一建建筑案例真题二 ………………………………………… 50
案例 18　2016 年一建建筑案例真题三 ………………………………………… 53
案例 19　2016 年一建建筑案例真题四（有改动） …………………………… 58
案例 20　2016 年一建建筑案例真题五（有改动） …………………………… 61
案例 21　2015 年一建建筑案例真题一（有改动） …………………………… 66
案例 22　2015 年一建建筑案例真题二（有改动） …………………………… 69
案例 23　2015 年一建建筑案例真题三（有改动） …………………………… 72
案例 24　2015 年一建建筑案例真题四 ………………………………………… 75

案例 25	2015 年一建建筑案例真题五（有改动）	78
案例 26	2014 年一建建筑案例真题一	82
案例 27	2014 年一建建筑案例真题二	84
案例 28	2014 年一建建筑案例真题三	87
案例 29	2014 年一建建筑案例真题四（有改动）	89
案例 30	2014 年一建建筑案例真题五（有改动）	92
案例 31	2013 年一建建筑案例真题一	94
案例 32	2013 年一建建筑案例真题二（有改动）	97
案例 33	2013 年一建建筑案例真题三（有改动）	99
案例 34	2013 年一建建筑案例真题四（有改动）	101
案例 35	2013 年一建建筑案例真题五（有改动）	104
案例 36	2012 年一建建筑案例真题一	107
案例 37	2012 年一建建筑案例真题二	109
案例 38	2012 年一建建筑案例真题三	112
案例 39	2012 年一建建筑案例真题四（有改动）	115
案例 40	2012 年一建建筑案例真题五（有改动）	118
案例 41	2011 年一建建筑案例真题一（有改动）	120
案例 42	2011 年一建建筑案例真题二	124
案例 43	2011 年一建建筑案例真题三（有改动）	126
案例 44	2011 年一建建筑案例真题四（有改动）	130
案例 45	2011 年一建建筑案例真题五	133
案例 46	2010 年一建建筑案例真题一	135
案例 47	2010 年一建建筑案例真题二（有改动）	137
案例 48	2010 年一建建筑案例真题三（有改动和删减）	139
案例 49	2010 年一建建筑案例真题四（有改动）	141
案例 50	2010 年一建建筑案例真题五（有改动和删减）	143
案例 51	2007 年一建建筑案例真题五	146
案例 52	2004 年一建建筑案例真题三（有改动）	148
案例 53	2019 年二建建筑案例真题一	149
案例 54	2019 年二建建筑案例真题二	152
案例 55	2019 年二建建筑案例真题三	154
案例 56	2019 年二建建筑案例真题四	156
案例 57	2018 年二建建筑案例真题一	158
案例 58	2018 年二建建筑案例真题二（有改动）	160
案例 59	2018 年二建建筑案例真题三（有改动）	162
案例 60	2018 年二建建筑案例真题四（有改动）	164
案例 61	2017 年二建建筑案例真题一	166
案例 62	2017 年二建建筑案例真题二	168

案例 63	2017 年二建建筑案例真题三（有改动）	170
案例 64	2017 年二建建筑案例真题四	172
案例 65	2016 年二建建筑案例真题一	174
案例 66	2016 年二建建筑案例真题二（有改动删减）	177
案例 67	2016 年二建建筑案例真题三	180
案例 68	2016 年二建建筑案例真题四	183
案例 69	2015 年二建建筑案例真题一（有改动和删减）	185
案例 70	2015 年二建建筑案例真题二	187
案例 71	2015 年二建建筑案例真题三	189
案例 72	2014 年二建建筑案例真题一	191
案例 73	2014 年二建建筑案例真题二（有改动）	193
案例 74	2014 年二建建筑案例真题三	196
案例 75	2013 年二建建筑案例真题一（有增加）	199
案例 76	2013 年二建建筑案例真题三（有改动）	200
案例 77		202
案例 78		204
案例 79		205
案例 80		205
案例 81		207
案例 82		208
案例 83		211
案例 84		213
案例 85		214
案例 86		216
案例 87		218
案例 88		219
案例 89		222
案例 90		224
案例 91		226
案例 92		228
案例 93		230
案例 94		233
案例 95		235
案例 96		238
案例 97		239
案例 98		241
案例 99		243
案例 100		246

案例 101 ·· 248
案例 102 ·· 250
案例 103 ·· 252
案例 104 ·· 254
案例 105 ·· 256
案例 106 ·· 258

第3部分 标准、规范及条文节选（超教材外）················· 261

1. 建设工程质量管理条例··· 261
2. 建设工程安全生产管理条例·· 262
3. 危险性较大的分部分项工程安全管理规定···························· 262
4. 住房城乡建设部办公厅关于实施《危险性较大的分部分项工程安全管理规定》有关问题的通知·· 263
5. 《建筑施工模板安全技术规范》JGJ 162—2008 ··················· 264
6. 《大体积混凝土施工标准》GB 50496—2018 ······················· 265
7. 《建筑节能工程施工质量验收标准》GB 50411—2019 ··············· 266
8. 《砌体结构工程施工质量验收规范》GB 50203—2011 ··············· 268
9. 《混凝土结构工程施工质量验收规范》GB 50204—2015 ············· 269
10. 《混凝土结构工程施工规范》GB 50666—2011 ···················· 272
11. 《建设工程施工现场消防安全技术规范》GB 50720—2011 ········· 275
12. 《钢筋混凝土用钢 第2部分：热轧带肋钢筋》GB/T 1499.2—2018 ··· 277
13. 《钢筋混凝土用钢 第1部分：热轧光圆钢筋》GB/T 1499.1—2017 ··· 277
14. 《绿色建筑评价标准》GB/T 50378—2019 ························· 278
15. 《建筑基坑工程监测技术规范》GB 50497—2009 ·················· 279
16. 《建筑施工脚手架安全技术统一标准》GB 51210—2016 ············ 280
17. 《建筑施工扣件式钢管脚手架安全技术规范》JGJ 130—2011 ········ 282
18. 《塔式起重机混凝土基础工程技术标准》JGJ/T 187—2019 ·········· 284
19. 《混凝土强度检验评定标准》GB/T 50107—2010 ·················· 285
20. 《建筑工程施工质量验收统一标准》GB 50300—2013 ·············· 285

[第1部分]
案例题关键词索引

编　号	案例题关键词	页　码
案例1	混凝土配合比、跳仓法、大体积混凝土测温点、混凝土浇筑设备	7
案例2	专家论证、成倍节拍流水施工、进度监测方法、实际进度前锋线、门窗	9
案例3	项目质量计划、质量管理记录、填充墙与主体连接、屋面卷材防水、卫生间等电位连接	13
案例4	示范文本、预付款、起扣点、进度款、物资采购合同、劳动力、设计变更、索赔	16
案例5	冬期施工、风险管理、电气焊场所防火要求、墙体节能、绿色建筑评价	19
案例6	现场平面布置、文明施工宣传	23
案例7	进度计划编制步骤、进度计划优化目标、时间参数计算、屋面网架安装、索赔	24
案例8	PDCA、土方回填、后浇带、装配式	26
案例9	偿债能力评价指标、合同管理原则、合同造价计算、清单计价强制性规定、价值工程、索赔	29
案例10	施工机械、塔吊、安全生产费用、高处作业安全技术措施、施工检测试验计划、节能与能源利用、室内消防给水系统	32
案例11	资源需求计划、工期压缩、水泥砂浆防水层、室内污染物浓度检测	35
案例12	质量管理记录、分项工程和检验批划分依据、外墙保温工程复试项目、卷材割补法工艺	37
案例13	五牌一图、基础钢筋工程、安全事故调查、经常性安全检查形式	39

续表

编 号	案例题关键词	页 码
案例 14	工程总承包、措施项目费、预付款、总包义务、劳动力计算、劳动效率影响因素、费用变更程序、索赔资料	41
案例 15	专家论证、排桩形式、重点部位防火、停水封路、实体检验、单位工程质量竣工验收记录表	43
案例 16	泥浆护壁钻孔灌注桩、变形测量、流水施工、隐蔽工程重新检查、索赔	46
案例 17	模板拆除、质量事故报告、焊接工艺评定、轻骨料单排孔小砌块	50
案例 18	专职安全员、应急预案、脚手架搭设、高处作业安全检查项目	53
案例 19	合同签订、设计交底和图纸会审、成本计划、合同收入、资金供应条件、变更项目综合单价、竣工验收备案	58
案例 20	专项施工方案、消火栓、临时用水、同条件养护试件、塔吊混凝土基础、诚信行为	61
案例 21	施工总进度计划、双代号网络图、索赔、专家论证、底模起拱	66
案例 22	钢结构安装准备、幕墙防火构造及安全和功能检测、女儿墙防水、建筑节能	69
案例 23	专项方案、三违、拆除方法、悬挑式操作平台、安全事故调查组和事故处理	72
案例 24	施工许可证、项目管理目标责任书、材料采购方案、预付款、起扣点、索赔、劳务用工	75
案例 25	项目资源管理、施工总平面图布置、临时用电组织设计、10 项新技术、塔吊	78
案例 26	双代号时标网络计划、索赔、材料 ABC 分类法	82
案例 27	强屈比、超屈比、钢筋重量偏差、检验批一般项目验收、涂饰工程质量通病、地下防水	84
案例 28	ABC 证、塔吊特种作业人员、重大危险源控制系统、脚手架、安全事故分类	87
案例 29	招标、中标造价计算及分类、安全文明施工费、安全生产领导小组、优先受偿权	89
案例 30	土钉墙、文明施工内容、灭火器摆放位置、砌体裂缝、诚信行为记录	92
案例 31	网络图、流水施工、劳动力投入量、劳动力需求计划考虑因素、专业分包和劳务分包范围	94
案例 32	砂石地基、收缩裂缝、门窗工程、资料修改及复印件	97
案例 33	安全检查内容、安全检查评定等级、项目应急准备和救援预案、入口制度牌、宿舍	99

续表

编 号	案例题关键词	页 码
案例 34	招标、起扣点、索赔、变更价款、隐蔽工程重新检查、调值公式	101
案例 35	临时用水、节能与能源利用、消防器材配备、体系诊断、室内环境检测	104
案例 36	等节奏流水施工、违法分包、索赔	107
案例 37	专家论证、焊缝夹渣、安全事故报告、夜间施工、光污染	109
案例 38	基坑验槽、钢筋抽样检验、填充墙检验批抽检数量、竣工验收条件、资料移交要求	112
案例 39	不得作竞争性费用、综合单价、预付款、中标价、合同管理程序、劳务给总包备案资料、固体废物处理方法、索赔	115
案例 40	平面控制测量、防火设施、节水、施工升降机检查项目、回填土密实度不符合要求	118
案例 41	钢筋复试及冷拉调直、专家论证、模板支撑体系图改错、女儿墙卷材根部漏水	120
案例 42	工期、关键线路、土方机械选择依据、基础验收、索赔	124
案例 43	支护结构、基坑降水、专项方案内容、大体积混凝土、安全技术交底	126
案例 44	项目经理权限、完全成本、成本管理内容、工程价款调整计算、混凝土小型空心砌块、竣工验收备案	130
案例 45	项目管理实施规划编制程序、总平面图现场管理总体要求、项目安全管理、总分包做法、违反节能规定法律责任、诚信行为记录	133
案例 46	工期计算、关键线路、分包与业主关系、索赔、成倍节拍流水施工	135
案例 47	安全专项方案、孔洞修补、施焊作业、幕墙隐蔽工程验收记录	137
案例 48	总分包安全责任、支护结构选型依据、专项施工方案内容、安全警示标志	139
案例 49	索赔、钢筋进场质量验证、安全文明施工费计算、优先受偿权、制造成本、完全成本	141
案例 50	项目管理实施规划、项目沟通管理、夜间施工噪声、收尾管理工作	143
案例 51	价值工程、赢得值法、现场管理、扬尘	146
案例 52	招投标	148
案例 53	双代号网络计划调整、设备租赁时长计算、单位工程施工进度计划	149
案例 54	项目检测试验计划、钢筋原材复试项目、强度等级不同构件混凝土浇筑、竣工验收程序、资料移交程序	152

续表

编 号	案例题关键词	页 码
案例 55	基坑周边环境监测、专项施工方案和专家论证、施工升降机保证项目、室内环境污染物检测	154
案例 56	招标文件、通用措施费用项目、转包及违法分包、索赔	156
案例 57	双代号网络图绘制、基础工程验收程序、进度控制措施、索赔	158
案例 58	项目部组建步骤、基坑监测、模板分项工程检查、混凝土浇筑及振捣	160
案例 59	总分包安全管理、脚手架检验验收阶段、塔吊停电、后张法预应力梁模板拆除、安全事故、交叉作业	162
案例 60	工程造价特点及计算、价值工程、施工成本、完全成本、劳务工人实名制管理	164
案例 61	施工组织设计、实际进度前锋线、索赔	166
案例 62	文明施工保证项目、消防器材配备、模板支撑体系搭设、移动式操作平台	168
案例 63	安全专项施工方案、蜂窝孔洞修补、水平洞口防护、主体结构所含分项工程	170
案例 64	变更估价程序及计算、竣工预验收、竣工验收、资料移交	172
案例 65	施工进度计划分类、模板及支架验算内容、基础底板后浇带、工期压缩	174
案例 66	用电组织设计、塔吊安全装置、安全检查评定等级、吊顶石膏板安装	177
案例 67	混凝土运输单、钢筋进场抽检、节能验收、室内环境检测	180
案例 68	工程总承包、违法分包、中标造价、措施项目费组成、风险管理流程	183
案例 69	专项方案编制和审批、室内防水过程检查及蓄水试验、双代号时标网络、索赔	185
案例 70	泥浆护壁钻孔灌注桩、模板拆除、砌体砌筑、安全管理保证项目、脚手架剪刀撑、电梯井防护	187
案例 71	施工总进度计划内容、新技术质量验收、安全事故报告内容、工程档案移交	189
案例 72	施工组织设计、外墙节能施工及验收、双代号网络图、索赔	191
案例 73	锤击沉桩法终止沉桩、安全事故报告、专家论证、安全技术交底、脚手架拆除	193
案例 74	高程测量、混凝土抗压强度标养试件和抗渗试件、钢筋冷拉调直、保修	196
案例 75	填充墙砌筑、双代号时标网络计划、索赔	199
案例 76	基坑临边、施组修改、分部验收、室内环境检测	200
案例 77	网络图转化流水施工	202
案例 78	报价浮动率	204

续表

编号	案例题关键词	页码
案例79	设备采购方案	205
案例80	设计变更单价确定	205
案例81	泥浆护壁钻孔灌注桩、坍孔、基坑监测	207
案例82	基坑降水、基坑支护、变更估价程序、赢得值法、资料组卷	208
案例83	消火栓、单位工程施工平面图、临时用水、塔吊垂直度偏差	211
案例84	职业危害、职业病及其预防	213
案例85	双代号网络图、赢得值法、工期压缩	214
案例86	双代号网络图、工期压缩	216
案例87	钢筋隐蔽工程验收、混凝土强度实体检测合格与不合格的处理、竣工验收条件	218
案例88	固定总价合同、综合单价、装配式混凝土结构、信息管理、资料管理、调值公式	219
案例89	施工机械、劳务用工档案、职业危害、主体结构验收、竣工结算支付申请、拖欠款利息	222
案例90	起拱、底模拆除构件强度、箍筋加密区钢筋接头、粗骨料最大粒径、分部工程验收合格标准	224
案例91	混凝土施工工艺流程、排桩及桩间土护面处理、结构实体检验、节地	226
案例92	预付款、起扣点、单价确定、进度款计算、合同管理程序、重点部位防火要求	228
案例93	灌注桩排桩、变形观测、土方开挖、塌方原因、后浇带	230
案例94	新上岗操作工人安全教育培训、安全防护措施验收资料、落地式操作平台、项目经理安全生产职责、安全检查评分表	233
案例95	示范文本组成、地下连续墙、因素分析法、施工成本和完全成本、保修期、提出索赔的期限	235
案例96	挖掘机计算、塔式起重机保证项目、装配式施工、最优采购批量	238
案例97	物料提升机、起重吊装保证项目、基坑检查评分表、三定原则、安全检查方法、移动式操作平台、安全防护设施验收内容	239
案例98	总包合同管理内容、安全检查和考核内容、变更工程结算、增值税、施工成本和完全成本、地下防水混凝土、地下施工缝渗漏水原因、防止扬尘措施	241

续表

编 号	案例题关键词	页码
案例 99	施工检测试验、钢筋代换、箍筋弯钩、钢结构焊接、预制墙板现场试验与测试、BIM 模型、绿色建造计划	243
案例 100	灌注桩排桩、合同变更管理、合同争议处理、现场重点部位防火、食堂	246
案例 101	项目部建立步骤、施工组织设计、施工现场平面布置、临时用电、预制桩	248
案例 102	实际进度前锋线、索赔、玻璃幕墙	250
案例 103	施工电梯、安全事故分类及上报、安全事故调查组、水平洞口防护	252
案例 104	变形测量、灌注桩检测、基坑工程、支护结构位移、土方专项施工方案	254
案例 105	特种作业操作资格证、安全防护装置、塔吊试吊、十不吊、安全检查评分	256
案例 106	防水、地下室施工缝、混凝土养护时间	258

[第2部分]
106道经典案例题

案例1 2019年一建建筑案例真题一

关键词索引：混凝土配合比、跳仓法、大体积混凝土测温点、混凝土浇筑设备

◆ 背景资料

某工程钢筋混凝土基础底板，长度120m，宽度100m，厚度2.0m。混凝土设计强度等级P6C35，设计无后浇带。施工单位选用商品混凝土浇筑，P6C35混凝土设计配合比为 1：1.7：2.8：0.46（水泥：中砂：碎石：水），水泥用量400kg/m³。粉煤灰掺量20%（等量替换水泥），实测中砂含水率4%、碎石含水率1.2%。采用跳仓法施工方案，分别按1/3长度与1/3宽度分成9个浇筑区（见图1），每区混凝土浇筑时间3d，各区依次连续浇筑，同时按照规范要求设置测温点（见图2）。（资料中未说明条件及因素均视为符合要求）

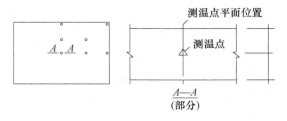

图1 跳仓法分区示意图   图2 分区测温点位置平面布置示意图

问题1：计算每立方米P6C35混凝土设计配合比的水泥、中砂、碎石、水的用量是多少？计算每立方米P6C35混凝土施工配合比的水泥、中砂、碎石、水、粉煤灰的用量是多

少？（单位：kg，小数点后保留两位）。

答案：

1. 设计配合比中，每立方米 P6C35 混凝土的水泥、中砂、碎石、水的用量如下：

水泥：400.00kg

中砂：400×1.7＝680.00kg

碎石：400×2.8＝1120.00kg

水：400×0.46＝184.00kg

2. 施工配合比中，每立方米 P6C35 混凝土的水泥、中砂、碎石、水、粉煤灰的用量如下：

粉煤灰掺量20%（等量替换水泥），砂的含水率为4%，碎石含水率为1.2%。

水泥：400×(1－20%)＝320.00kg

中砂：680×(1＋4%)＝707.20kg

碎石：1120×(1＋1.2%)＝1133.44kg

水：184.00－680×4%－1120×1.2%＝143.36kg

粉煤灰：400×20%＝80.00kg

知识点引申

1. 混凝土配合比根据原材料性能、混凝土的技术要求，由具有资质的实验室进行计算，并经试配、调整后确定。

2. 依据《普通混凝土配合比设计规程》JGJ 55—2011，混凝土配合比应采用重量比。

问题2：写出正确的填充浇筑区 A、B、C、D 的先后浇筑顺序（如表示为 A-B-C-D）。

答案：

C-A-D-B

知识点引申

跳仓法是由我国著名裂缝控制专家王铁梦教授提出和推广的，跳仓的最大分块尺寸不宜大于40m，跳仓间隔施工的时间不宜小于7d，跳仓缝处按施工缝的要求设置和处理。

	≤40m	≤40m	
≤40m	1-5	2-5	1-6	2-6
≤40m	2-3	1-3	2-4	1-4
	1-1	2-1	1-2	2-2

第一批施工(跳仓)：1-1~1-6
第二批施工(封仓)：2-1~2-6

问题3：画出 A—A 剖面示意图（可手绘），并补齐应布置的竖向测温点位置。

答案：应布置5层测温点，竖向测温点的具体位置如下图所示。

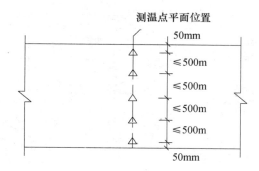
测温点平面位置

知识点引申

《大体积混凝土施工标准》GB 50496—2013 中的 6.0.2 条。

6.0.2-4 沿混凝土浇筑体厚度方向，应至少布置表层、底层和中心温度测点，测点间距不宜大于500mm。

6.0.2-6 混凝土浇筑体表层温度，宜为混凝土浇筑体表面以内50mm处的温度。

6.0.2-7 混凝土浇筑体底层温度，宜为混凝土浇筑体底面以上50mm处的温度。

问题4：写出施工现场混凝土浇筑常用的机械设备名称。
答案：
（1）混凝土水平运输设备包括：手推车、机动翻斗车、混凝土搅拌输送车等；
（2）混凝土垂直运输设备包括：塔吊等；
（3）混凝土泵送设备包括：汽车泵（移动泵）、固定泵，混凝土布料机。

案例2 2019年一建建筑案例真题二

关键词索引：专家论证、成倍节拍流水施工、进度监测方法、实际进度前锋线、门窗

背景资料

某新建办公楼工程，地下2层，地上20层，框架-剪力墙结构，建筑高度87m。建设单位通过公开招标选定了施工总承包单位并签订了工程施工合同，基坑深7.6m，基础底板施工计划网络图见下图。

基坑施工前，基坑支护专业施工单位编制了基坑支护专项方案，履行相关审批签字手续后，组织包括总承包单位技术负责人在内的5名专家对该专项方案进行专家论证，总监理工程师提出专家论证组织不妥，要求整改。

项目部在施工至第33d时，对施工进度进行了检查，实际施工进度如网络图中实际进度前锋线所示，对进度有延误的工作采取了改进措施。

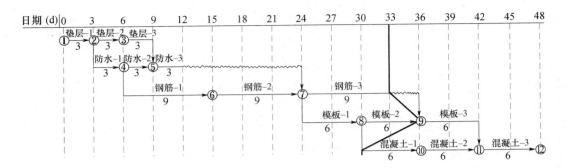

项目部对装饰装修工程门窗子分部进行过程验收中，检查了塑料门窗安装等各分项工程，并验收合格；检查了外窗气密性能等有关安全和功能检测项目合格报告，观感质量符合要求。

问题1：指出基坑支护专项方案论证的不妥之处，应参加专家论证会的单位还有哪些？
答案：
1. 不妥之处：
不妥1：基坑支护专业施工单位组织专家论证。
不妥2：总承包单位技术负责人作为专家组成员。
不妥3：专家论证参会人员仅为专家，无参建方代表。
2. 应参加专家论证会的单位还有：建设单位、设计单位、勘察单位。

　　本问的后半问"应参加专家论证会的单位还有哪些？"，这应是出题人的一点小瑕疵，本意应该是想问"参建各方参加专家论证会的人员有哪些？"

知识点引申

依据《危险性较大的分部分项工程安全管理规定》（住房城乡建设部37号令）及住房城乡建设部办公厅的2018年31号文
1. 危大工程专项施工方案的主要内容包括：
（1）工程概况；
（2）编制依据；
（3）施工计划；
（4）施工工艺技术；
（5）施工安全保证措施；
（6）施工管理及作业人员配备和分工；
（7）验收要求；
（8）应急处置措施；
（9）计算书及相关施工图纸。
2. 超过一定规模的危大工程专项施工方案专家论证会参会人员包括：
（1）专家；

（2）建设单位项目负责人；

（3）勘察、设计单位项目技术负责人及相关人员；

（4）总承包单位和分包单位技术负责人或授权委派的专业技术人员、项目负责人、项目技术负责人、专项施工方案编制人员、项目专职安全生产管理人员及相关人员；

（5）监理单位项目总监理工程师及专业监理工程师。

3. 专家论证会后，形成论证报告，对专项施工方案提出通过、修改后通过或者不通过的一致意见。专家对论证报告负责并签字确认。

（1）论证报告意见为"修改后通过"，施工单位应当根据论证报告修改完善后，重新履行审批程序；

（2）论证报告意见为"不通过"，施工单位修改后重新组织专家论证。

问题2：指出网络图中各施工工作的流水节拍，如采用成倍节拍流水施工，计算各施工工作专业队数量。

答案：

1. 各施工工作的流水节拍如下：

（1）垫层：流水节拍均为3d

（2）防水：流水节拍均为3d

（3）钢筋：流水节拍均为9d

（4）模板：流水节拍均为6d

（5）混凝土：流水节拍均为6d

2. 若采用成倍节拍流水施工，流水步距为3d，各施工作业应配备的专业队数量如下：

（1）垫层专业对组数：3÷3＝1

（2）防水专业对组数：3÷3＝1

（3）钢筋专业对组数：9÷3＝3

（4）模板专业对组数：6÷3＝2

（5）混凝土专业对组数：6÷3＝2

知识点引申

组织成倍节拍流水施工的条件：同一施工过程的节拍全都相等，各施工过程的节拍不相等，但为某一常数的倍数。步骤为：

（1）计算流水步距：K = 各施工过程流水节拍的最大公约数

（2）计算各施工过程需配备的队组数：$b = t/K$

（3）专业队总数：$N = \sum b$

（4）成倍节拍流水施工总工期：$T = (M + N - 1)K + G$

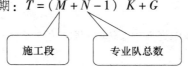

问题 3：进度计划监测检查方法还有哪些？写出第 33d 的实际进度检查结果。

答案：

1. 进度计划监测检查方法还有：

（1）横道计划比较法；

（2）网络计划法；

（3）S 形曲线法；

（4）香蕉形曲线比较法。

2. 第 33d 的实际进度检查结果如下：

（1）钢筋-3：实际进度正常；

（2）模板-2：实际进度提前 3d；

（3）混凝土-1：实际进度延误 3d。

知识点引申

实际进度前锋线

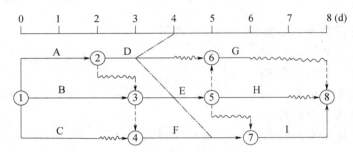

本质是双代号时标网络计划，仅在某检查时刻加一条反映实际进度的点画线。

（1）实际进度在检查日期左侧：进度延误

（2）实际进度在检查日期右侧：进度提前 ｝提前或延误时间为实际进度点与检查日期点的水平投影长度

（3）实际进度与检查日期重合：进度正常

上述图例结论如下：

（1）D 工作实际进度在检查日期左侧，代表 D 工作延误，延误时间为 1d。

（2）F 工作实际进度在检查日期右侧，代表 F 工作提前，提前时间为 1d。

（3）E 工作实际进度与检查日期重合，代表 E 工作进度正常，按计划进行。

判断实际进度对总工期及紧后工作的影响：

（1）是否影响总工期，只看本项工作的总时差。

（2）是否影响紧后工作的最早开始时间，只看本项工作的自由时差。

如：D 工作延误 1d，总时差为 3d，自由时差为 1d，不影响总工期，也不影响紧后工作。

问题 4：门窗子分部工程中还包括哪些分项工程？门窗工程有关安全和功能检测的项目还有哪些？

答案：

1. 门窗子分部工程还包括的分项工程有：

（1）木门窗安装；
（2）金属门窗安装；
（3）特种门安装；
（4）门窗玻璃安装。
2. 门窗工程有关安全和功能检测的项目还有：
（1）建筑外窗的水密性能；
（2）建筑外窗的抗风压性能。

知识点引申

装饰装修工程各子分部工程有关安全和功能的检测项目

子分部工程	检测项目
门窗工程	外窗的气密性能、水密性能和抗风压性能
饰面板工程	后置埋件的现场拉拔力
饰面砖工程	饰面砖粘结强度
幕墙工程	硅酮结构胶的相容性和剥离粘结性 后置埋件和槽式预埋件的现场拉拔力 幕墙的气密性、水密性、耐风压性能及层间变形性能

案例3　2019年一建建筑案例真题三

关键词索引：项目质量计划、质量管理记录、填充墙与主体连接、屋面卷材防水、卫生间等电位连接

背景资料

某新建住宅工程，建筑面积22000m²，地下1层，地上16层，框架-剪力墙结构，抗震设防烈度7度。

施工单位项目部在施工前，由项目技术负责人组织编写了项目质量计划书，报请施工单位质量管理部门审批后实施。质量计划要求项目部施工过程中建立包括使用机具和设备管理记录，图纸、设计变更收发记录，检查和整改复查记录，质量管理文件及其他记录等质量管理记录制度。

240mm厚灰砂砖填充墙与主体结构连接施工的要求有：填充墙与柱连接钢筋为$2\phi6@600$，伸入墙内500mm；填充墙与结构梁下最后三皮砖空隙部位，在墙体砌筑7d后，采取两边对称斜砌填实；化学植筋连接筋$\phi6$做拉拔试验时，将轴向受拉非破坏承载力检验值设为5.0kN，持荷时间2min，期间各检测结果符合相关要求，即判定该试样合格。

屋面防水层选用2mm厚的改性沥青防水卷材，铺贴顺序和方向按照平行于屋脊、上下

层不得相互垂直等要求,采用热粘法施工。

项目部在对卫生间装修工程电气分部工程进行专项检查时发现,施工人员将卫生间内安装的金属管道、浴缸、沐浴器、暖气片等导体与等电位端子进行了连接,局部等电位连接排与各连接点使用截面积 $2.5mm^2$ 黄色标单根铜芯导线进行串联连接。对此,监理工程师提出了整改要求。

问题1:指出项目质量计划书编、审、批和确认手续的不妥之处。质量计划应用中,施工单位应建立的质量管理记录还有哪些?

答案:

1. 不妥之处:

不妥1:施工前编制项目质量计划书。

不妥2:项目技术负责人组织编写项目质量计划书。

不妥3:项目质量计划书报请施工单位质量管理部门审批后实施。

2. 质量管理记录还有:

(1) 施工日记和专项施工记录;

(2) 交底记录;

(3) 上岗培训记录和岗位资格证明。

知识点引申

项目质量计划编制要求:

(1) 在项目策划过程中编制,经审批后作为对外质量保证和对内质量控制的依据。

(2) 应高于且不低于通用质量体系文件所规定的要求。

(3) 由项目经理组织编制,须报企业相关管理部门批准,并得到发包方和监理方认可后实施。

问题2:指出填充墙与主体结构连接施工要求中的不妥之处,并写出正确做法。

答案:

不妥1:填充墙与柱连接钢筋为 $2\phi6@600$,伸入墙内 500mm。

正确做法:柱边应设置间距不大于 500mm 的 $2\phi6$ 钢筋,且应在砌体内锚固长度不小于 1000mm。

不妥2:梁底最后三皮砖空隙部位,间隔 7d 后填实。

正确做法:梁底最后三皮砖空隙部位,间隔 14d 后由中间开始向两边斜砌填实。

不妥3:化学植筋连接筋 $\phi6$ 做拉拔试验时,将轴向受拉非破坏承载力检验值设为 5.0kN,持荷时间 2min。

正确做法:锚固钢筋拉拔试验的轴向受拉非破坏承载力检验值应为 6.0kN。持荷 2min 期间荷载值降低不大于 5%。(来自《砌体结构工程施工质量验收规范》GB 50203—2011)

不妥4:各检测结果符合相关要求,即判定该试样合格。

正确做法:应正常检验一次,二次抽样才能判定合格。(来自《砌体结构工程施工质量验收规范》GB 50203—2011)

知识点引申

《砌体结构工程施工质量验收规范》GB 50203—2011

9.2.3 填充墙与承重墙、柱、梁的连接钢筋,当采用化学植筋的连接方式时,应进行实体检验。锚固钢筋拉拔试验的轴向受拉非破坏承载力检验值应为 6.0kN。抽检钢筋在检验值作用下应基材无裂缝,钢筋无滑移宏观裂损现象;持荷 2min 期间荷载值降低不大于 5%。检验批验收通过正常检验一次,二次抽样才能判定。

问题 3:屋面防水卷材铺贴方法还有哪些?屋面卷材防水铺贴顺序和方向要求还有哪些?

答案:

1. 屋面卷材铺贴的方法还有:
(1) 冷粘法;
(2) 自粘法;
(3) 焊接法;
(4) 机械固定法。

2. 屋面卷材防水铺贴顺序和方向要求还有:
(1) 卷材防水层施工时,应先进行细部构造处理,然后由屋面最低标高向上铺贴;
(2) 檐沟、天沟卷材施工时,宜顺檐沟、天沟方向铺贴,搭接缝应顺流水方向。

知识点引申

屋面卷材防水层

(1) 屋面坡度大于 25% 时,卷材应采用满粘和钉压固定措施。
(2) 卷材铺贴方法有冷粘法、热粘法、热熔法、自粘法、焊接法、机械固定法。
(3) 厚度小于 3mm 的改性沥青防水卷材,严禁采用热熔法施工。(这就是上述答案中为什么不包含"热熔法"的原因)
(4) 自粘法铺贴卷材的接缝处应用密封材料封严,宽度不应小于 10mm。
(5) 焊接法施工时,先焊长边搭接缝,后焊短边搭接缝。

问题 4:改正卫生间等电位连接中的错误做法。

答案:

错误做法 1:导线截面面积 $2.5mm^2$。
改正为:导线截面面积不应小于 $4mm^2$。

错误做法 2:采用黄色标导线。
改正为:采用黄绿色标导线。

错误做法 3:采用单根铜芯导线。
改正为:应采用多股铜芯线。

错误做法 4:局部等电位连接排与各连接点进行串联连接。
改正为:局部等电位连接排与各连接点不得进行串联。

知识点引申

电气工程

(1) 开关通断应在相线上。
(2) 保护接地线在插座间不得串联连接。
(3) 安装高度在 1.8m 及以下电源插座均应为安全型插座。
(4) 卫生间、非封闭阳台应采用防护等级为 IP54 电源插座。
(5) 分体空调、洗衣机和电热水器应采用带开关插座。

案例 4 2019 年一建建筑案例真题四

关键词索引：示范文本、预付款、起扣点、进度款、物资采购合同、劳动力、设计变更、索赔

背景资料

某施工单位通过竞标承建一工程项目，甲乙双方通过协商，对工程合同协议书（编号 HT-XY-201909001），以及专用合同条款（编号 HT-ZY-201909001）和通用合同条款（编号 HT-TY-201909001）修改意见达成一致，签订了施工合同。确认包括投标函、中标通知书等合同文件按照《建设工程施工合同（示范文本）》GF－2017－0201 规定的优先顺序进行解释。

施工合同中包含以下工程价款主要内容：
(1) 工程中标价为 5800 万元，暂列金额为 580 万元，主要材料所占比重为 60%；
(2) 工程预付款为工程造价的 20%；
(3) 工程进度款逐月计算；
(4) 工程质量保修金 3%，在每月工程进度款中扣除，质保期满后返还。
工程 1~5 月份完成产值见下表。

工程 1~5 月份完成产值表

月份	1	2	3	4	5
完整产值（万元）	180	500	750	1000	1400

项目部材料管理制度要求对物资采购合同的标的、价格、结算、特殊要求等条款加强重点管理。其中，对合同标的的管理要包括物资的名称、花色、技术标准、质量要求等内容。

项目部按照劳动力均衡使用、分析劳动需用总工日、确定人员数量和比例等劳动力计划编制要求，编制了劳动力需求计划。重点解决了因劳动力使用不均衡给劳动力调配带来的困难，和避免出现过多、过大的需求高峰等诸多问题。

建设单位对一关键线路上的工序内容提出修改，由设计单位发出设计变更通知，为此造成工程停工 10d。施工单位对此提出索赔事项如下：
(1) 按当地造价部门发布的工资标准计算停窝工人工费 8.5 万元；

(2) 塔吊等机械停窝工台班费 5.1 万元；

(3) 索赔工期 10d。

问题 1：指出合同签订中的不妥之处，写出背景资料中 5 个合同文件解释的优先顺序。
答案：
1. 合同签订中的不妥之处：
不妥 1：专用条款与通用条款编号不一致。
不妥 2：双方协商一致修改通用合同条款。
2. 5 个合同文件解释的优先顺序：
(1) 协议书；
(2) 中标通知书；
(3) 投标函；
(4) 专用合同条款；
(5) 通用合同条款。

知识点引申

《建设工程施工合同（示范文本）》GF – 2017 – 0201
1. 专用合同条款的编号应与相应的通用合同条款的编号一致。
2. 合同当事人可以通过对专用合同条款的修改，满足具体建设工程的特殊要求，避免直接修改通用合同条款。
3. 解释合同文件的优先顺序如下：
(1) 合同协议书；
(2) 中标通知书（如果有）；
(3) 投标函及其附录（如果有）；
(4) 专用合同条款及其附件；
(5) 通用合同条款；
(6) 技术标准和要求；
(7) 图纸；
(8) 已标价工程量清单或预算书；
(9) 其他合同文件。

问题 2：计算工程的预付款、起扣点是多少？分别计算 3、4、5 月份应付进度款、累计支付进度款。
答案：
1. 预付款 = (5800 – 580) × 20% = 1044 万元
2. 起扣点 = (5800 – 580) – 1044/60% = 3480 万元
3. 3、4、5 月份应付进度款
前 4 个月完成产值 = 180 + 500 + 750 + 1000 = 2430 < 3480 万元
前 5 个月完成产值 = 180 + 500 + 750 + 1000 + 1400 = 3830 > 3480 万元

故第五个月开始达到起扣点。

(1) 3月份应付进度款：750×(1-3%)=727.5万元

(2) 4月份应付进度款：1000×(1-3%)=970万元

(3) 5月份应付进度款：1400×(1-3%)-(3830-3480)×60%=1148万元

4. 3、4、5月份累计支付进度款

(1) 3月份累计支付进度款：(180+500)×(1-3%)+727.5=1387.1万元

(2) 4月份累计支付进度款：1387.1+970=2357.1万元

(3) 5月份累计支付进度款：2357.1+1148=3505.1万元

知识点引申

1. 预付款通常按合同造价的一定百分比来计算，其中合同造价需扣除暂列金额；起扣点的计算公式，为了预付款的计算相一致，合同造价也需扣除暂列金额。

2. 预付款开始扣回的金额节点即为起扣点，即：累计工程款支付达到起扣点后，再支付进度款时，每笔款项都需扣除相应的主材费用（理由：达到起扣点后的剩余工程款对应的材料费等于预付款）。

问题3：物资采购合同重点管理的条款还有哪些？物资采购合同标的包括的主要内容还有哪些？

答案：

(1) 重点管理的条款还有：数量、包装、运输方式、违约责任。

(2) 标的包括的主要内容还有：品种、型号、规格、等级。

知识点引申

物资结算方式分为现金结算和转账结算两种。

(1) 异地之间的转账结算方法：托收承付、委托收款、信用证、汇兑和限额结算。

(2) 同城之间的转账结算方法：支票、付款委托书、托收无承付和同城托收承付。

问题4：施工劳动力计划编制要求还有哪些？劳动力使用不均衡时，还会出现哪些方面的问题？

答案：

1. 施工劳动力计划编制要求还有：准确计算工程量和施工期限。

2. 劳动力使用不均衡时，还会出现以下问题：

(1) 增加劳动力的管理成本；

(2) 带来住宿、交通、饮食、工具等方面的问题。

问题5：办理设计变更的步骤有哪些？施工单位的索赔事项是否成立？并说明理由。

答案：

1. 办理设计变更的步骤有：

(1) 提出设计变更申请；

(2) 建设单位、设计单位、施工单位协商；

(3) 设计部门确认，发出设计变更图纸或说明；
(4) 办理签发手续；
(5) 组织实施。

2. 索赔事项

(1) 8.5 万元索赔不成立。

理由：工人停窝工应按窝工费标准计算，不能按人工费标准计算。

(2) 5.1 万元索赔不成立。

理由：机械窝工时不宜按台班费计算，租赁设备宜按租赁费计算窝工费，自有设备宜按折旧费计算窝工费。

(3) 10d 工期索赔成立。

理由：业主方原因造成停工。

知识点引申

人工费和机械费索赔的具体标准：

$$
\text{人工费}\begin{cases}(1)\ \text{增加工作内容的人工费：按计日工费计算}\\(2)\ \text{停工损失费}\\(3)\ \text{工作效率降低的损失费}\end{cases}\text{按窝工费计算}
$$

$$
\text{机械费}\begin{cases}(1)\ \text{增加工作内容的机械费：按台班费计算}\\(2)\ \text{窝工的机械费索赔}\begin{cases}\text{折旧费（自有设备）}\\\text{租赁费（租赁设备）}\end{cases}\end{cases}
$$

案例5　2019年一建建筑案例真题五（有改动）

关键词索引：冬期施工、风险管理、电气焊场所防火要求、墙体节能、绿色建筑评价

背景资料

某高级住宅工程，建筑面积 80000m²，由 3 栋塔楼构成，地下 2 层（含车库），地上 28 层，底板厚度 800mm，由 A 施工总承包单位承建。合同约定工程最终达到绿色建筑评价二星级。

工程开始施工正值冬季，A 施工单位项目部编制了冬期施工专项方案，根据当地资源和气候情况对底板混凝土的养护用综合蓄热法，对底板混凝土的测温方案和温差控制、温降梯度及混凝土养护时间提出了控制指标要求。

项目部制定了项目风险管理制度和应对负面风险的措施。规范了包括风险识别、风险应对等风险管理程序的管理流程；制定了向保险公司投保的风险转移等措施，达到了应对负面风险管理的目的。

施工中，施工员对气割作业人员进行安全作业交底，主要内容有：气瓶要防止暴晒；气

瓶在楼层内滚动时应设置防震圈；严禁用带油的手套开气瓶。切割时，氧气瓶和乙炔瓶的放置距离不得小于5m，气瓶离明火的距离不得小于8m；作业点离易燃物的距离不小于20m；气瓶内的气体应尽量用完，减少浪费。

外墙挤塑板保温层施工中，项目部对保温板的固定、构造节点的处理等内容进行了隐蔽工程验收，保留了相关的记录和图像资料。

工程全装修完毕并经竣工验收后，相关部门对该工程进行绿色建筑评价，按照评价体系各类指标评价结果为：各类指标的控制项均满足要求，评分项得分均为满分值的30%以上，工程绿色建筑评价总得分80分，评定为二星级。

问题1：冬期施工混凝土养护方法还有哪些？对底板混凝土养护中温差控制、温降梯度、养护时间应提出的控制指标是什么？

答案：

1. 冬期施工混凝土养护方法还有：
（1）蓄热法；
（2）暖棚法；
（3）掺外加剂法。

2. 底板混凝土养护中的温控指标：
（1）温差控制：中心温度与表面温度的差值不应大于25℃，表面温度与大气温度的差值不应大于20℃。
（2）温降梯度：不得大于3℃/d。
（3）养护时间：不应小于14d。

知识点引申

大体积混凝土施工温控指标应符合下列规定（依据《大体积混凝土施工标准》GB 50496—2018）：
（1）混凝土浇筑体在入模温度基础上的温升值不宜大于50℃；
（2）混凝土浇筑体里表温差（不含混凝土收缩当量温度）不宜大于25℃；
（3）混凝土浇筑体降温速率不宜大于2.0℃/d；
（4）拆除保温覆盖时混凝土浇筑体表面与大气温差不应大于20℃。

问题2：项目风险管理程序还有哪些？应对负面风险的措施还有哪些？

答案：

1. 项目风险管理程序还有：
（1）风险评估；
（2）风险监控。

2. 应对负面风险的措施还有：
（1）风险规避；
（2）风险减轻；
（3）风险自留。

问题3：指出施工员安全作业交底中的不妥之处，并写出正确做法。
答案：
不妥1：气瓶在楼层内滚动时应设置防震圈。
正确做法：严禁滚动气瓶。
不妥2：切割时，气瓶离明火的距离不得小于8m。
正确做法：焊、割作业点与氧气瓶、乙炔瓶等危险物品的距离不得少于10m。
不妥3：切割时，作业点离易燃物的距离不小于20m。
正确做法：焊、割作业点与易燃物的距离不得少于30m。
不妥4：气瓶内的气体应尽量用完，减少浪费。
正确做法：气瓶内剩余气体的压力不应小于0.1MPa。
备注：来自《建设工程施工现场消防安全技术规范》GB 50720—2011中6.3.3条。

知识点引申

（1）焊割作业点与氧气瓶、乙炔瓶等危险物品的距离不得小于10m，与易燃易爆物品的距离不得小于30m。
（2）氧气瓶和乙炔瓶之间的存放距离不得少于2m，使用时两者的距离不得小于5m。
（3）氧气瓶、乙炔瓶等焊割设备上的安全附件应完整而有效，否则严禁使用。
（4）氧气瓶内剩余气体的压力不应小于0.1MPa。
（5）气瓶运输、存放、使用时，应符合下列规定：
① 气瓶应保持直立状态，并采取防倾倒措施，乙炔瓶严禁横躺卧放。
② 严禁碰撞、敲打、抛掷、滚动气瓶。
③ 气瓶应远离火源，与火源的距离不应小于10m，并应采取避免高温和防止暴晒的措施。
④ 燃气储装瓶罐应设置防静电装置。

问题4：墙体节能工程隐蔽工程验收的部位或内容还有哪些？
答案：
（1）保温层附着的基层及其表面处理；
（2）锚固件；
（3）增强网铺设；
（4）墙体热桥部位处理；
（5）预置保温板或预制保温墙板的板缝；
（6）现场喷涂或浇注有机类保温材料的界面；
（7）被封闭的保温材料厚度；
（8）保温隔热砌块填充墙。

知识点引申

墙体节能工程采用的保温材料和粘结材料，进场时需见证取样送检复验，复验内容包括：
（1）保温材料的导热系数、材料密度、抗压强度或压缩强度；

(2) 粘结材料的粘结强度；

(3) 增强网的力学性能、抗腐蚀性能。

问题5：依据《绿色建筑评价标准》GB/T 50378—2019，绿色建筑运行评价指标体系中的指标有哪些？绿色建筑评价一、二、三星级的评价总得分标准是多少？

答案：

(1) 指标包括：安全耐久、健康舒适、生活便利、资源节约、环境宜居。

(2) 一星级总得分：60分；

二星级总得分：70分；

三星级总得分：85分。

知识点引申

《绿色建筑评价标准》GB/T 50378—2019

(1) 分类

(2) 评价指标：安全耐久、健康舒适、生活便利、资源节约、环境宜居。

每类指标均包括控制项和评分项，评标指标体系还统一设置加分项。

(3) 评分

① 控制项的评定结果为达标或不达标，评分项和加分项的评定结果为分值。

	控制项基础得分	评分项满分值					提高与创新加分项满分值
		安全耐久	健康舒适	生活便利	资源节约	环境宜居	
预评价分值	400	100	100	70	200	100	100
评价分值	400	100	100	100	200	100	100

② 绿色建筑评价总得分

$$Q = (Q_0 + Q_1 + Q_2 + Q_3 + Q_4 + Q_5 + Q_A)/10$$

式中　Q——总得分；

Q_0——控制项基础得分，当满足所有控制项的要求时取400分；

$Q_1 \sim Q_5$——5类指标评分项得分；

Q_A——提高与创新加分项得分。

(4) 等级划分

等级	基本级	一星级	二星级	三星级
满足条件	—	满足全部控制项要求		
		每类指标评分项得分不小于满分值的30%		
		全装修		
		总分≥60分	总分≥70分	总分≥85分

案例6 2018年一建建筑案例真题一

关键词索引：现场平面布置、文明施工宣传

背景资料

一建筑施工场地，东西长110m，南北宽70m。拟建建筑物首层平面80m×40m，地下2层，地上6/20层，檐口高26/68m，建筑面积约48000m^2。施工场地部分临时设施平面布置示意图见下图。图中布置施工临时设施有：现场办公室，木材加工及堆场，钢筋加工及堆场，油漆库房，塔吊，施工电梯，物料提升机，混凝土地泵，大门及围墙，车辆冲洗池（图中未显示的设施均视为符合要求）。

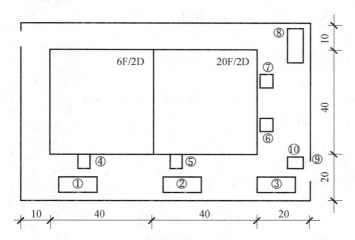

问题1：写出图中临时设施编号所处位置最宜布置的临时设施名称（如⑨大门与围墙）

答案：

① 木材加工及堆场；

② 钢筋加工及堆场；

③ 现场办公室；

④ 物料提升机；

⑤ 塔吊；

⑥ 混凝土地泵；

⑦ 施工电梯；

⑧ 油漆库房；

⑨ 大门及围墙；

⑩ 车辆冲洗池。

问题2：简单说明布置理由。

位置①：木材加工及堆场；位置②：钢筋加工及堆场。理由：尽量利用现场设施起吊和运输，故必须与塔吊同侧并尽量靠近塔吊。考虑到钢筋的重量远大于木材，为减少二次搬运工作量，故②布置钢筋加工及堆场，①布置木材加工及堆场。

位置③：现场办公室。理由：办公用房宜设在工地入口处。

位置④：物料提升机。理由：适用于楼层较低（6F）的垂直运输。

位置⑤：塔吊。理由：适用于楼层较高（20F）的垂直运输，考虑到单体建筑的覆盖范围，宜布置在建筑物长向的中间位置。

位置⑥：混凝土地泵；位置⑦：施工电梯。理由：考虑出入方便及混凝土浇筑时罐车占用交通及掉头空间需要，故将混凝土地泵布置于⑥，将施工电梯布置于⑦。

位置⑧：油漆库房。理由：油漆属于危险品类，库房应远离现场单独布置，与在建工程距离不小于15m。

位置⑨：大门及围墙。理由：大门位置应考虑车辆的转弯半径，与加工场地、仓位位置的有效衔接。

位置⑩：车辆冲洗池。理由：设在工地出入口大门处。

知识点引申

施工总平面图设计步骤：
（1）设置大门，引入场外道路；
（2）布置大型机械设备（如塔吊、混凝土泵、施工升降机）；
（3）布置仓库、堆场；
（4）布置加工厂；
（5）布置场内临时运输道路；
（6）布置临时房屋；
（7）布置临时水电管网。

问题3：施工现场安全文明施工宣传方式有哪些？

答案：
（1）设置文明施工宣传栏、报刊栏；
（2）悬挂安全标语和安全警示标牌；
（3）定期组织文明施工学习；
（4）组织文明施工比武、文明施工专题会。

案例7 2018年一建建筑案例真题二

关键词索引：进度计划编制步骤、进度计划优化目标、时间参数计算、屋面网架安装、索赔

背景资料

某高校图书馆工程,地下2层,地上5层,建筑面积约35000m²,现浇钢筋混凝土框架结构,部分屋面为正向抽空四角锥网架结构。施工单位与建设单位签订了施工总承包合同,合同工期为21个月。

在工程开工前,施工单位按照收集依据、划分施工过程(段)、计算劳动量、优化并绘制正式进度计划图等步骤编制了施工进度计划,并通过了总监理工程师的审查与确认。项目部在开工后进行了进度检查,发现施工进度拖延,其部分检查结果如下图所示。

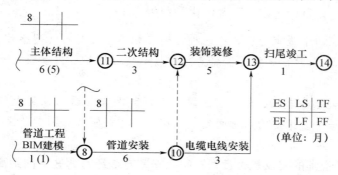

进度计划检查结果(时间单位:月)
( )内数字表示检查时工作尚需的作业月数

项目部为优化工期,通过改进装饰装修施工工艺,使其作业时间缩短为4个月,据此进度计划通过了总监理工程师的确认。

项目部计划采用高空散装法施工屋面网架,监理工程师审查时认为高空散装法施工高空作业多、安全隐患大,建议修改为采用分条安装法施工。

管道安装按照计划进度完成后,因甲供电缆电线未按计划进场,导致电缆电线安装工程最早开始时间推迟了1个月,施工单位按规定提出索赔工期1个月。

问题1:单位工程进度计划编制步骤还应包括哪些内容?
答案:
(1)确定施工顺序;
(2)计算工程量;
(3)计算台班需用量;
(4)确定持续时间;
(5)绘制可行的施工进度计划图。

知识点引申

单位工程进度计划的内容包括:
(1)工程建设概况;
(2)工程施工情况;
(3)单位工程进度计划,分阶段进度计划,单位工程准备工作计划,劳动力需用量计划、主材、设备及加工计划，主要施工机械和机具需要量计划，主要施工方案及流水段划分，经济技术指标要求。

问题2：上图中工程总工期是多少？管道安装的总时差和自由时差分别是多少？除工期优化外，进度网络计划的优化目标还有哪些？

答案：

（1）工程总工期22个月。（关键线路为主体结构→二次砌筑→装饰装修→扫尾竣工）

（2）管道安装的总时差为1个月，自由时差为0个月。

（3）进度计划优化目标还有：资源优化和费用优化。

【解析】网上存在两个版本的答案：一种是按照计划时间参数（即括号外参数）来计算，认为工期是23个月；一种是按照实际时间参数（即括号内参数）来计算，认为工期是22个月。

本作者认可第二种计算方法，因为本题案例背景明确说明上图是施工进度计划的实际检查结果，标注的六时间参数也应该认为按实际时间参数来计算。

问题3：监理工程师的建议是否合理？网架安装方法还有哪些？网架高空散装法施工的特点还有哪些？

答案：

（1）合理。

（2）网架安装的方法还有：滑移法、整体吊装法、整体提升法、整体顶升法。

（3）高空散装法施工的特点还有：脚手架用量大、工期较长、需占建筑物场内用地、技术上有一定难度。

问题4：施工单位提出的工期索赔是否成立？并说明理由。

答案：

工期索赔不成立。

理由：甲供电缆电线未按计划进场，虽然是建设单位（或甲方）责任，但电缆电线安装工程总时差为3个月（若考虑改进装饰装修施工工艺，总时差2个月），最早开始时间仅推迟1个月，不影响总工期。

案例8　2018年一建建筑案例真题三

关键词索引：PDCA、土方回填、后浇带、装配式

背景资料

某新建高层住宅工程,建筑面积16000m²,地下1层,地上12层,2层以下为现浇钢筋混凝土结构,2层以上为装配式混凝土结构,预制墙板钢筋采用套筒灌浆连接施工工艺。

施工总承包合同签订后,施工单位项目经理遵循项目质量管理程序,按照质量管理PDCA循环工作方法持续改进质量工作。

监理工程师在检查土方回填施工时发现:回填土料混有建筑垃圾;土料铺填厚度大于400mm;采用振动压实机压实2遍成活;每天将回填2~3层的环刀法取的土样统一送检测单位检测压实系数。对此提出整改要求。

"后浇带施工专项方案"中确定:模板独立支设;剔除模板用钢丝网;因设计无要求,基础底板后浇带10d后封闭等。

监理工程师在检查第4层外墙板安装质量时发现:钢筋套筒连接灌浆满足规范要求;留置了3组边长为70.7mm的立方体灌浆料标准养护试件;留置了1组边长70.7mm的立方体坐浆料标准养护试件;施工单位选取第4层外墙板竖缝两侧11mm的部位在现场进行淋水试验,对此要求整改。

问题1:写出PDCA工作方法内容;其中"A"的工作内容有哪些?
答案:
(1) PDCA工作方法内容:P计划;D实施;C检查;A处置。
(2) "A"工作内容:收集、分析、反馈质量信息并制定预防和改进措施。

知识点引申

项目质量管理程序
(1) 明确项目质量目标;(P)
(2) 编制项目质量计划;(P)
(3) 实施项目质量计划;(D)
(4) 监督检查项目质量计划的执行情况;(C)
(5) 收集、分析、反馈质量信息并制定预防和改进措施。(A)

问题2:指出土方回填施工中的不妥之处?并写出正确做法。
答案:
不妥1:回填土料混有建筑垃圾。
正确做法:填方土应尽量采用同类土,不能混有建筑垃圾。
不妥2:土料铺填厚度大于400mm。
正确做法:振动压实机压实回填土方时,土料铺填厚度宜为250~350mm。
不妥3:采用振动压实机压实2遍成活。
正确做法:采用振动压实机时,每层应压实3~4遍。
不妥4:2~3层土样统一送检。
正确做法:应每1层取样送检。

知识点引申

《建筑地基基础工程施工质量验收标准》GB 50202—2018 中 9.5.2 条

填土施工分层厚度及压实遍数

压实机具	分层厚度（mm）	每层压实遍数（次）
平碾	250~300	6~8
振动压实机	250~350	3~4
柴油打夯机	200~250	3~4
人工打夯	<200	3~4

问题3：指出"后浇带专项方案"中的不妥之处？写出后浇带混凝土施工的主要技术措施。

答案：

不妥之处有：

（1）剔除模板用钢丝网；

（2）基础底板后浇带 10d 后封闭。

后浇带混凝土施工的主要技术措施：

（1）整理钢筋；

（2）冲洗松动部分；

（3）填充后浇带，可采用强度等级提高一级的微膨胀混凝土；

（4）保持至少 14d 的湿润养护。（基础后浇带保持 28d 养护）

问题4：指出第 4 层外墙板施工中的不妥之处？并写出正确做法。装配式混凝土构件钢筋套筒连接灌浆质量要求有哪些？

答案：

1. 不妥之处及正确做法：

不妥1：灌浆料留置 3 组边长为 70.7mm 的立方体试件。

正确做法：灌浆料留置 3 组 40mm×40mm×160mm 的长方体试件。

不妥2：留置了 1 组边长 70.7mm 的立方体坐浆料标准养护试件。

正确做法：留置不少于 3 组边长 70.7mm 的立方体坐浆料标准养护试件。

不妥3：施工单位选取第 4 层外墙板竖缝两侧 11mm 的部位在现场进行淋水试验。

正确做法：施工单位选取与第 4 层相邻的两层四块墙板形成的水平和竖向十字接缝区域进行淋水试验，面积不得少于 $10m^2$。

2. 装配式混凝土构件钢筋套筒连接灌浆质量要求：灌浆应饱满、密实、所有出口均有出浆。

知识点引申

预制构件进场的结构性能检验

1. 梁板类简支受弯预制构件进场时应进行结构性能检验。

（1）一般构件和允许出现裂缝的预应力构件检验：承载力、挠度和裂缝宽度。

不允许出现裂缝的预应力构件检验：承载力、挠度和抗裂。

（2）大型构件及有可靠应用经验的构件，只检验：裂缝宽度、抗裂和挠度。

（3）对多个工程共同使用的同类型预制构件，结构性能检验可共同委托，其结果对多个工程共同有效。

检验数量：同一工艺正常生产的不超过1000件且不超过3个月的同类型产品为一批；当连续检验10批均符合要求时，可改为不超过2000件且不超过3个月的同类型产品为一批，在每批中随机抽取一个构件进行检验。

检验方法：短期静力加载检验。

2. 不可单独使用的叠合板预制底板，可不进行结构性能检验；叠合梁构件是否进行结构性能检验，按设计要求确定。

3. 对不需结构性能检验的预制构件，应采取下列措施：

（1）施工或监理单位代表应驻厂监督生产过程。

（2）当无驻厂监督时，预制构件进场时应对主要受力钢筋数量、规格、间距、保护层厚度及混凝土强度等进行实体检验。

案例9　2018年一建建筑案例真题四

关键词索引：偿债能力评价指标、合同管理原则、合同造价计算、清单计价强制性规定、价值工程、索赔

背景资料

某开发商拟建一城市综合体项目，预计总投资15亿元。发包方式采用施工总承包，施工单位承担部分垫资，按月度实际完成工作量的75%支付工程款，工程质量为合格，保修金为3%，合同总工期为32个月。

某总包单位对该开发商社会信誉、偿债备付率、利息备付率等偿债能力及其他情况进行了尽职调查。中标后，双方依据《建设工程工程量清单计价规范》GB 50500—2013，对工程量清单编制方法等强制性规定进行了确认，对工程造价进行了全面审核。最终确定有关费用如下：分部分项工程费82000.00万元，措施项目费20500.00万元，其他项目费12800.00万元，暂列金额8200.00万元，规费2470.00万元，税金3750.00万元。双方依据《建设工程施工合同（示范文本）》GF－2017－0201签订了工程施工总承包合同。

项目部对基坑围护提出了三个方案：A方案成本为8750.00万元，功能系数为0.33；B方案成本为8640.00万元，功能系数为0.35；C方案成本为8525.00万元，功能系数为0.32。最终运用价值工程方法确定了实施方案。

竣工结算时，总包单位提出索赔事项如下：

1. 特大暴雨造成停工7d，开发商要求总包单位安排20人留守现场照管工地，发生费用5.60万元。

2. 本工程设计采用了某种新材料，总包单位为此支付给检测单位检验试验费460万元，要求开发商承担。

3. 工程主体完工3个月后总包单位为配合开发商自行发包的燃气等专业工程施工，脚手架留置比计划延长2个月拆除。为此要求开发商支付2个月脚手架租赁费68.00万元。

4. 总包单位要求开发商按照银行同期同类贷款利率，支付垫资利息1142.00万元。

问题1：偿债能力评价还包括哪些指标？
答案：
（1）借款偿还期；
（2）资产负债率；
（3）流动比率；
（4）速动比率。

问题2：对总包合同实施管理的原则有哪些？
答案：
（1）依法履约原则；
（2）诚实信用原则；
（3）全面履行原则；
（4）协调合作原则；
（5）维护权益原则；
（6）动态管理原则。

知识点引申

项目合同管理遵循程序：合同评审；合同订立；合同实施计划；合同实施控制；合同管理总结。

问题3：计算本工程签约合同价（单位：万元，保留2位小数）。双方在工程量清单计价管理中应遵守的强制性规定还有哪些？
答案：
（1）签约合同价 = 分部分项工程费 + 措施项目费 + 其他项目费 + 规费 + 税金
　　　　　　　= 82000 + 20500 + 12800 + 2470 + 3750 = 121520万元

（2）双方在工程量清单计价管理中还应遵守的强制性规定有：工程量清单的使用范围、计价方式、竞争费用、风险处理、工程量计算规则。

知识点引申

工程清单计价具有以下特点：

强制性	对工程量清单的使用范围、计价方式、竞争费用、风险处理、工程量清单编制方法、工程量计算规则均作出强制性规定，不得违反
统一性	采用综合单价形式

续表

完整性	包括工程项目招标、投标、过程计价以及结算的全过程管理
规范性	对计价方式、计价方法、清单编制、分部分项工程量清单编制、招标控制价的编制与复核、投标价的编制与复核、合同价款调整、工程计价表格式均作出统一规定和标准
竞争性	
法定性	

问题 4：列式计算 3 个基坑围护方案的成本系数、价值系数（保留小数点后 3 位），并确定选择哪个方案。

答案：

(1) 成本系数

A 方案成本系数 = 8750/(8750 + 8640 + 8525) = 0.338

B 方案成本系数 = 8640/(8750 + 8640 + 8525) = 0.333

C 方案成本系数 = 8525/(8750 + 8640 + 8525) = 0.329

(2) 价值系数

A 方案价值系数 = 0.33/0.338 = 0.976

B 方案价值系数 = 0.35/0.333 = 1.051

C 方案价值系数 = 0.32/0.329 = 0.973

(3) 确定选择 B 方案

知识点引申

应用价值工程进行判别时，应注意：

(1) 若是多个方案比选，应选择价值系数最大的方案。

(2) 若是选择降低成本的对象，应选择价值系数最小的对象。

问题 5：总包单位提出的索赔是否成立？并说明理由。

答案：

事项一：索赔成立。

理由：特大暴雨属于不可抗力，开发商要求总包单位留守现场照管工地，费用由开发商承担。

事项二：索赔成立。

理由：新材料的检测单位检验试验费不属于建筑安装工程费用中企业管理费中的检验试验费，即不包含在合同造价中。

事项三：索赔不成立。

理由：总包单位为配合开发商自行发包的燃气等专业工程施工的脚手架费用，属于总承包服务费（其他项目费报价中），在工程造价中。

事项四：索赔不成立。

理由：垫资利息，合同有约定时按约定；没有约定则不考虑垫资利息，背景资料没有约定垫资利息。

案例10 2018年一建建筑案例真题五（有改动）

关键词索引：施工机械、塔吊、安全生产费用、高处作业安全技术措施、施工检测试验计划、节能与能源利用、室内消防给水系统

背景资料

一新建工程，地下2层，地上20层，高度70m，建筑面积40000m²，标准层平面为40m×40m。项目部根据施工条件和需求，按照施工机械设备选择的经济性等原则，采用单位工程量成本比较法选择确定了塔吊型号。施工总承包单位根据项目部制定的安全技术措施、安全评价等安全管理内容提取了项目安全生产费用。

施工中，项目部技术负责人组织编写了项目检测试验计划，内容包括试验项目名称、计划试验时间等，报项目经理审批同意后实施。

项目部在"×××工程施工组织设计"中制定了临边作业、攀登与悬空作业等高处作业项目安全技术措施。在"绿色施工专项方案"的节能与能源利用中，分别设定了生产等用电项的控制指标，规定了包括分区计量等定期管理要求，制定了指标控制预防与纠正措施。

在一次塔吊起吊荷载达到其额定起重量95%的起吊作业中，安全人员让操作人员先将重物吊起离地面30cm，然后对重物的平稳性、设备和绑扎等各项内容进行了检查，确认安全后同意其继续起吊作业。

"在建工程施工防火技术方案"中，对已完成结构施工楼层的消防设施平面布置设计见下图。图中立管设计参数为：消防用水量15L/s，水流速$i=1.5\text{m/s}$；消防箱包括消防水枪、水带与软管。监理工程师按照《建筑工程施工现场消防安全技术规范》GB 50720—2011提出了整改要求。

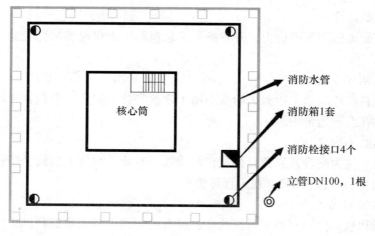

标准层临时消防设置布置示意图

问题1：施工机械设备选择的原则和方法分别还有哪些？当塔吊起重荷载达到额定起重量的90%以上时，对起重设备和重物的检查项目有哪些？

答案：

（1）施工机械设备选择的原则还有：适应性、高效性、稳定性、安全性。

（2）施工机械设备选择的方法还有：折算费用法（等值成本法）、界限时间比较法和综合评分法。

（3）对塔吊起重设备和重物检查项目有：机械状况、制动性能、物件绑扎情况。

知识点引申

（1）雨雪过后或雨雪中作业时，塔吊应先进行试吊，确认制动器灵敏可靠后方可作业。

（2）在吊物载荷达到额定载荷的90%时，应先将吊物吊离地面200~500mm后，检查机械状况、制动性能、物件绑扎情况等，确认无误后方可起吊。对有晃动的物件，必须拴拉溜绳使之稳固。（来自《建筑施工塔式起重机安装、使用、拆卸安全技术规程》JGJ 196—2010）

（3）重物提升和降落速度要均匀，严禁忽快忽慢和突然制动。左右回转动作要平稳，当回转未停稳前不得做反向动作。

问题2：安全生产费用还应包括哪些内容？需要在施工组织设计中制定安全技术措施的高处作业项还有哪些？

答案：

（1）安全生产费用还包括：安全教育培训、劳动保护、应急准备等，以及必要的安全监测、检测、论证所需费用。

（2）需制定安全技术措施的高处作业项还有：洞口作业、操作平台、交叉作业及安全防护网搭设。

问题3：指出项目检测试验计划管理中的不妥之处，并说明理由。施工检测试验计划内容还有哪些？

答案：

（1）不妥之处及理由：

不妥1：施工中编制项目检测试验计划。

理由：应在施工前编制。

不妥2：项目检测试验计划报项目经理审批同意后实施。

理由：应报送监理单位审查同意后实施。

（2）施工检测试验计划内容还有：检测试验参数；试样规格；代表批量；施工部位。

知识点引申

应调整施工检测试验计划的情况有：

（1）设计变更；

（2）施工工艺改变；

（3）施工进度调整；

（4）材料和设备的规格、型号或数量变化。

问题4：节能与能源利用管理中，应分别对哪些用电项设定控制指标？对控制指标定期管理的内容有哪些？

答案：

（1）设定用电控制指标的用电项有：生产、生活、办公和施工设备。

（2）定期管理的内容：计量、核算、对比分析。

问题5：指出图中的不妥之处，并说明理由。

答案：

不妥1：消防立管为DN100。

理由：根据管径计算，$d = \sqrt{\dfrac{4 \times 15}{\pi \times 1.5 \times 1000}} = 0.113\text{m} = 113\text{mm}$，应该选择DN125。

不妥2：立管设置1根。

理由：立管不应少于2根，设置位置应便于消防人员操作。（规范5.3.10条）

不妥3：消防栓接口在四角设置4个。

理由：本建筑高度为70m，属于高层建筑，消防栓接口间距40m，间距太大，不符合规范要求消防栓接口间距不应大于30m的规定。（规范5.3.12条）

不妥4：没有设置消防软管接口。

理由：各结构层均应设置消防软管接口。（规范5.3.12条）

不妥5：楼梯位置未设置消防设施

理由：每层楼梯处应设置消防水枪、水带和软管，且每个设置点不少于2套。（规范5.3.13条）

不妥6：消防箱包括消防水枪、水带与软管。

理由：消防箱还应包括灭火器。

知识点引申

1. 常用的消防管道规格包括：DN25、DN32、DN40、DN50、DN70、DN80、DN100、DN125、DN150、DN200。

2. 在建工程临时室内消防给水系统，依据《建设工程施工现场消防安全技术规范》GB 50720—2011

5.3.8 建筑高度大于24m或单体体积超过30000m^3的在建工程，应设置临时室内消防给水系统。

5.3.10 在建工程临时室内消防竖管的设置应符合下列规定：

（1）消防竖管的设置位置应便于消防人员操作，其数量不应少于2根，当结构封顶时，应将消防竖管设置成环状。

（2）消防竖管的管径应根据在建工程临时消防用水量、竖管内水流计算速度计算确定，且不应小于DN100。

5.3.12 设置临时室内消防给水系统的在建工程，各结构层均应设置室内消火栓接口及消防软管接口，并应符合下列规定：

（1）消火栓接口及软管接口应设置在位置明显且易于操作的部位。

（2）消火栓接口的前端应设置截止阀。

（3）消火栓接口或软管接口的间距，多层建筑不应大于50m，高层建筑不应大于30m。

5.3.13 在建工程结构施工完毕的每层楼梯处应设置消防水枪、水带及软管，且每个设置点不应少于2套。

案例 11　2017年一建建筑案例真题一

关键词索引：资源需求计划、工期压缩、水泥砂浆防水层、室内污染物浓度检测

背景资料

某新建别墅群项目，总建筑面积45000m²，各幢别墅均为地下1层，地上3层，砖混结构。某施工总承包单位项目部按幢编制了单幢工程施工进度计划。某幢计划工期为180d，施工进度计划见下图。

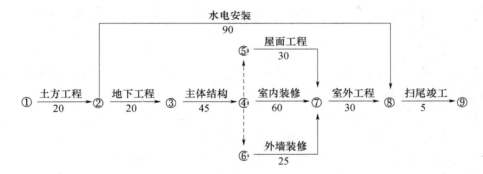

现场监理工程师在审核该进度计划后，要求施工单位制定进度计划和包括材料需求计划在内的资源需求计划，以确保该项工程在计划日历天内竣工。

该别墅工程开工后第46d进行的进度检查中发现，土方工程和地基基础工程基本完成，已开始主体结构工程施工，工期进度滞后5d。项目部依据赶工参数（具体见下表），对相关施工过程进行压缩，确保工期不变。

赶工参数表

	施工过程	最大可压缩时间（d）	赶工费用（元/d）
1	土方工程	2	800
2	地下工程	4	900
3	主体结构	2	2700

续表

	施工过程	最大可压缩时间（d）	赶工费用（元/d）
4	水电安装	3	450
5	室内装修	8	3000
6	屋面工程	5	420
7	外墙装修	2	1000
8	室外工程	3	4000
9	扫尾竣工	0	—

项目部对地下室 M5 水泥砂浆防水层施工提出了技术要求；采用普通硅酸盐水泥、自来水、中砂、防水剂等材料拌和，中砂含泥量不得大于 3%；防水层施工前应采用强度等级 M5 的普通砂浆将基层表面的孔洞、缝隙堵塞抹平；防水层施工要求一遍成型，铺抹时应压实，表面应提浆压光，并及时进行保湿养护 7d。

监理工程师对室内装饰装修工程检查验收后，要求在装饰装修完工后第 5d 进行 TVOC 等室内环境污染物浓度检测。项目部对检测时间提出异议。

问题1：项目部除了材料需求计划外，还应编制哪些资源需求计划？
答案：
资源需求计划还应包括：劳动力需求计划、施工机具和设备需求计划、预制构件和加工品需求计划。

问题2：按照经济、合理原则对相关施工过程进行压缩，请分别写出最适宜压缩的施工过程和相应的压缩天数。
答案：
（1）最适宜压缩的施工过程：主体结构、室内装修。
（2）相应压缩的天数：主体结构压缩 2d；室内装修压缩 3d。

知识点引申
工期压缩应选择关键工作的持续时间进行压缩。当存在多项未完关键工作时，选择压缩对象需考虑三因素：
（1）缩短持续时间对质量和安全影响不大的工作。
（2）有备用资源的工作。
（3）缩短持续时间所需增加的资源、费用最少的工作。

问题3：找出项目部对地下室水泥砂浆防水层施工技术要求的不妥之处，并分别说明理由。
答案：
不妥1：中砂含泥量不得大于 3%。
理由：中砂含泥量不应大于 1%。
不妥2：采用强度等级 M5 的普通砂浆将基层表面的孔洞、缝隙堵塞抹平。

理由：应采用与防水层相同的防水砂浆将基层表面的孔洞、缝隙堵塞抹平。

不妥3：防水层施工要求一遍成型。

理由：防水砂浆宜采用多层抹压法施工。

不妥4：防水砂浆保湿养护7d；

理由：防水砂浆应保湿养护，时间不得少于14d。

> **知识点引申**

（1）水泥砂浆防水层可用于地下工程主体结构的迎水面或背水面，不应用于受持续振动或温度高于80℃的地下工程防水。

（2）聚合物水泥防水砂浆厚度单层施工宜为6~8mm，双层施工宜为10~12mm，掺外加剂或掺和料的水泥防水砂浆厚度宜为18~20mm。

（3）水泥砂浆防水层各层紧密粘合，每层宜连续施工；必须留设施工缝时，采用阶梯坡形槎，离阴阳角的距离不得少于200mm。

（4）水泥砂浆防水层冬期施工时气温不应低于5℃，夏季不宜在30℃以上或烈日照射下施工。

问题4：监理工程师要求的检测时间是否正确，并说明理由。针对本工程，室内环境污染物浓度检测还应包括哪些项目？

答案：

（1）监理工程师要求的检测时间：不正确。

理由：室内污染物浓度检测应在工程完工至少7d以后、工程交付使用前进行。

（2）室内环境污染物浓度检测还应包括：甲醛、氨、苯、氡。

> **知识点引申**

民用建筑工程室内环境污染物浓度限量

污染物	单位	Ⅰ类民用建筑	Ⅱ类民用建筑
氡	Bq/m³	≤200	≤400
甲醛	mg/m³	≤0.08	≤0.1
苯		≤0.09	
氨		≤0.2	
TVOC		≤0.5	≤0.6

案例12 2017年一建建筑案例真题二

关键词索引：质量管理记录、分项工程和检验批划分依据、外墙保温工程复试项目、卷材割补法工艺

背景资料

某新建住宅工程项目,建筑面积23000m²,地下2层,地上18层,现浇钢筋混凝土剪力墙结构,项目实行项目总承包管理。

施工总承包单位项目部技术负责人组织编制了项目质量计划,由项目经理审核后报监理单位审批。该质量计划要求建立的施工过程质量管理记录有:使用机具和检验、测量及试验设备管理记录,质量检查和整改、复查记录,质量管理文件记录及规定的其他记录等。监理工程师对此提出了整改要求。

施工前,项目部根据本工程施工管理和质量控制要求,对分项工程按照工种等条件,检验批按照楼层等条件,制定了分项工程和检验批划分方案,报监理单位审核。

该工程的外墙保温材料和粘结材料等进场后,项目部会同监理工程师核查了其导热系数、燃烧性能等质量证明文件;在监理工程师见证下对保温、粘结和增强材料进行了复验取样。

项目部针对屋面卷材防水层出现的起鼓(直径>300mm)问题,制定了割补法处理方案。方案规定了修补工序,并要求先铲除保护层、把鼓泡卷材割除、对基层清理干净等修补工序依次进行处理整改。

问题1: 项目部编制质量计划的做法是否妥当?质量计划中管理记录还应该包含哪些内容?

答案:

(1)不妥当。

理由:项目质量计划应由项目经理组织编制,报企业相关管理部门批准后报监理单位和发包方认可。(理由可不写)

(2)质量计划中管理记录还应该包含:

① 施工日记和专项施工记录

② 交底记录

③ 上岗培训记录和岗位资格证明

④ 图纸、变更设计接收和发放的有关记录

问题2: 分别指出分项工程和检验批划分的条件还有哪些?

答案:

(1)分项工程划分的条件还有:材料、施工工艺、设备类别等。

(2)检验批划分的条件还有:工程量、施工段、变形缝等。

知识点引申

项目划分原则

(1)单位工程:具备独立施工条件并能形成独立使用功能的建(构)筑物为一个单位工程。

(2)分部工程:按专业性质、工程部位划分。

(3) 分项工程：按主要工种、材料、施工工艺、设备类别划分。
(4) 检验批：按工程量、楼层、施工段、变形缝划分。

问题 3：外墙保温、粘结和增强材料复试项目有哪些？
答案：
(1) 外墙保温材料复试项目有：导热系数、密度、抗压强度或压缩强度。
(2) 粘结材料复试项目有：粘结强度。
(3) 增强材料复试项目有：力学性能、抗腐蚀性能。

问题 4：卷材鼓泡采用割补法治理的工序依次还有哪些？
答案：
(1) 用喷灯烘烤旧卷材槎口，并分层剥开，去旧胶结材料。
(2) 依次粘贴好旧卷材，上面铺贴一层新卷材。
(3) 再依次粘贴旧卷材，上面覆盖铺贴第二层新卷材，周边压实刮平。
(4) 重做保护层。

案例13　2017年一建建筑案例真题三

关键词索引：五牌一图、基础钢筋工程、安全事故调查、经常性安全检查形式

背景资料

某新建仓储工程，建筑面积 8000m²，地下1层，地上1层，采用钢筋混凝土筏板基础，建筑高度12m；地下室为钢筋混凝土框架结构，地上部分为钢结构；筏板基础混凝土等级为C30，内配双层钢筋网、主筋为 φ20 螺纹钢，基础筏板下三七灰土夯实，无混凝土垫层。

施工单位安全生产管理部门在安全文明施工巡检时发现，工程告示牌及含施工总平面布置图的五牌一图布置在了现场主入口处围墙外侧。要求项目部将五牌一图布置在主入口内侧。

项目制定的基础筏板钢筋施工技术方案中规定：钢筋保护层厚度控制在40mm；主筋通过直螺纹连接接长，钢筋交叉点按照相隔交错扎牢，绑扎点的钢丝扣绑扎方向要求一致；上、下层钢筋网之间拉钩要绑扎牢固，以保证上、下层钢筋网相对位置准确。监理工程师审查后认为有些规定不妥，要求整改。

屋面梁安装过程中，发生2名施工人员高处坠落事故，1人死亡，当地人民政府接到事故报告后，按照事故调查规定组织安全生产监督管理部门、公安机关等相关部门指派的人员

和 2 名专家组成事故调查组。调查组检查了项目部制定的项目施工安全检查制度，其中规定了项目经理至少每旬组织开展一次定期安全检查，专职安全管理人员每天进行巡视检查。调查组认为项目部经常性安全检查制度规定内容不全，要求完善。

问题 1：五牌一图还应包含哪些内容？
答案：
（1）工程概况牌；
（2）管理人员名单及监督电话牌；
（3）消防保卫牌（或防火责任牌）；
（4）安全生产牌；
（5）文明施工牌。

知识点引申

现场文明施工管理的主要内容
（1）抓好项目文化建设；
（2）规范场容，保持作业环境整洁卫生；
（3）创造文明有序安全生产的条件；
（4）减少对居民和环境的不利影响。

问题 2：写出基础筏板钢筋技术方案中的不妥之处，并分别说明理由。
答案：
不妥 1：钢筋保护层厚度控制在 40mm。
理由：无混凝土垫层时，基础中纵向受力钢筋保护层厚度至少 70mm。
不妥 2：钢筋交叉点按照相隔交错扎牢。
理由：全部钢筋交叉点应扎牢。
不妥 3：绑扎点的钢丝扣绑扎方向要求一致。
理由：相邻绑扎点的钢丝扣要成八字形。
不妥 4：上、下层钢筋网之间拉钩要绑扎牢固，以保证上、下层钢筋网相对位置准确。
理由：上层钢筋网下面应设置钢筋撑脚，以保证钢筋位置准确。

问题 3：判断此次高处坠落事故等级，事故调查组还应有哪些单位或部门指派人员参加？
答案：
（1）此次高处坠落事故等级：一般事故。
（2）事故调查组还应有：负有安全生产监督管理职责的有关部门、监察机关、工会、人民检察院等。

知识点引申

安全事故调查规定

事故类别	组织调查部门
特别重大事故	国务院
重大事故	省级政府
较大事故	市级政府
一般事故	县级政府

1. 无人员伤亡的一般事故，县级政府可委托事故发生单位组织调查。
2. 事故调查组构成：
（1）应（必须）参加的是：有关政府、安监部门、负有安监职责有关部门、监察机关、公安机关、工会、检察院组成。
（2）可聘请有关专家参与调查。
3. 事故发生单位应当按照负责事故调查的人民政府的批复，对本单位负有事故责任的人员进行处理

问题 4：项目部经常性安全检查的方式还应有哪些？
答案：
（1）现场兼职安全生产管理人员及安全值班人员每天例行开展的安全巡视、巡查；
（2）现场项目经理、责任工程师及相关专业技术管理人员在检查生产工作的同时进行的安全检查；
（3）作业班组在班前、班中、班后进行的安全检查。

案例 14 2017 年一建建筑案例真题四

关键词索引：工程总承包、措施项目费、预付款、总包义务、劳动力计算、劳动效率影响因素、费用变更程序、索赔资料

背景资料

某建设单位投资兴建一办公楼，投资概算 25000.00 万元，建筑面积 21000m²；钢筋混凝土框架-剪力墙结构，地下 2 层、层高 4.5m，地上 18 层、层高 3.6m；采取工程总承包交钥匙方式对外公开招标，招标范围为工程至交付使用全过程。经公开招投标，A 工程总承包单位中标。A 单位对工程施工等工程内容进行了招标。

B 施工单位中标了本工程施工标段，中标价为 18060 万元。部分费用如下：安全文明施工费 340 万元，其中按照施工计划 2014 年度安全文明施工费为 226 万元；夜间施工增加费 22 万元；特殊地区施工增加费 36 万元；大型机械进出场及安拆费 86 万元；脚手架费 220 万元；模板费用 105 万元；施工总包管理费 54 万元；暂列金额 300 万元。

B施工单位中标后第8d，双方签订了项目工程施工承包合同，规定了双方的权利、义务和责任。部分条款如下：工程质量为合格；除钢材及混凝土材料价格浮动超出±10%（含10%）、工程设计变更允许调整以外，其他一律不允许调整；工程预付款比例为10%；合同工期为485日历天，于2014年2月1日起至2015年5月31日止。

B施工单位根据工程特点、工作量和施工方法等影响劳动效率因素，计划主体结构施工工期为120d，预计总用工为5.76万个工日，每天安排2个班次，每个班次工作时间为7h。

A工程总承包单位审查结算资料时发现，B施工单位提供的部分索赔资料不完整，如：原图纸设计室外回填土为2:8灰土，实际施工时变更为级配砂石，B施工单位仅仅提供了一份设计变更单，A工程总承包单位要求B施工单位补充相关资料。

问题1：除设计阶段、施工阶段以外，工程总承包项目管理的基本程序还有哪些？
答案：
（1）项目启动；
（2）项目初始阶段；
（3）采购阶段；
（4）试运行阶段；
（5）合同收尾；
（6）项目管理收尾。

依据《建设项目工程总承包管理规范》GB/T 50358—2017。

问题2：A工程总承包单位与B施工单位签订的施工承包合同属于哪类合同？列式计算措施项目费、预付款各为多少万元？
答案：
（1）按合同主体的法律关系，属于工程分包合同。
（2）措施项目费 = 340 + 22 + 36 + 86 + 220 + 105 = 809万元。
（3）预付款：
算法一：按合同造价百分比计算：（18060 - 300）×10% = 1776万元
算法二：按年度完成工作量百分比计算：（18060 - 300）×（11/16）×10% = 1221万元

百分比法计算预付款，根据教材可以按合同造价或年度完成工作量两个基数来分别计算，建议考试按合同造价百分比计算，比较常用。

问题3：与B施工单位签订的工程施工承包合同中，A工程总承包单位应承担哪些主要义务？
答案：
（1）向分包人提供与分包工程相关的各种证件、批件和相关资料；
（2）向分包人提供具备施工条件的施工场地；
（3）组织分包人参加发包人组织的图纸会审，向分包人进行设计图纸交底；

（4）提供合同专用条款中约定的设备和设施，并承担相应费用；
（5）随时为分包人提供确保分包工程的施工所要求的施工场地和通道；
（6）负责整个施工场地的管理工作，协调分包人之间的交叉配合。

问题4：计算主体施工阶段需要多少名劳动力？编制劳动力需求计划时，确定劳动效率通常还应考虑哪些因素？

答案：
（1）主体施工阶段需要劳动力：$57600 \times 8/(2 \times 7 \times 120) = 274.3$，取整275名劳动力。
（2）确定劳动效率通常还应考虑因素：环境、气候、地形、地质、实施方案的特点、现场平面布置、劳动组合、施工机具等。

问题5：A工程总承包单位的费用变更控制程序有哪些？B施工单位还需补充哪些索赔资料？

答案：
1. A工程总承包单位的费用变更控制程序有：
（1）施工单位收到设计变更14d内提出变更费用申请报告；
（2）监理单位收到变更费用申请报告7d内审核完毕并报送给建设单位；
（3）建设单位在施工单位提交变更估价申请后14d内审批完毕，逾期未答复视为认可。
2. B施工单位还需补充的索赔资料：
（1）索赔意向通知；
（2）索赔报告；
（3）索赔证据；
（4）现场签证。

知识点引申

《建设工程施工合同（示范文本）》GF-2017-0201

10.4.2 变更估价程序

承包人应在收到变更指示后14d内，向监理人提交变更估价申请。监理人应在收到承包人提交的变更估价申请后7d内审查完毕并报送发包人，监理人对变更估价申请有异议，通知承包人修改后重新提交。发包人应在承包人提交变更估价申请后14d内审批完毕。发包人逾期未完成审批或未提出异议的，视为认可承包人提交的变更估价申请。

因变更引起的价格调整应计入最近一期的进度款中支付。

案例15 2017年一建建筑案例真题五（有改动）

关键词索引：专家论证、排桩形式、重点部位防火、停水封路、实体检验、单位工程质量竣工验收记录表

背景资料

某新建办公楼工程,总建筑面积 $68000m^2$,地下 2 层,地上 30 层,人工挖孔桩基础,设计桩长 18m,基础埋深 8.5m,地下水为 -4.5m;裙房 6 层,檐口高 28m;主楼高度 128m,钢筋混凝土框架-核心筒结构。建设单位与施工单位签订了施工总承包合同。施工单位制定的主要施工方案有:内支撑式排桩基坑支护结构;裙房用落地式双排扣件式钢管脚手架;主楼布置外附墙式塔吊,核心筒爬模施工,结构施工用胶合板模板。

施工中,木工堆场发生火灾。紧急情况下值班电工及时断开了总配电箱开关。经查,火灾是因为临时用电布置和刨花堆放不当引起。部分木工堆场临时用电现场布置剖面示意图见下图。

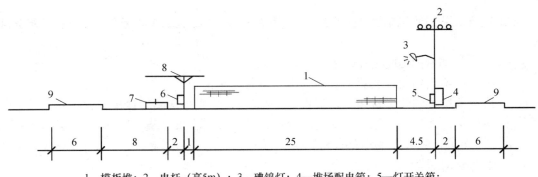

1—模板堆;2—电杆(高5m);3—碘钨灯;4—堆场配电箱;5—灯开关箱;
6—电锯开关箱;7—电锯;8—木工棚;9—场内道路

施工单位为接驳市政水管,安排人员在夜间挖沟、断路施工,被主管部门查处,要求停工整改。在地下室结构实体采用回弹法进行强度检验中,出现个别部位 C35 混凝土强度不足,项目部质量经理随即安排公司实验室检测人员采用钻芯法对该部位实体混凝土进行检测,并将检验报告上报监理工程师。监理工程师认为其做法不妥,要求整改。整改后钻芯检测的试样强度分别为 28.5MPa、31MPa、32MPa。该建设单位项目负责人组织对工程进行检查验收,施工单位分别填写了《单位工程质量竣工验收记录表》中的"验收记录""验收结论""综合验收结论"。"综合验收结论"为"合格"。参加验收单位人员分别进行了签字。政府质量监督部门认为一些做法不妥,要求改正。

问题1:背景资料中,需要进行专家论证的专项施工方案有哪些?排桩支护结构方式还有哪些?

答案:

1. 需要进行专家论证的专项施工方案有:
(1)土方开挖专项施工方案;
(2)基坑支护专项施工方案;
(3)基坑降水专项施工方案;
(4)人工挖孔桩专项施工方案;
(5)核心筒爬模专项施工方案。

2. 排桩支护结构方式还有：
（1）悬臂式支护结构；
（2）锚拉式支护结构；
（3）内撑－锚拉混合式支护结构。

问题 2：指出图中措施做法的不妥之处。正常情况下，现场临时配电系统停电的顺序是什么？
答案：
（1）不妥之处有：
不妥 1：敞开式木工棚；
不妥 2：堆场配电箱和电锯开关箱的距离太远（距离达 30.5m）；
不妥 3：电杆离模板堆太近（距离 4.5m）；
不妥 4：电锯开关箱离模板堆外缘太近（距离 1m）；
不妥 5：使用碘钨灯；
不妥 6：照明用电与动力用电采用一个回路；
（2）现场临时停电的顺序为：开关箱→分配电箱→总配电箱。

知识点引申
（1）仓库或堆料场内电缆一般应埋入地下；若有困难需设置架空电力线时，架空电力线与露天易燃物堆垛的最小水平距离不应小于电杆高度的 1.5 倍。
（2）仓库或堆料场所使用的照明灯具与易燃堆垛间至少应保持 1m 的距离。
（3）开关箱、接线盒，应距离堆垛外缘不小于 1.5m。
（4）仓库或堆料场严禁使用碘钨灯。

问题 3：对需要市政停水、封路而影响环境时的正确做法是什么？
答案：
（1）承包人应提前通知发包人办理相关停水、封路的批准手续；
（2）事先公告附近居民（事先告示）；
（3）设有标识。

问题 4：说明混凝土结构实体检验管理的正确做法。该钻芯检验部位 C35 混凝土实体检验结论是什么？并说明理由。
答案：
（1）混凝土强度实体检验应由具有相应资质的检测机构完成。
（2）该钻芯检验部位 C35 混凝土实体检验结论是不合格。
（3）理由：
平均值：$(28.5+31+32)/3 = 30.5 \text{MPa} < 30.8 \text{MPa}$ （$35 \times 88\%$）
最小值：$28.5 \text{MPa} \geqslant 28 \text{MPa}$ （$35 \times 80\%$）
两个条件没有同时满足，所以混凝土强度实体检验结果不合格。

知识点引申

《混凝土结构工程施工质量验收规范》GB 50204—2015

10.1.1 对涉及混凝土结构安全的、有代表性的部位应进行结构实体检验。结构实体检验应包括混凝土强度、钢筋保护层厚度、结构位置与尺寸偏差以及合同约定的项目；必要时可检验其他项目。

结构实体检验应由监理单位组织施工单位实施，并见证实施过程。施工单位应制定结构实体检验专项方案，并经监理单位审核批准后实施。除结构位置与尺寸偏差外的结构实体检验项目，应由具有相应资质的检测机构完成。

10.1.2 结构实体混凝土强度应按不同强度等级分别检验，检验方法宜采用同条件养护试件方法；当未取得同条件养护试件强度或同条件养护试件强度不符合要求时，可采用回弹-取芯法进行检验。

1 结构实体混凝土强度采用同条件养护试件时：对同一强度等级的同条件养护试件，其强度值应除以 0.88 后按现行国家标准《混凝土强度检验评定标准》GB/T 50107 等有关规定进行评定，评定结果符合要求时可判结构实体混凝土强度合格。（C.0.3）

2 结构实体混凝土强度采用回弹-取芯法时：对同一强度等级的混凝土，当符合下列规定时，结构实体混凝土强度可判为合格：①三个芯样的抗压强度算术平均值不小于设计要求的混凝土强度等级值的 88%；②三个芯样抗压强度的最小值不小于设计要求的混凝土强度等级值的 80%。（D.0.7）

问题 5：《单位工程质量竣工验收记录表》中"验收记录""验收结论""综合验收结论"应该由哪些单位填写？"综合验收结论"应该包含哪些内容？

答案：

1. 填写主体
（1）验收记录由施工单位填写；
（2）验收结论由监理单位填写；
（3）综合验收结论由建设单位填写。

2. 综合验收结论包括内容：
（1）工程质量是否符合设计文件和相关标准的规定；
（2）总体质量水平评价。

案例 16　2016 年一建建筑案例真题一

关键词索引：泥浆护壁钻孔灌注桩、变形测量、流水施工、隐蔽工程重新检查、索赔

背景资料

某综合楼工程，地下 3 层，地上 20 层，总建筑面积 68000m²，地基基础设计等级为甲级，灌注桩筏板基础，现浇钢筋混凝土框架-剪力墙结构。建设单位与施工单位按照《建设工程施工合同（示范文本）》签订了施工合同，约定竣工时须向建设单位移交变形测量报告，部分主要材料由建设单位采购提供。施工单位委托第三方测量单位进行施工阶段的建筑变形测量。

基础桩设计桩径 800mm、长度 35~42m，混凝土强度等级 C30，共计 900 根，施工单位编制的桩基施工方案中列明：采用泥浆护壁成孔、导管法水下灌注 C30 混凝土；灌注时桩顶混凝土面超过设计标高 500mm；每根桩留置 1 组混凝土试件；成桩后按总桩数的 20% 对桩身质量进行检验。监理工程师审查方案时认为存在错误，要求施工单位改正后重新上报。

地下结构施工过程中，测量单位按变形测量方案实施监测时发现，基坑周边地表出现明显裂缝，立即将此异常情况报告给施工单位。施工单位立即要求测量单位及时采取相应的监测措施，并根据观测数据制订后续防控对策。

装修施工单位将地上标准层（F6~F20）划分为 3 个施工段组织流水施工，各施工段上均包含 3 道施工工序，其流水节拍如下表所示（单位：周）。

流水节拍		施工过程		
		工序（1）	工序（2）	工序（3）
施工段	F6~F10	4	3	3
	F11~F15	3	4	6
	F16~F20	5	4	3

建设单位采购的材料进场复检结果不合格，监理工程师要求清退出场；因停工待料导致窝工，施工单位提出 8 万元费用索赔。材料重新进场施工完毕后，监理验收通过。由于该部位的特殊性，建设单位要求进行剥离检验，检验结果符合要求；剥离检验及恢复共发生费用 4 万元，施工单位提出 4 万元费用索赔。上述索赔均在要求时限内提出，数据经监理工程师核实无误。

问题 1：指出桩基施工方案中的错误之处，并分别写出相应的正确做法。

答案：
错误 1：导管法水下灌注 C30 混凝土。
正确做法：应灌注 C35 混凝土（提高一级）。
错误 2：灌注时桩顶混凝土面超过设计标高 500mm。
正确做法：灌注时桩顶混凝土至少比设计桩顶标高超灌 1m 以上。
备注：本题答案是参考最新版教材和《建筑地基基础工程施工质量验收标准》GB 50202—2018，与 2016 年时参考的规范和当年的教材所拟定的答案有出入。

知识点引申

1. 泥浆护壁钻孔灌注桩采用导管法灌注水下混凝土，强度应比设计强度提高等级配置，超灌高度应高于设计桩顶标高 1m 以上。

2. 泥浆护壁钻孔灌注桩施工中检查成孔、钢筋笼制作与安装、水下混凝土灌注；施工结束后检查混凝土强度、桩体完整性和承载力。

3. 灌注桩混凝土强度检验试件留置组数规定：
（1）每灌注 50m³ 留 1 组；
（2）浇筑量不足 50m³ 时，每连续浇筑 12h 至少留 1 组；
（3）单柱单桩时，每根桩至少留置 1 组。

4. 工程桩承载力和完整性检验规定见下表。

承载力	（1）静载荷试验（设计甲级或地质条件复杂，成桩质量可靠性低） 　　检验数量：≥总桩数1%，≥3 根（总桩数少于 50 根时至少 2 根） （2）高应变法（在有经验或对比资料地区，设计为乙、丙级时） 　　检验数量：≥总桩数5%，≥10 根
完整性	（1）钻芯法：受检桩龄期应达到 28d；或同条件养护试块强度达到设计要求。 （2）低（高）应变法、声波透射法：受检桩强度≥设计强度70%，且≥15MPa。 （3）≥总桩数20%，且≥10 根，每根柱子承台下的桩抽检数量≥1 根。 （4）分四类：Ⅰ类桩（桩身完整）；Ⅱ类桩（轻微缺陷）；Ⅲ类桩（明显缺陷）；Ⅳ类桩（严重缺陷）

问题 2：变形测量发现异常情况后，第三方测量单位应及时采取哪些措施？针对变形测量，除基坑周边地表出现明显裂缝外，还有哪些异常情况也应立即报告委托方？

答案：
（1）立即报告委托方，实施安全预案，同时提高观测频率或增加观测内容。
（2）立即报告委托方的异常情况：
① 变形量或变形速率出现异常变化；
② 变形量或变形速率达到或超出变形预警值；
③ 开挖面或周边出现塌陷、滑坡；
④ 建筑本身或其周边环境出现异常；
⑤ 自然灾害引起的其他异常变形情况。

问题 3：参照下图图示，在答题卡上相应位置绘制标准层装修的流水施工横道图。

施工过程	施工进度（周）										
	1	2	3	4	5	6	7	8	9	10	…
工序（1）											
工序（2）											
工序（3）											

答案：
（1）计算流水步距

① 工序（1）与工序（2）之间的流水步距

$$\begin{array}{r}4\quad 7\quad 12\\ -\quad 3\quad 7\quad 11\\ \hline 4\quad 4\quad 5\; -11\end{array}\quad 取\ K_{1-2}=5\ 周$$

② 工序（2）与工序（3）之间的流水步距

$$\begin{array}{r}3\quad 7\quad 11\\ -\quad 3\quad 9\quad 12\\ \hline 3\quad 4\quad 2\; -12\end{array}\quad 取\ K_{2-3}=4\ 周$$

（2）流水工期：$T=(5+4)+12=21$ 周

（3）画图

施工过程	施工进度（周）																				
	1	2	3	4	5	6	7	8	9	10	11	12	13	14	15	16	17	18	19	20	21
工序(1)																					
工序(2)																					
工序(3)																					

问题 4：分别判断施工单位提出的两项费用索赔是否成立，并写出相应的理由。

答案：

（1）因停工待料导致窝工，施工单位提出 8 万元费用索赔成立。

理由：建设单位采购材料，停工待料是建设单位应承担的责任事件。

（2）剥离检验及恢复费用 4 万元索赔成立。

理由：监理验收通过，建设单位要求进行剥离检验，属于重新检验。检验结果符合要求时，由此发生的费用和延误的工期均由建设单位承担，并支付承包人合理利润。

知识点引申

《建设工程施工合同（示范文本）》GF—2017—0201

5.3.3 重新检查

承包人覆盖工程隐蔽部位后，发包人或监理人对质量有疑问的，可要求承包人对已覆盖的部位进行钻孔探测或揭开重新检查，承包人应遵照执行，并在检查后重新覆盖恢复原状。经检查证明工程质量符合合同要求的，由发包人承担由此增加的费用和（或）延误的工期，并支付承包人合理的利润；经检查证明工程质量不符合合同要求的，由此增加的费用和（或）延误的工期由承包人承担。

案例17 2016年一建建筑案例真题二

关键词索引：模板拆除、质量事故报告、焊接工艺评定、轻骨料单排孔小砌块

背景资料

某新建体育馆工程，建筑面积约23000m², 现浇钢筋混凝土结构，钢结构网架屋盖，地下1层，地上4层，地下室顶板设计有后张法预应力混凝土梁。地下室顶板同条件养护试件强度达到设计要求时，施工单位现场生产经理立即向监理工程师口头申请拆除地下室顶板模板，监理工程师同意后，现场将地下室顶板及支架全部拆除。

"两年专项治理行动"检查时，2层混凝土结构经回弹-取芯法检验，其强度不满足设计要求，经设计单位验算，需对2层结构进行加固处理，造成直接经济损失300余万元。工程质量事故发生后，现场有关人员立即向本单位负责人报告，在规定时间内逐级上报至市（设区）级人民政府住房城乡建设主管部门，施工单位提交的质量事故报告内容包括：

（1）事故发生的时间、地点、工程项目名称；
（2）事故发生的简要经过，无人员伤亡；
（3）事故发生后采取的措施及事故控制情况；
（4）事故报告单位。

屋盖网架采用Q390GJ钢，因钢结构制作单位首次采用该材料，施工前，监理工程师要求其对首次采用Q390GJ钢及相关的接头形式、焊接工艺参数、预热和后热措施等焊接参数组合条件进行焊接工艺评定。

填充墙砌体采用单排孔轻骨料混凝土小砌块，专用小砌块砂浆砌筑。现场检查中发现：进场的小砌块产品龄期达到21d后，即开始浇水湿润，待小砌块表面浮水后，开始砌筑施工；砌筑时将小砌块的底面朝上反砌于墙上，小砌块的搭接长度为块体长度的1/3；砌体的砂浆饱满度要求为：水平灰缝90%以上，竖向灰缝85%以上；墙体每天砌筑高度为1.5m，填充墙砌筑7d后进行顶砌施工；为施工方便，在部分墙体上留置了净宽度为1.2m的临时施工洞口。监理工程师要求对错误之处进行整改。

问题1：监理工程师同意地下室顶板拆模是否正确？背景资料中地下室顶板预应力梁拆除底模及支架的前置条件有哪些？

答案：
（1）不正确。
（2）前置条件：

① 预应力应张拉完毕；
② 同条件养护试块强度达规定要求；
③ 作业班组填写拆模申请，经过项目技术负责人批准。

知识点引申

底模及支架拆除时的混凝土强度要求

构件类型	构件跨度（m）	达到设计混凝土抗压强度值的百分率（%）
板	≤2	50
	>2，≤8	75
	>8	100
梁、拱、壳	≤8	75
	>8	100
悬臂构件		100

问题2：本题中的质量事故属于哪个等级？指出事故上报的不妥之处。质量事故报告还应包括哪些内容？

答案：

（1）属于一般事故。

（2）事故上报的不妥之处：

不妥1：现场有关人员立即向本单位负责人报告。

不妥2：并在规定的时间内逐级上报至市（设区）级人民政府住房城乡建设主管部门。

（3）质量事故报告还应包括以下内容：

① 工程各参建单位名称；
② 初步估计的直接经济损失；
③ 事故的初步原因；
④ 事故报告联系人及联系方式。

知识点引申

工程质量问题（事故）的报告

1. 事故现场报告

2. 住房城乡建设部门报告

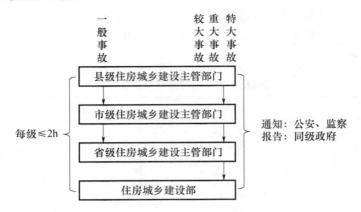

问题 3：除背景资料已明确的焊接参数组合条件外，还有哪些参数的组合条件也需要进行焊接工艺评定？

答案：

（1）焊接材料；

（2）焊接方法；

（3）焊接位置；

（4）焊后热处理制度。

问题 4：针对背景资料中填充墙砌体施工的不妥之处，写出相应的正确做法。

答案：

不妥 1：进场小砌块龄期达到 21d 后，开始浇水湿润。

正确做法：进场小砌块的产品龄期不应小于 28d。

不妥 2：待小砌块表面出现浮水后，开始砌筑施工。

正确做法：小砌块表面有浮水时，不得施工。

不妥 3：小砌块的搭接长度为块体长度的 1/3。

正确做法：单排孔小砌块的搭接长度应为块体长度的 1/2。

不妥 4：竖向灰缝的砂浆饱满度为 85%。

正确做法：竖向灰缝的砂浆饱满度不得低于 90%。

不妥 5：填充墙砌筑 7d 后开始顶砌施工。

正确做法：填充墙梁下口最后 3 皮砖应在下部墙砌完 14d 后砌筑。

不妥 6：在部分墙体上留置净宽度为 1.2m 的临时施工洞口。

正确做法：墙体上留置临时施工洞口净宽度不应超过 1m。

案例18　2016年一建建筑案例真题三

关键词索引：专职安全员、应急预案、脚手架搭设、高处作业安全检查项目

背景资料

某新建工程，建筑面积15000m²，地下2层，地上5层，钢筋混凝土框架结构，800mm厚钢筋混凝土筏板基础，建筑总高20m。建设单位与某施工总承包单位签订了施工总承包合同。施工总承包单位将建设工程的基坑工程分包给了建设单位指定的专业分包单位。

施工总承包单位项目经理部成立了安全生产领导小组，并配备了3名土建类专职安全员。项目经理部对现场的施工安全危险源进行了分辨识别，编制了项目现场防汛应急救援预案，按规定履行了审批手续，并要求专业分包单位按照应急救援预案进行一次应急演练。专业分包单位以没有配备相应救援器材和难以现场演练为由拒绝。总承包单位要求专业分包单位根据国家和相关规定进行整改。

外装修施工时，施工单位搭设了扣件式钢管脚手架（见下图）。架体搭设完成后进行了验收检查，并提出了整改意见。

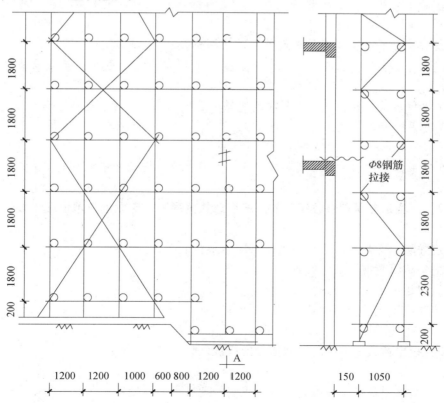

项目经理组织参建各方人员进行高处作业的专项安全检查。检查内容包括安全帽、安全网、安全带、悬挑式物料钢平台等。监理工程师认为检查项目不全面,要求按照《建筑施工安全检查标准》JGJ 59—2011 予以补充。

问题 1:本工程至少应配置几名专职安全员?根据《住房和城乡建设部关于印发建筑施工企业主要负责人、项目负责人和专职安全生产管理人员安全生产管理规定实施意见的通知》(建质〔2015〕206 号),项目经理部配置的专职安全员是否妥当?并说明理由。

答案:
(1) 至少应配备 2 名专职安全员。
(2) 项目经理部配置的专职安全员不妥当。
理由:依据 2015 年 206 号文件的规定,建筑面积在 1 万~5 万 m² 之间的,至少应配备 2 名综合类专职安全员,本工程建筑面积 15000m²,只配备了 3 名土建类安全员,没有综合类专职安全员。

知识点引申

1.《住房和城乡建设部关于印发建筑施工企业主要负责人、项目负责人和专职安全生产管理人员安全生产管理规定实施意见的通知》(建质〔2015〕206 号)
专职安全生产管理人员分为机械、土建、综合三类。
(1) 机械类专职安全生产管理人员可以从事起重机械、土石方机械、桩工机械等安全生产管理工作。
(2) 土建类专职安全生产管理人员可以从事除起重机械、土石方机械、桩工机械等安全生产管理工作以外的安全生产管理工作。
(3) 综合类专职安全生产管理人员可以从事全部安全生产管理工作。

2.《建筑施工企业安全生产管理机构设置及专职安全生产管理人员配备办法》(建质〔2008〕91 号)
总承包单位建筑工程、装修工程项目按建筑面积配备专职安全生产管理人员规定:
(1) 1 万平方米以下的工程不少于 1 人;
(2) 1 万~5 万平方米的工程不少于 2 人;
(3) 5 万平方米及以上的工程不少于 3 人,且按专业配备专职安全生产管理人员。

问题 2:对施工总承包单位编制的防汛应急救援预案,专业承包单位应该如何执行?
答案:
(1) 建立防汛应急救援组织或者配备应急救援人员;
(2) 配备防汛救援器材、设备;
(3) 组织相关人员学习防汛应急预案;
(4) 定期组织防汛应急演练。

问题 3:指出背景资料中脚手架搭设的错误之处。
答案:
错误 1:基础不在同一高度时,高处纵向扫地杆未向低处延长 2 跨。

错误2：横向扫地杆在纵向扫地杆上部。

错误3：立杆采用搭接方式接长。

错误4：连墙件仅用 $\phi 8$ 钢筋连接。

错误5：首部未设连墙件。

错误6：脚手架底层步距2.3m（单双排脚手架底层步距≤2m，《建筑施工扣件式钢管脚手架安全技术规范》JGJ 130—2011 中6.3.4条）

错误7：立杆悬空，未伸至木垫板。

错误8：剪刀撑宽度不够，仅3跨。

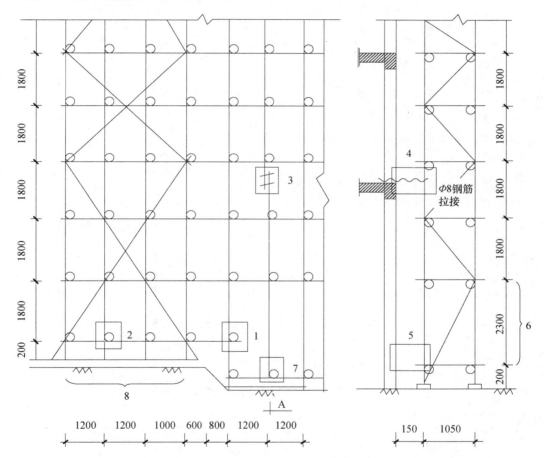

知识点引申

1. 垫板：长度≥2跨、厚度≥50mm、宽度≥200 mm的木垫板。

2. 横向水平杆（小横杆）

（1）主节点处必须设置。

（2）用直角扣件扣接且严禁拆除。

（3）靠墙外伸长度≤0.4倍两节点距离，且≤500mm。

3. 纵向水平杆（大横杆）

（1）立杆内侧，长度不小于3跨。

(2) 接长：对接或搭接；接头不设在同步或同跨内；相邻接头水平错开至少 500mm。

(3) 接头中心距最近主节点 ≤ 纵距 1/3。

(4) 搭接长度 ≥ 1m。

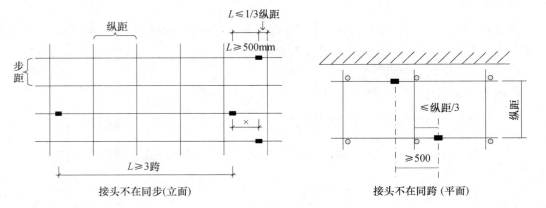

接头不在同步（立面）　　接头不在同跨（平面）

4. 扫地杆

(1) 纵上横下（水平杆纵下横上）。

(2) 固定于立杆上。

(3) 距底座上皮（离地距离）≤ 200 mm。

(4) 立杆基础不在同一高度时，高处纵向扫地杆向低处延长 2 跨，高低差 ≤ 1m。

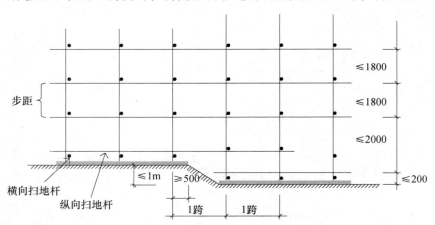

5. 立杆

(1) 除顶层顶步外，其余接头必须对接。

(2) 边坡上方立杆距边坡距离 ≥ 500 mm。

6. 连墙件

(1) $h ≤ 24m$，宜用刚性连墙件，亦可用钢筋与顶撑配合使用；$h > 24m$，必须采用刚性连墙件。

(2) 50m 以下脚手架连墙件按 3 步 3 跨布置；50m 以上按 2 步 3 跨布置。

(3) 应靠近主节点设置，偏离主节点的距离不应大于 300mm。

(4) 从架体底层第一步纵向水平杆处开始设置。

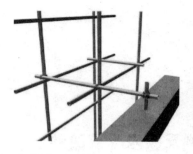

（5）应优先采用菱形布置，或采用方形、矩形布置。

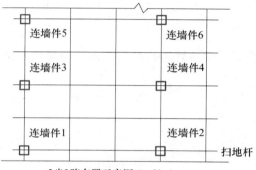

2步3跨布置示意图（>50m）　　　　3步3跨布置示意图（≤50m）

7. 剪刀撑

（1）$h<24m$，在外侧两端、转角及中间不超过15m的立面上，各设一道剪刀撑（由底到顶），剪刀撑净距≤15m。

（2）$h≥24m$，外侧全立面连续设。

（3）每道剪刀撑宽度≥4跨，且不应小于6m，斜杆与地面的倾角在45°~60°之间。（《建筑施工扣件式钢管脚手架安全技术规范》JGJ 130—2011）

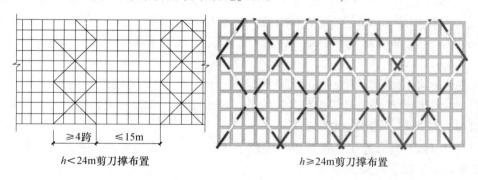

$h<24m$剪刀撑布置　　　　$h≥24m$剪刀撑布置

问题4：按照《建筑施工安全检查标准》TGJ 59—2011，现场高处作业检查的项目还应补充哪些？

答案：

（1）临边防护；

（2）洞口防护；

(3) 通道口防护；
(4) 攀登作业；
(5) 悬空作业；
(6) 移动式操作平台。

案例19　2016年一建建筑案例真题四（有改动）

关键词索引：合同签订、设计交底和图纸会审、成本计划、合同收入、资金供应条件、变更项目综合单价、竣工验收备案

背景资料

某新建住宅工程，建筑面积43200m^2，砖混结构，投资额25910万元。建设单位自行编制了招标工程量清单等招标文件，其中部分条款内容为：本工程实行施工总承包模式；承包范围为土建、水电安装、内外装修及室外道路和小区园林景观；施工质量标准为合格；工程款按每月完成工作量的80%支付，保修金为总价的5%，招标控制价为25000万元；工期自2013年7月1日起至2014年9月30日止，工期为15个月；园林景观由建设单位指定专业分包单位施工。

某工程总承包单位按市场价格计算为25200万元，为确保中标最终以23500万元作为投标价，经公开招标，该总承包单位中标，双方签订了工程施工总承包合同A，并上报建设行政主管部门。建设单位因资金紧张提出工程款支付比例修改为按每月完成工作量的70%支付，并提出今后在同等条件下该施工总承包单位可以优先中标的条件。施工总承包单位同意了建设单位这一要求，双方据此重新签订了施工总承包合同B，约定照此执行。

施工总承包单位组建了项目经理部，于2013年6月20日进场进行施工准备，进场7d内，建设单位组织设计、监理等单位共同完成了图纸会审工作，相关方提出并会签了相关意见，项目经理部进行了图纸交底工作。

2013年6月28日，施工总承包单位编制了项目管理实施规划，其中：项目成本目标为21620万元，项目现金流量表如下。

项目现金流量表（单位：万元）

工期（月） 名称	1	2	3	4	5	6	7	8	9	10	…
月度完成工作量	450	1200	2600	2500	2400	2400	2500	2600	2700	2800	…
现金流入	315	840	1820	1750	1680	1680	1750	2210	2295	2380	…

续表

名称 \ 工期（月）	1	2	3	4	5	6	7	8	9	10	…
现金流出	520	980	2200	2120	1500	1200	1400	1700	1500	2100	…
月净现金流量											…
累计净现金流量											

截至2013年12月末，累积发生工程成本10395万元，处置废旧材料所得3.5万元，获得贷款资金800万元，施工进度奖励146万元。

内装修施工前，施工总承包单位的项目经理部发现建设单位提供的工程量清单中未包括一层公共区域楼地面面层子目，铺贴面积1200m²。因招标工程量清单中没有类似子目，于是项目经理部按照市场价格信息重新组价，综合单价1200元/m²，经现场专业监理工程师审核后上报建设单位。

2014年9月30日工程通过竣工验收，建设单位按照相关规定，提交了工程竣工验收备案表、工程竣工验收报告及消防单位出具的验收文件，并获得规划、环保等部门出具的认可文件，在当地建设行政主管部门完成了相关备案工作。

问题1：双方签订合同的行为是否违法？双方签订的哪份合同有效？施工单位遇到此类现象时，需要把握哪些关键点？

答案：

（1）双方签订合同的行为违法。

（2）双方签订的A合同有效。

（3）需要把握的关键点包括：合同内容、承包范围、工期、造价、计价方式、质量要求等实质性内容。

知识点引申

（1）合同签约时，保持待签合同与招标文件、投标文件的一致性，这种一致性要求包含了合同内容、承包范围、工期、造价、计价方式、质量要求等实质性内容。

（2）合同价款由发包人、承包人依据中标通知书中的中标价格在协议书内约定。

（3）当事人就同一建设工程另行订立的建设工程施工合同与经过备案的中标合同实质性内容不一致的，应当以备案的中标合同作为结算工程价款的依据。

问题2：工程图纸会审还应有哪些单位参加？项目经理部进行图纸交底工作的目的是什么？

答案：

（1）还应参加图纸会审的单位有：施工总承包单位、分包单位。

（2）项目经理部进行图纸交底的目的是使各级管理人员和作业人员：

① 充分理解设计意图；

② 了解设计内容和技术要求；

③ 明确质量控制的重点和难点。

问题 3：项目经理部制定项目成本计划的依据有哪些？施工至第几个月时项目累计净现金流为正？该月的累计净现金流是多少万元？

答案：

（1）制定项目成本计划的依据：

① 合同文件；

② 项目管理实施规划；

③ 相关设计文件；

④ 市场价格信息；

⑤ 相关定额；

⑥ 类似项目的成本资料。

（2）施工至第 8 个月时累计净现金流量为正。

（3）累计净现金流量是 425 万元。

问题 4：截至 2013 年 12 月末，本项目的合同完工进度是多少？建造合同收入是多少万元（保留小数点后两位）？资金供应需要考虑哪些条件？

答案：

（1）截至 12 月末，本项目的合同完工进度是：$10395/21620 \times 100\% = 48.08\%$

（2）截至 2013 年 12 月末：

完成的工程款：$450 + 1200 + 2600 + 2500 + 2400 + 2400 = 11550.00$ 万元

建造合同收入：$11500.00 \times (80\% - 5\%) + 146 = 8808.50$ 万元

（3）资金供应需要考虑：资金总供应量、资金来源、资金供应时间。

【解析】 本题考核"建造合同收入"，应理解为按照合同约定的收入是多少。题干信息中，施工进度给予奖励是合同有约定，业主方才会给予奖励的，属于合同收入。处置废旧材料属于施工方自身行为，不应算作合同收入。

问题 5：招标单位应对哪些招标工程量清单总体要求负责？除工程量清单漏项外，还有哪些情况允许调整招标工程量清单所列工程量？依据本合同原则计算一层公共区域楼地面面层的综合单价（单位：元/m²）及总价（单位：万元，保留小数点后两位）分别是多少？

答案：

（1）招标单位应对招标工程量清单的完整性和准确性负责。

（2）除工程量清单漏项外，工程变更、工程量偏差过大也可以调整清单所列工程量。

（3）报价浮动率 $L = (1 - 中标价/招标控制价) \times 100\% = (1 - 23500/25000) \times 100\% = 6\%$

综合单价为 $1200 \times (1 - 6\%) = 1128$ 元/m²

（4）总价为 $1200 \times 1128 = 135.36$ 万元

知识点引申

《建设工程工程量清单计价规范》GB 50500—2013 中关于工程设计变更引起已标价工程量清单项目或工程数量发生变化，变更项目综合单价确定的原则为：

（1）已标价工程量清单中有适用于变更工程项目的，采用该项目的单价。但工程变更导致该清单项目的工程数量发生变化，且工程量偏差超过15%，综合单价应相应调高或调低。

（2）已标价工程量清单中没有适用，但有类似于变更工程项目的，参考类似项目的单价。

（3）已标价工程量清单中没有适用也没有类似于变更工程项目的，由承包人根据市场价格信息和报价浮动率提出变更工程项目的单价，报发包人确认后调整。承包人报价浮动率按下列公式计算：

招标工程：承包人报价浮动率 $L=(1-中标价/招标控制价) \times 100\%$

非招标工程：承包人报价浮动率 $L=(1-报价值/施工图预算) \times 100\%$

问题6：在本项目的竣工验收备案工作中，施工总承包单位还要向建设单位提交哪些文件？

答案：
（1）工程质量保修书；
（2）住宅质量保证书；
（keys）住宅使用说明书；
（4）法规、规章规定必须提供的其他文件。

案例20 2016年一建建筑案例真题五（有改动）

关键词索引：专项施工方案、消火栓、临时用水、同条件养护试件、塔吊混凝土基础、诚信行为

背景资料

某住宅楼工程，场地占地面积约10000m²，建筑面积约14000m²，地下2层，地上16层，层高2.8m，檐口高47m，结构设计为筏板基础，剪力墙结构，施工总承包单位为外地企业，在本项目所在地设有分公司。

本工程项目经理组织编制了项目施工组织设计，经分公司技术部经理审核后，报分公司总工程师（公司总工程师授权）审批；由项目技术部门经理主持编制外脚手架（落地式）施工方案，经项目总工程师、总监理工程师、建设单位负责人签字批准实施；专业承包单位组织编制塔吊安装拆卸方案，按规定经专家论证，按专家意见修改完善后报施工总承包单位总工程师、总监理工程师、建设单位负责人签字批准实施。

在施工现场消防技术方案中，临时施工道路（宽4m）与施工（消防）用主水管沿在建

住宅楼环状布置，消火栓设在施工道路两侧，距路中线5m，在建住宅楼外边线距道路中线9m，施工用水管计算中，现场施工用水量（$q_1+q_2+q_3+q_4$）为8.5L/s，管网水流速度1.6m/s，漏水损失10%，消防用水量按最小用水量计算。

根据项目试验计划，项目总工程师会同实验员选定1、3、5、7、9、11、13、16层各留置1组C30混凝土同条件养护试件，试件在浇筑点制作，脱模后放置在下一层楼梯口处。第5层C30混凝土同条件养护试件强度试验结果为28MPa。

施工过程中发生塔吊倒塌事故。在调查塔吊基础时发现：塔吊基础为6m×6m×0.9m，混凝土强度等级为C20，天然地基持力层承载力特征值（f_{ak}）为120kPa，施工单位仅对地基承载力进行计算，并据此判断满足安全要求。

针对项目发生的塔吊事故，当地建设行政主管部门认定为施工总承包单位的不良行为记录，对其诚信行为记录及时进行了公布、上报，并向施工总承包单位工商注册所在地的建设行政主管部门进行了通报。

问题1：指出项目施工组织设计、外脚手架施工方案、塔吊安装拆卸方案编制、审批的不妥之处，并写出相应的正确做法。

答案：

不妥1：由项目技术部门经理主持编制外脚手架（落地式）施工方案。

正确做法：外脚手架施工方案应由项目经理组织相关人员编制。

不妥2：外脚手架施工方案经项目总工程师、总监理工程师、建设单位负责人签字批准实施。

正确做法：外脚手架施工方案应当由施工单位技术负责人审核签字、加盖单位公章，并由总监理工程师审查签字、加盖执业印章后方可实施。

不妥3：塔吊安装拆卸方案按专家意见修改完善后报施工总承包单位总工程师、总监理工程师、建设单位负责人签字批准实施。

正确做法：塔吊安装拆卸方案按专家意见修改完善后，应由施工总承包单位技术负责人及分包单位技术负责人共同审核签字并加盖单位公章，并由总监理工程师审查签字、加盖执业印章后方可实施。

解析 本题是按照《危险性较大的分部分项工程安全管理规定》（住房城乡建设部37号）来拟定答案，住房城乡建设部37号是目前危大工程安全管理的法律规定条文。而本题是2016年真题，当年拟定的答案是按照《危险性较大的分部分项工程安全管理办法》（2009年87号文），此文件已于2018年6月废止。2020年应按照住房城乡建设部37号令的规定备考。

知识点引申

《危险性较大的分部分项工程安全管理规定》（住房城乡建设部37号）重要知识点节选

1. 建设单位在申请办理安全监督手续时，应提交危大工程清单和安全管理措施。

2. 专项方案编制

(1) 实行施工总承包的，专项施工方案应当由施工总承包单位组织编制。危大工程实行分包的，专项施工方案可以由相关专业分包单位组织编制。

(2) 专项方案内容：工程概况、编制依据、施工计划、施工工艺技术、施工安全保证措施、施工管理及作业人员配备和分工、验收要求、应急处置措施、计算书及相关施工图纸。

3. 审批

施工单位	(1) 应由施工单位技术负责人审核签字、加盖单位公章。 (2) 由分包单位编制的，应由总承包单位技术负责人及分包单位技术负责人共同审核签字并加盖单位公章
监理单位	由总监理工程师审查签字、加盖执业印章

4. 专家论证

组织	(1) 施工总承包单位组织； (2) 专家论证前专项施工方案应通过施工单位审核和总监理工程师审查
参会人员	(1) 包括：专家组（5人以上）和参建方代表； 注：项目参建方人员不得以专家身份参加。 (2) 施工方参加人员：施工单位技术负责人、项目负责人、项目技术负责人、专项方案编制人员、专职安全员
论证内容	(1) 专项方案内容是否完整、可行； (2) 专项施工方案计算书和验算依据、施工图是否符合有关标准规范； (3) 专项施工方案是否满足现场实际情况，并能够确保施工安全
论证意见	(1) 通过； (2) 修改后通过：施工单位修改完善后，重新履行审批程序； (3) 不通过：施工单位修改后重新组织专家论证

问题 2：指出施工消防技术方案的不妥之处，并写出相应的正确做法。施工总用水量是多少（单位：L/s）？施工用水主管的计算管径是多少（单位 mm，保留小数点后两位）？

答案：

(1) 不妥之处：

不妥 1：消火栓设置距路中线 5m，即消火栓距路边为 3m。

正确做法：消火栓距路边不应大于 2m。

不妥 2：消火栓距在建住宅楼外边线的距离 4m。

正确做法：消火栓距拟建房屋不小于 5m，且不大于 25m。

(2) 总用水量：

① 消防用水量为 10L/s，工地面积 $1hm^2 < 5hm^2$，且 $q_1+q_2+q_3+q_4 < q_5$，净总用水量 $Q = q_5 = 10L/s$。

② 漏水损失为10%，施工现场总用水量为 $Q = 10 \times (1 + 10\%) = 11L/s$。
（3）计算管径：

$$d = \sqrt{\frac{4Q}{\pi \cdot v \cdot 1000}} = \sqrt{\frac{4 \times 11}{3.14 \times 1.6 \times 100}} = 0.09358m = 93.58mm$$

问题3：题中同条件养护试件的做法有何不妥？并写出正确做法。第5层C30混凝土同条件养护试件的强度等级为多少？

答案：

（1）不妥之处：

不妥1：项目总工程师会同试验员选定试块。

正确做法：项目总工程师会同监理（建设）共同决定。

不妥2：脱模后放置在下层楼梯口处。

正确做法：脱模后应放置在浇筑地点与结构同条件养护。

（2）第5层C30混凝土同条件养护试件的强度等级为C25。

备注：本题在2016年真题问的是混凝土强度代表值是多少？但混凝土强度代表值的计算需要一组（3个）试件的强度来判定，而本题仅给了1个试件的强度值，同时也没有交代清楚试块的尺寸，故2016年真题的问题没有出严谨，在此做了相应的修改。

知识点引申

《混凝土强度检验评定标准》GB/T 50107—2010 中关于混凝土强度代表值的规定

4.3.1 每组混凝土试件强度代表值的确定，应符合下列规定：

1 取三个试件强度的算术平均值作为每组试件的强度代表值；

2 当一组试件中强度的最大值或最小值与中间值之差超过中间值的15%时，取中间值作为该组试件的强度代表值；

3 当一组试件中强度的最大值和最小值与中间值之差均超过中间值的15%时，该组试件的强度不应作为评定的依据。

注：根据设计规定，可采用大于28d龄期的混凝土试件。

4.3.2 当采用非标准尺寸试件时，应将其抗压强度乘以尺寸折算系数，折算成边长为150mm的标准尺寸试件抗压强度。尺寸折算系数按下列规定采用：

1 当混凝土强度等级低于C60时，对边长为100mm的立方体试件取0.95，对边长为200mm的立方体试件取1.05；

2 当混凝土强度等级不低于C60时，宜采用标准尺寸试件；使用非标准尺寸试件时，尺寸折算系数应由试验确定，其试件数量不应少于30对组。

问题4：分别指出项目塔吊基础设计计算和构造中的不妥之处，并写出正确做法。

答案：

不妥1：塔吊的基础为 $6m \times 6m \times 0.9m$。

正确做法：塔吊基础高度应满足塔机预埋件的抗拔要求，且不宜小于1.2m。

不妥2：塔吊基础混凝土强度等级为C20。

正确做法：塔吊基础的混凝土强度等级不低于C30。

不妥3：施工单位仅对地基承载力进行计算。

正确做法：还应进行地基变形和地基稳定性验收。

知识点引申

《塔式起重机混凝土基础工程技术规程》JGJ 187—2019

3.0.4 塔机基础和地基应分别按下列规定进行计算：

1 塔机基础及地基均应满足承载力计算的有关规定

2 塔机基础应进行地基变形计算

注：当地基主要受力层的承载力特征值（f_{ak}）不小于130kPa或小于130kPa，但有地区经验，且黏性土的状态不低于可塑、砂土的密实度不低于稍密时，可不进行塔机基础的天然地基变形验算，其他塔机基础的天然地基均应进行变形验算。

3 塔机基础应进行稳定性计算

注：当塔机基础底标高接近稳定边坡坡底或基坑底部，并符合下列要求之一时，可不做地基稳定性验算：

（1）a不小于2.0m，c不大于1.0m，f_{ak}不小于130kPa，且其下无软弱下卧层。

（2）采用桩基础。

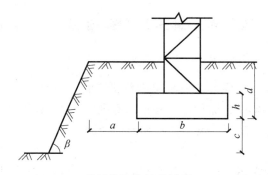

基础位于边坡的示意

a—基础底面外边缘线至坡顶的水平距离（m）；b—垂直于坡顶边缘线的基础底面边长（m）；
c—基础底面至坡（坑）底的竖向距离（m）；d—基础埋置深度（m）；β—边坡坡角（°）

问题5：分别写出项目所在地和企业工商注册所在地建设行政主管部门对施工企业诚信行为记录的管理内容有哪些？

答案：

(1) 项目所在地建设行政主管部门的管理内容：

① 负责采集、审核、记录、汇总和公布诚信行为记录；

② 逐级上报诚信行为记录；

③ 向企业工商注册所在地的建设行政主管部门通报；

④ 建立和完善施工企业信用档案。

(2) 企业工商注册所在地建管部门管理内容：

① 对各方主体的诚信行为进行检查、记录；

② 将不良行为记录及时上报上级建设行政主管部门。

知识点引申

诚信行为记录实行公布制度。

(1) 诚信行为记录由各省、自治区、直辖市建设行政主管部门在当地建筑市场诚信信息平台上统一公布。其中，不良行为记录信息的公布时间为行政处罚决定做出后 7 日内，公布期限一般为 6 个月至 3 年；良好行为记录信息公布期限一般为 3 年。

(2) 不良行为记录除在当地发布外，还将由住房城乡建设部统一在全国公布，公布期限与地方确定的公布期限相同。

(3) 各省、自治区、直辖市建设行政主管部门将确认的不良行为记录在当地发布之日起 7 日内报住房城乡建设部。

案例 21　2015 年一建建筑案例真题一（有改动）

关键词索引：施工总进度计划、双代号网络图、索赔、专家论证、底模起拱

背景资料

某群体工程，主楼地下 2 层，地上 8 层，总建筑面积 26800m²，现浇钢筋混凝土框剪结构。建设单位分别与施工单位、监理单位按照《建设工程施工合同（示范文本）》《建设工程监理合同（示范文本）》签订了施工合同和监理合同。

合同履行过程中，发生了下列事件：

事件一：监理工程师在审查施工组织总设计时，发现其总进度计划部分仅有网络图和编制说明。监理工程师认为该部分内容不全，要求补充完善。

事件二：某单体工程的施工进度计划网络图如下图所示。因工艺设计采用某专利技术，工作 F 需要在工作 B 和工作 C 均完成后才能开始施工。监理工程师要求施工单位对进度计划网络图进行调整。

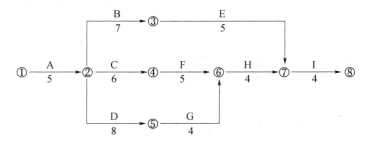

施工进度计划网络图（单位：月）

事件三：施工过程中发生索赔事件如下：

（1）由于项目功能调整，发生变更设计，导致工作 C 中途出现停歇，持续时间比原计划超出 2 个月，造成施工人员窝工损失 13.6 万元/月×2 月＝27.2 万元；

（2）当地发生百年一遇大暴雨引发泥石流，导致工作 E 停工，清理恢复施工共用时 3 个月，造成施工设备损失费用 8.2 万元，清理和修复工程费用 24.5 万元。

针对上述（1）、（2）事件，施工单位在有效时限内分别向建设单位提出 2 个月、3 个月的工期索赔，27.2 万元、32.7 万元的费用索赔（所有事项均与实际相符）。

事件四：某单位工程会议室主梁跨度为 10.5m，截面尺寸（$b×h$）为 450mm×900mm。施工单位按规定编制了模板工程专项方案。

问题 1：事件一中，施工单位对施工总进度计划还需补充哪些内容？

答案：

（1）分期、分批实施工程的开、竣工日期及工期一览表；

（2）资源需要量及供应平衡表。

问题 2：事件二中，绘制调整后的施工进度双代号网络计划，指出其关键线路（用工作表示），并计算其总工期（单位：月）。

答案：

（1）调整后的施工进度双代号网络计划如下图所示：

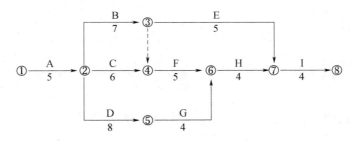

（2）关键线路有两条，分别是：

① A→B→F→H→I

② A→D→G→H→I

（3）总工期 $T＝5＋7＋5＋4＋4＝25$ 个月。

问题 3：事件三中，分别指出施工单位提出的两项工期索赔和两项费用索赔是否成立，并说明理由。

答案：

1. "（1）"的工期索赔 2 个月不成立。

理由：尽管设计变更是建设单位应承担的责任事件，但 C 工作为非关键工作，总时差为 1 个月，设计变更导致停工 2 个月，只影响工期 1 个月，所有只能索赔 1 个月的工期。

2. "(1)"的费用索赔成立。

理由：设计变更是建设单位应承担的责任事件，由此造成的损失应由建设单位承担。

3. "(2)"的工期索赔不成立。

理由：尽管百年一遇大暴雨引发泥石流属于不可抗力事件，由此造成的工期损失应由建设单位承担，但 E 工作总时差为 4 个月，停工 3 个月未超出总时差，对工期没有影响。

4. "(2)"的费用索赔 32.7 万元不成立。

理由：根据不可抗力事件风险分担的原则，施工设备损失费用 8.2 万元应由施工单位承担，清理和修复工程费用 24.5 万元应由建设单位承担，所以只能提出 24.5 万元的费用索赔。

知识点引申

不可抗力后果的承担：依据《建设工程施工合同（示范文本）》GF－2017－0201

17.3.2　不可抗力导致的人员伤亡、财产损失、费用增加和（或）工期延误等后果，由合同当事人按以下原则承担：

（1）永久工程、已运至施工现场的材料和工程设备的损坏，以及因工程损坏造成的第三人人员伤亡和财产损失由发包人承担；

（2）承包人施工设备的损坏由承包人承担；

（3）发包人和承包人承担各自人员伤亡和财产的损失；

（4）因不可抗力影响承包人履行合同约定的义务，已经引起或将引起工期延误的，应当顺延工期，由此导致承包人停工的费用损失由发包人和承包人合理分担，停工期间必须支付的工人工资由发包人承担；

（5）因不可抗力引起或将引起工期延误，发包人要求赶工的，由此增加的赶工费用由发包人承担；

（6）承包人在停工期间按照发包人要求照管、清理和修复工程的费用由发包人承担。

问题 4：事件四中，该专项方案是否需要组织专家论证？该梁跨中底模的最小起拱高度、跨中混凝土浇筑高度分别是多少（单位：mm）？

答案：

（1）该专项方案不需要组织专家论证。

（2）梁跨中底模的最小起拱高度按跨度的 1/1000 计算，即 10.5mm。

（3）跨中混凝土浇筑高度：900mm。

解析　很多考生会对第 1 小问的答案持怀疑态度，认为跨度达到 10.5m 的梁，说明模板跨度为 10.5m，超过 8m，所以必须专家论证。但是，事件四背景中给的是模板工程专项方案，而不是模板支撑工程专项方案。需要专家论证的是模板支撑工程专项方案，而不是模板工程专项方案。

案例22 2015年一建建筑案例真题二（有改动）

关键词索引：钢结构安装准备、幕墙防火构造及安全和功能检测、女儿墙防水、建筑节能

背景资料

某高层钢结构工程，建筑面积28000m²，地下1层，地上20层，外围护结构为玻璃幕墙和石材幕墙，外墙保温材料为新型材料；屋面为现浇混凝土板，防水等级为Ⅰ级，采用卷材防水。

施工过程中发生了如下事件：

事件一：钢结构安装施工前，监理工程师对现场的施工准备工作进行了检查，发现钢构件现场堆放存在问题，现场堆放应具备的基本条件不够完善，劳动力进场情况不符合要求，责令施工单位进行整改。

事件二：施工中，施工单位对幕墙与各层楼板间的缝隙防火隔离处理进行了检查；对幕墙的气密性、水密性、耐风压性能等有关安全和功能检测项目进行了见证取样和抽样检测。

事件三：监理工程师对屋面卷材防水进行了检查，发现屋面女儿墙墙根处等部位的防水做法存在问题（节点施工做法图示如下图），责令施工单位整改。

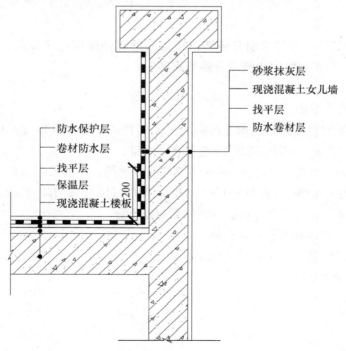

事件四：本工程采用某新型保温材料，按规定进行了评审、鉴定和备案，同时施工单位完成相应程序性工作后，经监理工程师批准后投入使用。施工完成后，由施工单位项目负责人主持，组织了总监理工程师、建设单位项目负责人、施工单位技术负责人、相关专业质量员和施工员进行了节能分部工程的验收。

问题1：事件一中，高层钢结构安装前现场的施工准备还应检查哪些工作？钢构件现场堆场应具备哪些基本条件？

答案：
（1）高层钢结构安装前现场的施工准备还有：
① 钢构件预检和配套；
② 定位轴线及标高和地脚螺栓的检查；
③ 安装机械的选择；
④ 安装流水段的划分和安装顺序的确定。
（2）钢构件现场堆场应具备的基本条件有：
① 临近场内临时道路，且应在塔吊覆盖范围内，便于搬运；
② 场地应平整、坚实、地面干燥、无水坑；
③ 通风良好；
④ 安全间距符合相关规定。

解析：钢构件堆场应具备的条件，这个考点教材上没有原文，结合施工现场实际，主要是从三个方面来考虑：（1）搬运方便；（2）无腐蚀；（3）安全。

问题2：事件二中，建筑幕墙与各楼层楼板间的缝隙隔离的主要防火构造做法是什么？幕墙工程中有关安全和功能的检测项目还有哪些？

答案：
（1）主要防火构造做法：
① 缝隙采用不燃材料封堵，填充材料可采用岩棉或矿棉，其厚度不应小于100mm，满足设计的耐火极限要求，在楼层间形成水平防火烟带；
② 防火层应采用厚度不小于1.5mm的镀锌钢板承托，不得采用铝板；
③ 承托板与主体结构、幕墙结构及承托板之间的缝隙应采用防火密封胶密封。
（2）幕墙工程中有关安全和功能的检测项目还有：
① 硅酮结构胶的相容性和剥离粘结性；
② 幕墙后置埋件和槽式预埋件的现场拉拔力；
③ 幕墙的层间变形性能。

知识点引申

装饰装修工程有关安全和功能的检验项目

子分部工程	检测项目
门窗工程	外窗的气密性能、水密性能和抗风压性能
饰面板工程	后置埋件的现场拉拔力
饰面砖工程	饰面砖粘结强度
幕墙工程	硅酮结构胶的相容性和剥离粘结性 后置埋件和槽式预埋件的现场拉拔力 幕墙的气密性、水密性、耐风压性能及层间变形性能

问题3：事件三中，指出防水节点施工图做法图示中的错误？
答案：
不妥1：现浇混凝土楼板上未设找平层和隔气层；
不妥2：保温层上的找平层与防水层之间未设置隔气层；
不妥3：防水层与保护层之间未设置隔离层；
不妥4：泛水高度仅200mm，不应小于250mm；
不妥5：屋面与女儿墙交接处应做成圆弧；
不妥6：防水层在女儿墙根部未设附加层；
不妥7：女儿墙根部与保护层之间未设缝隙；
不妥8：卷材收头处未采用金属压条钉压；
不妥9：女儿墙压顶未设向内的坡度；
不妥10：女儿墙压顶未设鹰嘴或滴水槽；
不妥11：屋面防水仅做一道设防，应两道防水设防。

　　本题是给图指错，错误比较多，考生能写出来5项错误就给满分。如果再深入研究这个题目，背景资料事件三给的信息是女儿墙墙根处等部位的防水做法存在问题，建议答题按照墙根处的做法存在问题作答，即作者更认可答案中的不妥1~不妥7。

问题4：事件四中，新型保温材料使用前还应有哪些程序性工作？节能分部工程的验收组织有什么不妥？
答案：
（1）新型保温材料使用前程序性工作还有：
① 进行施工工艺评价；
② 制定专门施工技术方案。
（2）节能分部工程的验收组织的不妥之处：
不妥1：由施工单位项目负责人组织节能分部工程验收；
不妥2：节能分部工程验收参加人员不全。

知识点引申

《建筑节能工程施工质量验收标准》GB 50411—2019 于 2019 年 12 月 1 日实施，原《建筑节能工程施工质量验收规范》GB 50411—2007 同时废止。

18.0.2 参加建筑节能工程验收的各方人员应具备相应的资格，其程序和组织应符合下列规定：

1 节能工程检验批验收和隐蔽工程验收应由专业监理工程师组织并主持，施工单位相关专业的质量检查员与施工员参加验收。

2 节能分项工程验收应由专业监理工程师组织并主持，施工单位项目技术负责人和相关专业的质量检查员、施工员参加验收；必要时可邀请主要设备、材料供应商及分包单位、设计单位相关专业的人员参加。

3 节能分部工程验收应由总监理工程师组织并主持，施工单位项目负责人、项目技术负责人和相关专业的负责人、质量检查员、施工员参加；施工单位的质量、技术负责人应参加验收；设计单位项目负责人及相关专业负责人应参加验收；主要设备、材料供应商及分包单位负责人应参加验收。

案例 23 2015 年一建建筑案例真题三（有改动）

关键词索引：专项方案、三违、拆除方法、悬挑式操作平台、安全事故调查组和事故处理

背景资料

某新建钢筋混凝土框架结构工程，地下 2 层，地上 15 层，建筑总高 58m，玻璃幕墙外立面，钢筋混凝土叠合楼板，预制钢筋混凝土楼梯。基坑挖土深度为 8m，地下水位位于地表以下 8m，采用钢筋混凝土排桩+钢筋混凝土内支撑支护体系。

在履约过程中，发生了下列事件：

事件一：监理工程师在审查施工组织设计时，发现需要单独编制专项施工方案的分项工程清单内只列有塔吊安装拆除、施工电梯安装拆除、外脚手架工程。监理工程师要求补充完善清单内容。

事件二：项目专职安全员在安全"三违"巡视检查时，发现人工拆除钢筋混凝土内支撑施工的安全措施不到位，有违章作业现象，要求立即停止拆除作业。

事件三：施工员在楼层悬挑式钢质卸料平台安装技术交底中，要求使用卡环进行钢平台吊运，安装时保证平台标高一致，并在卸料平台 3 个侧边设置 1200mm 高的固定式安全防护栏杆。架子工对此提出异议。

事件四：主体结构施工过程中发生塔吊倒塌事故，当地县级人民政府接到事故报告后，

按规定组织安全生产监督管理部门、负有安全生产监督管理职责的有关部门等派出的相关人员组成了事故调查组,对事故展开调查。施工单位按照事故调查组移交的事故调查报告中对事故责任者的处理建议,对事故责任人进行处理。

问题1:事件一中,按照《危险性较大的分部分项工程安全管理规定》(建办质〔2018〕31号)规定,本工程还应单独编制哪些专项施工方案?

答案:
(1)基坑支护专项施工方案;
(2)基坑降水专项施工方案;
(3)基坑土方开挖专项施工方案;
(4)玻璃幕墙安装工程专项施工方案;
(5)钢筋混凝土叠合楼板安装专项施工方案;
(6)预制钢筋混凝土楼梯安装专项施工方案。

解析 很多考生可能还会答"混凝土内支撑拆除专项施工方案",毕竟这个答案在目前的各大机构和各位老师出的真题答案中都是包括的。这是依据《危险性较大的分部分项工程安全管理办法》(建质〔2009〕87号)得出的答案,但目前实施的是2018年31号文,老版规定已经废止。按照新版规定,只有"可能影响行人、交通、电力设施、通讯设施或其他建、构筑物安全的拆除工程"才需要编制专项施工方案,而题目背景是否满足是无法判断的。

问题2:事件二中,除违章作业外,针对操作行为检查的"三违"巡查还应包括哪些内容?混凝土内支撑还可以采用哪几类拆除方法?

答案:
(1)"三违"巡查还应包括:
① 违章指挥;
② 违反劳动纪律。
(2)拆除方法还有:
① 机械拆除;
② 爆破拆除;
③ 静力破碎拆除。

知识点引申

(1)安全检查的内容包括:安全思想、安全责任、安全制度、安全措施、安全防护、设备设施、教育培训、操作行为、劳动防护用品使用和伤亡事故处理。

(2)查安全责任主要是检查现场安全生产责任制度的建立;安全生产责任目标的分解与考核情况;安全生产责任制与责任目标是否已经落实到了每一个岗位和每一个人员,并得到了确认。

(3)安全检查的重点是"三违"和安全责任制的落实。

问题 3：写出事件三中技术交底的不妥之处，并说明楼层卸料平台上安全防护与管理的具体措施。

答案：

（1）不妥之处：

不妥 1：施工员进行技术交底；

不妥 2：使用卡环进行钢平台吊运；

不妥 3：安装时保证卸料平台标高一致。

（2）具体措施：

① 卸料钢平台的搁置点、拉结点、支撑点应设置在稳定的主体结构上，且应可靠连接。

② 钢平台左右两侧必须装置固定的防护栏杆，封挂安全立网，下设挡脚板。

③ 卸料钢平台的外侧应略高于内侧，外侧应安装防护栏杆并应设置防护挡板全封闭。

④ 卸料钢平台使用时，应设专人进行检查，发现钢丝绳有锈蚀损坏应及时调换，焊缝脱焊应及时修复。

⑤ 采用斜拉方式的卸料钢平台，平台两侧的连接吊环应与前后两道斜拉钢丝绳连接，每一道钢丝绳应能承载该侧所有荷载。

知识点引申

悬挑式操作平台

（1）悬挑长度不宜大于 5m，悬挑梁应锚固。

（2）采用斜拉方式的悬挑式操作平台，平台两侧的连接吊环应与前后两道斜拉钢丝绳连接，每一道钢丝绳应能承载该侧所有荷载。

（3）采用支撑方式的悬挑式操作平台，因在钢平台下方设置不少于两道斜撑，一端应支承在钢平台主结构钢梁下，另一端应支撑在建筑物主体结构。

（4）采用悬臂梁式的操作平台，应采用型钢制作悬挑梁或悬挑桁架，不得使用钢管，节点应采用螺栓或焊接的刚性节点。

问题 4：事件四中，施工单位对事故责任人的处理做法是否妥当？并说明理由。事故调查组应还有哪些单位派人参加？

答案：

（1）不妥当。

理由：施工单位应当按照负责事故调查的人民政府的批复，对事故责任人进行处理。

（2）还应参加事故调查组的单位有：

① 监察机关；

② 公安机关；

③ 工会；

④ 人民检察院。

解析 应该参加事故调查组的单位，很多考生还会写"专家"。但这个答案放在此处不妥，根据教材和《生产安全事故报告和调查处理条例》第二十二条，事故调查组可以聘请有关专家参与调查。注意用词，是"可以聘请"，而不是"应该参加"。

案例24　2015年一建建筑案例真题四

关键词索引：施工许可证、项目管理目标责任书、材料采购方案、预付款、起扣点、索赔、劳务用工

背景资料

某新建办公楼工程，建筑面积48000m²，地下2层，地上6层，中庭高度为9m，钢筋混凝土框架结构。经公开招标，总承包单位以31922.13万元中标，其中暂列金额1000万元。双方依据《建设工程施工合同（示范文本）》签订了施工总承包合同，合同工期为2013年7月1日起至2015年5月30日止，并约定在项目开工前7天支付工程预付款。预付比例为15%，从未完施工工程尚需的主要材料的价值相当于工程预付款数额时开始扣回，主要材料所占比重为65%。

自工程招标开始至工程竣工结算的过程中，发生了下列事件：

事件一：在项目开工之前，建设单位按照相关规定办理施工许可证，要求总承包单位做好制定施工组织设计中的各项技术措施，编制专项施工组织设计，并及时办理政府专项管理手续等相关配合工作。

事件二：总承包单位进场前与项目部签订了《项目管理目标责任书》，授权项目经理实施全面管理，项目经理组织编制了项目管理规划大纲和项目管理实施规划。

事件三：项目实行资金预算管理，并编制了工程项目现金流量表，其中2013年度需要采购钢筋总量为1800t，按照工程款收支情况，提出两种采购方案：

方案一：以1个月为单位采购周期，一次性采购费用为320元，钢筋单价为3500元/t，仓库月储存率为4‰。

方案二：以2个月为单位采购周期，一次性采购费用为330元，钢筋单价为3450元/t，仓库月储存率为3‰。

事件四：总承包单位于合同约定之日正式开工，截至2013年7月8日建设单位仍未支付工程预付款，于是总承包单位向建设单位提出如下索赔：购置钢筋资金占用费1.88万元、利润18.26万元、税金0.58万元，监理工程师签认情况属实。

事件五：总承包单位将工程主体劳务分包给某劳务公司，双方签订了劳务分包合同，劳务分包单位进场后，总承包单位要求劳务分包单位将劳务施工人员的身份证等资料的复印件上报备案。某月总承包单位将劳务分包款拨付给劳务公司，劳务公司自行发放，其中木工班长代领木工工人工资后下落不明。

问题1：事件一中，为配合建设单位办理施工许可证，总承包单位需要完成哪些保证工程质量和安全的技术文件与手续？

答案：
（1）编制相关计划：包括施工进度计划、安全防护设施计划、安全措施费用计划、专项安全施工组织设计。
（2）绘制相关图形：包括施工总平面布置图、消防设施平面布置图。
（3）准备相关资料：包括起重设备的种类、型号、数量，管理人员的相关证件，特种作业人员的操作资格证书。

问题2：指出事件二中的不妥之处，并说明正确做法。编制《项目管理目标责任书》的依据有哪些？
答案：
（1）不妥之处：项目经理组织编制项目管理规划大纲。
正确做法：应由企业的管理层编制项目管理规划大纲。
（2）依据：
① 项目合同文件；
② 组织的管理制度；
③ 项目管理规划大纲；
④ 组织的经营方针和目标；
⑤ 项目特点和实施条件与环境。

知识点引申

项目管理目标责任书（依据《建设工程项目管理规范》GB/T 50326—2017）
在项目实施之前，由组织法定代表人或其授权人与项目管理机构负责人协商制定。项目管理目标责任书应属于组织内部明确责任的系统性管理文件，其内容应符合组织制度要求和项目自身特点。

问题3：事件三中，列式计算采购费用和储存费用之和，并确定总承包单位应选择哪种采购方案？现金流量表中应包括哪些活动产生的现金流量？
（1）采购费用和储存费用之和
方案一：1800/6 = 300 t/月
$F_1 = 320 \times 6 + 300/2 \times 3500 \times 4‰ \times 6 = 14520$ 元
方案二：1800/3 = 600 t/月
$F_2 = 330 \times 3 + 600/2 \times 3450 \times 3‰ \times 6 = 19620$ 元
（2）选择采购方案
① 方案一的2013年钢筋总费用：$1800 \times 3500 + 14520 = 6314520$ 元
② 方案二的2013年钢筋总费用：$1800 \times 3450 + 19620 = 6229620$ 元
方案二的钢筋总费用较低，所以应选择方案二。
（3）项目现金流量表应包括：
① 经营活动现金流量；
② 投资活动现金流量；
③ 筹资活动现金流量。

解析 材料采购方案的选择，绝大多数考生按惯例将教材的计算方法直接搬到试卷上，却忽略了题目背景中两个方案的材料单价是不一样的。比如：张三准备买个 LV 包，从家出发可以选择到 A 或 B 两个商场去购买，打车到 A 商场的费用是 25 元，打车到 B 商场的费用是 29 元，你不能就此判断到 A 商场的打车费用便宜就选择去 A 商场买吧？因为 A 和 B 两个商场的 LV 包价格可能会不一样，所以正确的思考方式应该先计算 A 商场 LV 包的价格加上打车费用，再算 B 商场 LV 包的价格加上打车费用，看两项之和谁的费用更低，再决定到商场 A 还是 B 去购买。

知识点引申

材料采购方案的选择

（1）材料单价相同时，选采购费和储存费之和最低的方案。

（2）材料单价不同时，选采购费、储存费、材料费之和最低的方案。

$$F = Q/2 \times P \times A + S/Q \times C$$

式中　F——采购费和储存费之和；

　　　Q——每次采购量；

　　　P——采购单价；

　　　A——仓库储存费率；

　　　S——总采购量；

　　　C——每次采购费。

问题 4：事件四中，列式计算工程预付款、工程预付款起扣点（单位：万元，保留小数点后两位）。总承包单位的哪些索赔成立？

答案：

（1）预付款：（31922.13 – 1000）× 15% = 4638.32 万元

（2）（31922.13 – 1000）– 4638.32/65% = 23786.25 万元

（3）购置钢筋资金占用费 1.88 万元索赔成立

解析　（1）利润索赔：工程范围的变更、文件有缺陷或技术性错误、业主未能及时提供现场等引起的索赔，承包商可列入利润。本题业主方未及时支付预付款，并未削减或增加某些项目的实施，也未导致利润减少，故利润索赔不成立。

（2）税金索赔：仅工程内容的变更或增加，承包人可索赔相应的税金。本题工程内容并未增加，故税金索赔不成立。

问题 5：指出事件五中的不妥之处，并说明正确做法。按照劳务实名制管理规定，劳务公司还应该将哪些资料的复印件报总承包单位备案？

答案：

（1）不妥之处：

不妥1：劳务分包单位进场后进行备案工作。
正确做法：应在进场施工前进行备案。
不妥2：劳务公司自行发放劳务施工人员工资。
正确做法：劳务公司发放工资时，总承包单位应设专人现场监督。
不妥3：木工班长代领木工工人工资
正确做法：工资直接发放给劳动者本人，严禁代领工资。
（2）需报给总承包单位备案的资料复印件还有：
① 施工人员花名册；
② 劳动合同文本；
③ 岗位技能证书。

知识点引申

（1）劳务用工企业必须依法与工人签订书面劳动合同，一式三份。

（2）总（分）包项目部以劳务班组为单位，建立建筑劳务用工档案；以单项工程为单位，按月将企业自有建筑劳务的情况和使用的分包企业情况向工程所在地建设行政主管部门报告。

（3）劳务用工档案按月归集，内容包括劳动合同、考勤表、施工作业工作量完成登记表、工资发放表、班组工资结清证明等资料。

（4）总（分）包支付劳务企业分包款时，应责成专人现场监督劳务企业将工资直接发放给劳务工本人，严禁发放给"包工头"或由"包工头"代领，以避免出现"包工头"携款潜逃，劳务工资拖欠的情况。

案例25　2015年一建建筑案例真题五（有改动）

关键词索引：项目资源管理、施工总平面图布置、临时用电组织设计、10项新技术、塔吊

背景资料

某建筑工程，占地面积为8000m²，地下3层，地上30层，框筒结构，结构钢筋采用HRB400，底板混凝土强度等级为C35，地上3层及以下核心筒和柱子的混凝土强度等级为C60。局部区域为两层通高报告厅，其主梁配置了无粘结预应力筋。某施工企业中标后进场组织施工，施工现场场地狭小，项目部将所有材料加工全部委托给专业加工厂进行场外加工。

在施工过程中，发生了下列事件：

事件一：在项目部依据《建设工程项目管理规范》GB/T 50326—2017编制的项目管理

实施规划中,对材料管理等各种资源管理进行了策划,明确了项目资源管理程序。

事件二:施工现场总平面布置设计中包含如下主要内容:①材料加工场地布置在场外;②现场设置一个出入口,出入口处设置办公用房;③场地周边设置3.8m宽环形载重单行车道作为主干道(兼消防车道),并进行硬化,转弯半径10m;④在干道外侧开挖400mm×600mm管沟,将临时供电线缆、临时用水管线埋置于管沟内。监理工程师认为总平面布置存在多处不妥,责令整改后再验收。并要求补充主干道具体硬化方式和裸露场地文明施工防护措施。

事件三:项目经理安排土建技术人员编制了《现场施工用电组织设计》,经相关部门审核、项目技术负责人批准、总监理工程师签认,并组织施工等单位的相关部门和人员共同验收后投入使用。

事件四:本工程推广应用《建筑业10项新技术(2017)》。针对"钢筋及混凝土技术"大项,可以在本工程中应用的新技术均制定了详细的推广措施。

事件五:设备安装阶段,发现拟安装在屋面的某空调机组重量达到塔吊限载值(额定起重量)的96%,起吊前先进行试吊,即将空调机组吊离地面15cm后停止提升,现场安排专人进行观察与监督。监理工程师认为施工单位做法不符合安全规定,要求修改,对试吊时的各项检查内容旁站监理。

问题1: 事件一中,除材料管理外,项目资源管理工作还包括哪些内容?项目资源管理程序有哪些?

答案:
(1)项目资源管理工作还包括:
① 人力资源管理;
② 劳务管理;
③ 设备管理;
④ 施工机具与设施管理;
⑤ 资金管理。
(2)项目资源管理程序
① 明确项目的资源需求;
② 分析项目整体的资源状态;
③ 确定资源的各种提供方式;
④ 编制资源的相关配置计划;
⑤ 提供并配置各种资源;
⑥ 控制项目资源的使用过程;
⑦ 跟踪分析并总结改进。

解析: 2015年真题是按照《建设工程项目管理规范》GB/T 50326—2006来出题的,但本规范目前已经废止,所以本题对背景资料和问题做了相应的改动,以适应最新规范和考试的要求。

问题2：事件二中，指出施工总平面布置设计的不妥之处，分别写出正确做法。施工现场主干道常用硬化方式有哪些？裸露场地的文明施工防护通常有哪些措施？

答案：

（1）不妥之处：

不妥1：设置3.8m宽车道作为主干道（兼消防车道）。

正确做法：单行车道作为主干道（兼消防车道）的宽度不小于4m。

不妥2：车道转弯半径10m。

正确做法：载重车道转弯半径不宜小于15m。

不妥3：将临时供电线缆、临时用水管线埋置于管沟内。

正确做法：临时供电线缆应避免与其他管道设在同一侧。

（2）主干道常用硬化方式：

① 铺设混凝土；

② 钢板；

③ 碎石。

（3）裸露场地的文明施工防护措施：

① 覆盖；

② 固化；

③ 绿化。

解析　本题有争议的是施工总平面布置设计的不妥之处，绝大多数考生在看完参考答案后，可能会认为此处疏漏了两个不妥。

认为漏掉的第一个不妥之处是材料加工场地布置在场外，应该在场内。这是因为考生没有紧跟题目背景，大背景中已明确"项目部将所有材料加工全部委托给专业加工厂进行场外加工"。

认为漏掉的第二个不妥之处是现场设置1个出入口，应设置两个出入口。这是因为考生把出入口和大门混淆起来了。根据施工组织设计，宜设置2个大门，但此处的出入口是指施工现场进出劳务人员的实名制通道，一般现场只设置1个实名制通道。

问题3：针对事件三中的不妥之处，分别写出正确做法。临时用电投入使用前，施工单位的哪些部门应参加验收？

答案：

（1）不妥之处及正确做法。

不妥1：土建技术人员编制了《现场施工用电组织设计》。

正确做法：应由电气工程技术人员编制。

不妥2：项目技术负责人批准《现场施工用电组织设计》。

正确做法：应由企业的技术负责人批准。

（2）应参加验收的部门：施工单位的编制、审核、批准部门和使用单位。

问题 4：事件四中，按照《建筑业 10 项新技术（2017）》规定，"钢筋及混凝土技术"大项中，在本工程中可以推广与应用的钢筋新技术都有哪些？

答案：

（1）高强钢筋应用技术；

（2）高强钢筋直螺纹连接技术；

（3）钢筋焊接网应用技术；

（4）预应力技术；

（5）建筑用成型钢筋制品加工与配送技术；

（6）钢筋机械锚固技术。

解析 本题对背景信息和问题做了相应的修改，因为 2015 年真题是按照《建筑业 10 项新技术（2010）》来出题，现在备考应该参照《建筑业 10 项新技术（2017）》，2017 版的内容已经做了相应的调整，故问题也做了相应的调整。

问题 5：指出事件五中施工单位做法不符合安全规定之处，并说明理由。在试吊时，必须进行哪些检查？

答案：

（1）不妥之处：试吊时将空调机组吊离地面 15cm。

理由：在起吊荷载达到塔吊额定起重量 90% 及以上时，应先将重物吊起离地面 20～50cm 进行检查。

（2）试吊时必须检查内容包括：

① 机械状况；

② 制动性能；

③ 物件绑扎情况。

解析 本题对背景信息做了相应的修改。2015 年真题有这样一句话："设备安装阶段，发现拟安装在屋面的某空调机组重量超出塔吊限载值（额定起重量）约 6%，因特殊情况必须使用该塔吊进行吊装，经项目技术负责人安全验算后，批准用塔吊起吊"。根据最新规定，塔吊不得超荷载和起吊不明质量的物件，故对背景信息做了相应的修改。

知识点引申

1. 塔吊拆装必须配备人员：

（1）安全生产考核合格证书：项目负责人、安全负责人、机械管理人员。

（2）特种作业操作资格证书：起重机械安装拆卸工、起重司机、起重信号工、司索工。

2. 塔身与地面的垂直度偏差不得超过 4/1000。

3. 安全保护装置：动臂变幅限制器、行走限位器、力矩限制器、吊钩高度限制器、行程限位开关等。

4. 不得超荷载和起吊不明质量的物件。

5. 塔吊运行突然停电时：
(1) 控制器拨到零位；
(2) 断开电源开关；
(3) 采取措施将重物安全降到地面。

6. 雨雪过后或雨雪中作业时，应先进行试吊，确认制动器灵敏可靠后方可作业。

案例 26　2014 年一建建筑案例真题一

关键词索引：双代号时标网络计划、索赔、材料 ABC 分类法

背景资料

某办公楼工程，地下 2 层，地上 10 层，总建筑面积 27000m²，钢筋混凝土框架结构。建设单位与施工单位签订了施工总承包合同，合同工期为 20 个月，建设单位供应部分主要材料。在合同履行过程中，发生了下列事件：

事件一：施工总承包单位按规定向监理工程师提交了施工总进度网络计划（如下图所示，单位：月），该计划通过了监理工程师的审查和确认。

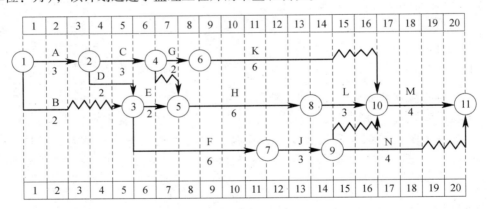

事件二：工作 B（特种混凝土工程）进行 1 个月后，因建设单位原因修改设计导致停工 2 个月。设计变更后，施工总承包单位及时向监理提出了费用索赔申请（如下表所示），索赔内容和数量经监理工程师审查符合实际情况。

序号	内容	数量	计算式	备注
1	新增特种混凝土工程费	500m³	500×1050=525000 元	新增特种混凝土工程综合单价 1050 元/m³
2	机械设备闲置费补偿	60 台班	60×210=12600 元	台班费 210 元/台班
3	人工窝工费补偿	1600 工日	1600×85=136000 元	人工工日单价 85 元/工日

事件三：在施工过程中，由于建设单位供应的主材未能按时交付给施工总承包单位，致使工作 K 的实际进度在第 11 月底时拖后 3 个月；部分施工机械由于施工总承包单位原因未能按时进场，致使工作 H 的实际进度在第 11 月底时拖后 1 个月；在工作 F 进行过程中，由于施工工艺不符合施工规范的要求导致发生质量问题，被监理工程师责令整改，致使工作 F 的实际进度在第 11 月底时拖后 1 个月。施工总承包单位就工作 K、H、F 工期拖后分别提出了工期索赔。

事件四：施工总承包单位根据材料清单采购了一批装饰装修材料。经计算分析，各种材料价款占该批材料款及累计百分比如下表所示。

序号	材料名称	所占比例（%）	累计百分比（%）
1	实木门扇（含门套）	30.10	30.10
2	铝合金窗	17.91	48.01
3	细木工板	15.31	63.32
4	瓷砖	11.60	74.92
5	实木地板	10.57	85.49
6	白水泥	9.50	94.99
7	其他	5.01	100.00

问题 1：事件一中，施工总承包单位应重点控制哪条线路（以节点表示）？
答案：
重点控制：①→②→③→⑤→⑧→⑩→⑪

问题 2：事件二中，费用索赔申请一览表中有哪些不妥之处？分别说明理由。
答案：
不妥 1：机械闲置费补偿按台班费计算。
理由：机械闲置费补偿，自有机械应按台班折旧费计算，租赁机械按台班租赁费计算。
不妥 2：人工窝工费补偿按人工工资单价计算。
理由：人工窝工费补偿应按人工窝工单价计算。

问题 3：事件三中，分别分析工作 K、H、F 的总时差，并判断其进度偏差对施工总工期的影响。分别判断施工总承包单位就工作 K、H、F 工期拖后提出的工期索赔是否成立？
答案：
（1）总时差及其对工期的影响：
① K 工作的总时差为 2 个月；拖后 3 个月影响总工期 1 个月。
② H 工作的总时差为 0；拖后 1 个月影响总工期 1 个月。
③ F 工作的总时差为 2 个月；拖后 1 个月不影响总工期。
（2）索赔：
① K 工作提出的工期索赔成立。

② H 工作提出的工期索赔不成立。

③ F 工作提出的工期索赔不成立。

问题 4：事件四中，根据"ABC 分类法"，分别指出重点管理材料名称（A 类材料）和次要管理材料名称（B 类材料）。

答案：

（1）重点管理的材料：实木门扇、铝合金窗、细木工板、瓷砖。

（2）次要管理的材料：实木地板、白水泥。

知识点引申

材料 ABC 分类法

材料分类	品种数占全部品种数（%）	资金额占资金总额（%）	资金额累计百分比（%）
A 类	5～10	70～75	0～75
B 类	20～25	20～25	75～95
C 类	60～70	5～10	95～100
合计	100	100	100

A 类材料：资金占比大，重点管理的材料，对库存量随时严格盘点。（主材）

B 类材料：按大类控制其库存，次要管理的材料。（辅材）

C 类材料：一般管理。（零星材料）

注：此处不要与《建设工程项目管理》中的质量问题 ABC 分类法混淆。

案例 27　2014 年一建建筑案例真题二

关键词索引：强屈比、超屈比、钢筋重量偏差、检验批一般项目验收、涂饰工程质量通病、地下防水

背景资料

某办公楼工程，建筑面积 45000m²，钢筋混凝土框架-剪刀墙结构，地下 1 层，地上 12 层，层高 5m，抗震等级为一级，内墙装饰面层为油漆、涂料。地下工程防水为混凝土自防水和外贴卷材防水。施工过程中，发生了下列事件：

事件一：项目部按规定向监理工程师提交调直后的 HRB400E、直径 12mm 的钢筋复试报告。检测数据为：抗拉强度实测值 561N/mm²，屈服强度实测值 460N/mm²，实测重量 0.816kg/m。（HRB400E 钢筋：屈服强度标准值 400N/mm²，抗拉强度标准值 540N/mm²，理论重量 0.888kg/m）。

事件二：5层某施工段的现浇结构尺寸检验批验收表（部分）如下：

项目			允许偏差（mm）	检查结果								
一般项目	轴线位置	基础	15	10	2	5	7	16				
		独立基础	10									
		柱、梁、墙	8	6	5	7	8	3	9	5	9	1	10
		剪力墙	5	6	1	5	2	7	4	3	2	0	1
	垂直度	层高 ≤5m	8	8	5	7	8	11	5	9	6	12	7
		层高 >5mm											
		全高（H）	H/1000 且 ≤30										
	标高	层高	±10	5	7	8	11	5	7	6	12	8	7
		全高	±30										

事件三：监理工程师对3层油漆和涂料施工质量检查时，发现部分房间有流坠、刷纹、透底等质量通病，下达了整改通知单。

事件四：在地下防水工程质量检查验收时，监理工程师对防水混凝土强度、抗渗性能和细部节点构造进行了检查，提出了整改要求。

问题1：事件一中，计算钢筋的强屈比、超屈比、重量偏差（保留小数点后两位），并根据计算结果分别判断该指标是否符合要求。

答案：

（1）强屈比：$561/460 = 1.22$

强屈比不得小于1.25，所以不符合要求。

（2）超屈比：$460/400 = 1.15$

超屈比不得大于1.30，所以符合要求。

（3）重量偏差：$(0.816 - 0.888)/0.888 \times 100\% = -8.11\%$

直径6~12mm的HRB400E钢筋，重量偏差应≥-8%，该指标不符合要求。

 关于调直后钢筋重量偏差的判定，2014年的真题理应按照《混凝土结构工程施工质量验收规范》GB 50204—2002（2010年）作答，此规范目前已经废止。2020年备考的话，必须按照《混凝土结构工程施工质量验收规范》GB 50204—2015作答，也就是上述所做答案。

知识点引申

1. 强屈比、超屈比、伸长率

$$强屈比 = \frac{实测抗拉强度}{实测屈服强度} \geq 1.25$$

$$超屈比 = \frac{实测屈服强度}{理论屈服强度} \leq 1.30$$

钢筋最大力下总伸长率≥9%

2. 重量偏差
(1) 钢筋原材

依据《钢筋混凝土用钢第 1 部分：热轧光圆钢筋》GB/T 1499.1—2017 和《钢筋混凝土用钢第 2 部分：热轧带肋钢筋》GB/T 1499.2—2018。

钢筋牌号	直径 6~12mm	直径 14~20mm	直径≥22mm
HPB300	±6%	±5%	—
HRB/RRB 系列			±4%

$$重量偏差 = \frac{试样实际总重量 - (试样总长度 \times 理论单位长度重量)}{试样总长度 \times 理论单位长度重量} \times 100\%$$

(2) 盘卷钢筋调直后

依据《混凝土结构工程施工质量验收规范》GB 50204—2015，重量偏差应符合下表规定：

钢筋号牌	直径 6~12mm	直径 14~16mm
HPB300	-10	—
HRB/RRB 系列	-8	-6

$$重量偏差（\%） = \frac{实际重量 - 理论重量}{理论重量} \times 100$$

问题 2：事件二中，指出验收表中的错误，计算表中正确数据的允许偏差合格率。
答案：
(1) 验收表错误是：有"基础"检查数据。
(2) 正确数据允许偏差合格率：
① 柱、梁、墙的轴线位置：$7/10 \times 100\% = 70\%$
② 剪力墙的轴线位置：$8/10 \times 100\% = 80\%$
③ 层高的垂直度：$7/10 \times 100\% = 70\%$
④ 层高的标高：$8/10 \times 100\% = 80\%$

问题 3：事件三中，涂饰工程还有哪些质量通病？
答案：
(1) 泛碱
(2) 咬色
(3) 疙瘩
(4) 砂眼
(5) 漏涂
(6) 起皮
(7) 掉粉

问题4：事件四中，地下工程防水分为几个等级？一级防水的标准是什么？防水混凝土验收时，需要检查哪些部位的设置和构造做法？

答案：

（1）地下工程防水等级分为四级。

（2）一级防水的标准：不允许渗水，结构表面无湿渍。

（3）需检查设置和构造做法的部位有：

① 变形缝

② 施工缝

③ 后浇带

④ 穿墙管道

⑤ 埋设件

案例28 2014年一建建筑案例真题三

关键词索引：ABC证、塔吊特种作业人员、重大危险源控制系统、脚手架、安全事故分类

背景资料

某新建工程，建筑面积56500m²，地下1层，地上3层，框架结构，建筑总高24m。总承包单位搭设了双排扣件式钢管脚手架（高度25m），在施工过程中有大量材料堆放在脚手架上面，结果发生了脚手架坍塌事故，造成了1人死亡，4人重伤，1人轻伤，直接经济损失600多万元。事故调查中发现了下列事件：

事件一：本工程项目经理持有一级注册建造师证书和安全考核资格证书（B），电工、电焊工、架子工持有特种作业操作资格证书。

事件二：项目部编制的重大危险源控制系统文件中，仅包含有重大危险源的辨识、重大危险源的管理、工厂选址和土地使用规划等内容，调查组要求补充完善。

事件三：双排脚手架连墙件被施工人员拆除了两处。双排脚手架在同一区段的上下两层的脚手板上堆放的材料重量均超过3kN/m²。项目部对双排脚手架在基础完成后、架体搭设前，搭设到设计高度后，每次大风、大雨后等情况下均进行了阶段检查和验收，并形成书面检查记录。

问题1：事件一中，施工企业还有哪些人员需要取得安全考核资格证书及其证书类别？与建筑起重作业相关的特种作业人员有哪些？

答案：

（1）需要取得安全考核资格证书的人员还包括：施工单位主要负责人、项目专职安全

管理人员。

（2）安全考核资格证书类别分别为：施工单位主要负责人为 A 类证书；项目专职安全管理人员为 C 类证书。

（3）起重机械安装拆卸工、起重司机、起重信号工、司索工。

问题 2：事件二中，重大危险源控制系统还应有哪些组成部分？
答案：
（1）重大危险源的评价；
（2）重大危险源的安全报告；
（3）事故应急救援预案；
（4）重大危险源的监察。

知识点引申

（1）危险源的分类：按工作活动的专业分类，可分为机械类、电器类、辐射类、物质类、高坠类、火灾类和爆炸类。

（2）危险源辨识的方法：常用的有专家调查法、头脑风暴法、德尔菲法、现场调查法、工作任务分析法、安全检查表法、危险与可操作性研究法、事件树分析法和故障树分析法。

问题 3：指出事件三中的不妥之处。脚手架还有哪些情况下也要进行阶段检查和验收？
答案：
（1）不妥之处：
不妥 1：双排脚手架连墙件被施工人员拆除了两处。
不妥 2：同一区段的上下两层的脚手板上堆放的材料重量均超过 $3kN/m^2$。
（2）脚手架需检查和验收的情况还有：
① 每搭设完 6~8m；
② 作业层上施加荷载前；
③ 冻结地区解冻后；
④ 停用超过 1 个月。

知识点引申

《建筑施工扣件式钢管脚手架安全技术规范》JGJ 130—2011

4.2.3 当在双排脚手架上同时有 2 个及以上操作层作业时，在同一个跨距内各操作层的施工均布荷载标准值总和不得超过 $5.0kN/m^2$。

问题 4：生产安全事故有哪几个等级？本事故属于哪个等级？
答案：
（1）生产安全事故有 4 个等级，分别是：一般事故、较大事故、重大事故、特别重大事故。
（2）本次事故属于一般事故。

案例29 2014年一建建筑案例真题四（有改动）

关键词索引：招标、中标造价计算及分类、安全文明施工费、安全生产领导小组、优先受偿权

背景资料

某大型综合商场工程，建筑面积49500m²，地下1层，地上3层，现浇钢筋混凝土框架结构。建筑安装工程投资额为22000万元，采用清单计价模式，报价执行《建设工程工程量清单计价规范》GB 50500—2013，工期自2013年8月1日至2014年3月31日，面向国内公开招标，有6家施工单位通过了资格预审，并进行了投标。

从工程招投标至竣工结算的过程中，发生了下列事件：

事件一：市建委指定了专门的招标代理机构。在投标期限内，先后有A、B、C三家单位对招标文件提出了疑问，建设单位以一对一的形式书面进行了答复。经过评标委员会严格评审，最终确定E单位中标。双方签订了施工总承包合同（幕墙工程为专业分包）。

事件二：E单位的投标报价构成如下：分部分项工程费为16100.00万元，措施项目费为1800.00万元，安全文明施工费为322.00万元，其他项目费为1200.00万元，暂列金额为1000.00万元，管理费10%，利润5%，规费1%，增值税按简易项目计算。

事件三：建设单位按照合同约定支付了工程预付款，但合同中未约定安全文明施工费预支付比例，双方协商按国家相关部门规定的最低预支付比例进行支付。

事件四：E施工单位对项目部安全管理工作进行检查，发现安全生产领导小组只有E单位项目经理、总工程师、专职安全管理人员。E施工单位要求项目部整改。

事件五：2014年3月30日工程竣工验收，5月1日双方完成竣工结算，双方书面签字确认，于2014年5月20日前由建设单位支付未付工程款560万元（不含5%的保修金）给E施工单位。此后，E施工单位3次书面要求建设单位支付所欠款项，但是截止到8月30日建设单位仍未支付560万元的工程款。随即E施工单位以行使工程款优先受偿权为由，向法院提起诉讼，要求建设单位支付欠款560万元，以及拖欠利息5.2万元、违约金10万元。

问题1：分别指出事件一中的不妥之处，并说明理由。
答案：
不妥1：市建委指定了专门的招标代理机构。
理由：招标代理机构应由招标人自行选择，任何单位和个人不得以任何方式为招标人指定招标代理机构。

不妥2：针对招标文件的疑问，建设单位以一对一的形式书面进行答复。
理由：所有书面答复（澄清文件）必须直接通知所有的招标文件收受人。

问题2：列式计算事件二中E单位的中标造价是多少万元？根据工程项目不同建设阶段，建设工程造价可划分为哪几类？该中标造价属于其中的哪一类？（保留小数点后两位）

答案：

（1）中标造价：

$(16100+1800+1200)\times(1+1\%)\times(1+3\%)=19869.73$ 万元

（2）造价可划分为：

① 投资估算

② 概算造价

③ 预算造价

④ 合同价

⑤ 结算价

⑥ 决算价

（3）中标造价属于合同价

解析 按照2014年真题背景，税金税率给的是综合税率3.413%。但营业税改征增值税自2016年5月1号已经全面实行，所以本题对题目背景信息做了相应修改，以适应2020年备考。

知识点引申

增值税计算方法（针对建筑业）

（1）一般计税方法

$$增值税=税前造价\times 9\%$$

税前造价为人工费、材料费、施工机具使用费、企业管理费、利润和规费之和，各费用项目均不包含增值税可抵扣进项税额的价格。

（2）简易计税方法

$$增值税=税前造价\times 3\%$$

税前造价为人工费、材料费、施工机具使用费、企业管理费、利润和规费之和，各费用项目均包含增值税进项税额的含税价格。

问题3：事件三中，建设单位预支付的安全文明施工费最低是多少万元（保留小数点后两位）？并说明理由。安全文明施工费包括哪些费用？

答案：

（1）安全文明施工费最低为 $322\times(5/8)\times 60\%=120.75$ 万元

理由：根据《建设工程工程量清单计价规范》GB 50500—2013规定，安全文明施工费在开工后的28d内预付不低于当年施工进度计划的安全文明施工费总额的60%，其余部分按照提前安排的原则进行分解，并应与进度款同期支付。

（2）安全文明施工费包括：

① 环境保护费

② 文明施工费
③ 安全施工费
④ 临时设施费

 由于题目背景明确执行《建设工程工程量清单计价规范》GB 50500—2013，故安全文明施工费的预付标准也必须按照此规范支付。如果按照《建设工程施工合同（示范文本）》GF-2017-0201，结果将不一样。

知识点引申

安全文明施工费预付标准［依据《建设工程施工合同（示范文本）》GF-2017-0201］

6.1.6 发包人应在开工后28d内预付安全文明施工费总额的50%，其余部分与进度款同期支付。

问题4：事件四中，项目安全生产领导小组还应有哪些人员（分单位列出）？
答案：
项目安全生产领导小组还应有：
（1）幕墙工程专业分包单位项目负责人、项目技术负责人、专职安全员。
（2）劳务分包单位：项目负责人、项目技术负责人、专职安全员。

知识点引申

项目安全管理领导小组（依据《施工企业安全生产管理规范》GB 50656—2011 中12.0.3条）

工程项目施工实行总承包的，应成立由总承包单位、专业承包和劳务分包单位项目经理、技术负责人和专职安全生产管理人员组成的安全管理领导小组。

问题5：事件五中，工程款优先受偿权自竣工之日起共计多少个月？E单位诉讼是否成立？其可以行使的工程款优先受偿权是多少万元？
答案：
（1）工程款优先受偿权自竣工之日起共计6个月。
（2）E单位诉讼成立。
（3）可以行使的工程款优先受偿权是560万元。

知识点引申

建设工程价款优先受偿权（依据《合同法》第286条规定）

第二百八十六条 发包人未按照约定支付价款的，承包人可以催告发包人在合理期限内支付价款。发包人逾期不支付的，除按照建设工程的性质不宜折价、拍卖的以外，承包人可以与发包人协议将该工程折价，也可以申请人民法院将该工程依法拍卖。建设工程的价款就该工程折价或者拍卖的价款优先受偿。

上述条款需注意以下几点：
（1）发包人未按照约定支付建设工程价款是前提条件之一。

（2）承包人应当催告发包人在合理期限内支付价款，并在合理期限内行使其优先受偿权。

《最高人民法院关于建设工程价款优先受偿权问题的批复》第四条规定，建设工程承包人行使优先权的期限为六个月，自建设工程竣工之日或者建设工程合同约定的竣工之日起算。

（3）建设工程价款包括承包人为建设工程应当支付的工作人员报酬、材料款等实际支出的费用，不包括承包人因发包人违约所造成的损失。

案例30　2014年一建建筑案例真题五（有改动）

关键词索引：土钉墙、文明施工内容、灭火器摆放位置、砌体裂缝、诚信行为记录

背景资料

某办公楼工程，建筑面积45000m²，地下2层，地上26层，框架-剪力墙结构，设计基础底标高为−9.0m，由主楼和附属用房组成。基坑支护采用复合土钉墙，地质资料显示，该开挖区域为粉质黏土且局部有滞水层。施工过程中发生了下列事件：

事件一：监理工程师在审查复合土钉墙边坡支护方案时，对方案中制定的采用钢筋网喷射混凝土面层、混凝土终凝时间不超过4h等构造做法及要求提出了整改完善的要求。

事件二：项目部在编制的"项目环境管理规划"中，提出了包括现场文化建设等文明施工的工作内容。

事件三：监理工程师在消防工作检查时，发现一只手提式灭火器直接挂在工人宿舍外墙的挂钩上，其顶部离地面的高度为1.6m；食堂设置了独立制作间和冷藏设施，燃气罐放置在通风良好的杂物间。

事件四：在砌体子分部工程验收时，监理工程师发现有个别部位存在墙体裂缝。监理工程师对不影响结构安全的裂缝砌体进行了验收，对可能影响结构安全的裂缝砌体提出整改要求。

事件五：当地建设主管部门于10月17日对项目进行执法大检查，发现施工总承包单位项目经理为二级注册建造师。为此，当地建设主管部门做出对施工总承包单位进行行政处罚的决定；于10月21日在当地建筑市场诚信信息平台上做了公示；并于10月30日将确认的不良行为记录上报了住房城乡建设部。

问题1：事件一中，基坑土钉墙护坡其面层的构造还应包括哪些技术要求？
答案：
（1）土钉墙墙面坡度不宜大于1∶0.2；

（2）土钉必须和面层有效连接，应设置承压板或加强钢筋等构造措施，承压板或加强钢筋应与土钉螺栓连接或钢筋焊接连接；

（3）喷射混凝土面层宜配置钢筋网和通长的加强钢筋，钢筋直径宜为 6~10mm，间距宜为 150~250mm；喷射混凝土强度等级不宜低于 C20，面层厚度不宜小于 80mm；

（4）坡面上下段钢筋网搭接长度应大于 300mm；

（5）土钉墙墙顶应采用砂浆或混凝土护面，坡顶和坡脚应设排水措施，坡面上可根据具体情况设置泄水孔。

解析：本题难在两个地方，一是内容比较多，要求记忆；二是题目没有看清楚，完全按照教材作答。注意问题问的是"基坑土钉墙护坡其面层的构造"，即问的是"护坡面层的构造要求"。完全按照教材作答，不应给分。

问题 2：事件二中，现场文明施工还应包含哪些工作内容？
答案：
（1）规范场容，保持作业环境整洁卫生；
（2）创造文明有序的安全生产条件；
（3）减少对居民和环境的不利影响。

问题 3：事件三中，有哪些不妥之处，并说明正确做法。手提式灭火器还有哪些放置方法？
答案：
（1）不妥之处：
不妥 1：手提式灭火器顶部离地面的高度为 1.6m。
正确做法：手提式灭火器的顶部离地面的高度应小于 1.5m。
不妥 2：燃气罐放置在通风良好的杂物间。
正确做法：燃气罐应单独设置存放间，存放间应通风良好并严禁存放其他物品。
（2）手提式灭火器还可以放置在消防专用托架或消防箱内；对于环境干燥、条件较好的场所，手提式灭火器可直接放在地面上。

问题 4：事件四中，监理工程师的做法是否妥当？对可能影响结构安全的裂缝砌体应如何整改验收？
答案：
（1）监理工程师的做法妥当。
（2）首先由有资质的检测单位检测鉴定，经鉴定能满足结构安全的砌体裂缝，应予以验收；经鉴定需返修或加固处理才能满足结构安全的砌体裂缝，待返修或加固处理满足使用要求后进行二次验收。

问题 5：事件五中，分别指出当地建设主管部门的做法是否妥当？并说明理由。
答案：
做法 1：对施工总承包单位进行行政处罚，妥当。

理由：该办公楼工程超过25层，并且建筑面积超过30000m²，属于大型工程项目，应由一级建造师担任项目经理。

做法2：10月21日在当地建筑市场诚信信息平台上公示，妥当。

理由：不良行为记录信息的公布时间为行政处罚决定做出后的7d内。

做法3：10月30日将确认的不良行为上报住房城乡建设部，不妥当。

理由：不良行为记录应在当地公布后的7d内上报住房城乡建设部。

【解析】 本题考点简单，但很多考生审题不准确，当成了改错题。做法是否妥当并说明理由，答案格式应该是"做法1……妥当或不妥当；理由……。"如果本题这样问"指出当地建设主管部门的做法有哪些不妥，并说明理由"，答案格式才是"不妥1……理由……。"

案例31 2013年一建建筑案例真题一

关键词索引：网络图、流水施工、劳动力投入量、劳动力需求计划考虑因素、专业分包和劳务分包范围

背景资料

某工程基础底板施工，合同约定工期50d，项目经理部根据业主提供的电子版图纸编制了施工进度计划，如下图所示。编制底板施工进度计划时，暂未考虑流水施工。

序号	施工过程	6月						7月					
		5	10	15	20	25	30	5	10	15	20	25	30
A	基层清理												
B	垫层及砖胎膜												
C	防水层施工												
D	防水保护层												
E	钢筋制作												
F	钢筋绑扎												
G	混凝土浇筑												

在施工准备及施工过程中，发生了如下事件：

事件一：公司在审批该施工进度计划横道图时提出，计划未考虑工序B与C，工序D与F之间的技术间歇（养护）时间，要求项目经理部修改。两处工序技术间歇（养护）均为2d，项目经理部按要求调整了进度计划，经监理批准后实施。

事件二：施工单位采购的防水材料进场抽样复试不合格，致使工序C比调整后的计划开始时间拖后3d；因业主未按时提供正式的图纸，致使工序E在6月11日才开始。

事件三：基于安全考虑，建设单位要求仍按原合同约定时间完成底板施工，为此施工单

位采取调整劳动力等措施，在 15d 内完成 2700t 钢筋制作（工效为 4.5t/人·工作日）。

问题 1：绘制事件一中调整后的施工进度计划网络图（双代号），并用双线表示出关键线路。

答案：

①→A/5→②→B/5→③→养护1/2→④→C/5→⑤→D/5→⑥→养护2/2→⑦→F/20→⑧→G/5→⑨

①→E/20→⑦

问题 2：考虑事件一、二的影响，计算总工期（假定各工序持续时间不变）。如果钢筋制作、钢筋绑扎、混凝土浇筑按两个流水段组织等节拍流水施工，其总工期将变为多少天？是否满足原合同约定的工期？

1. 考虑事件一、二的影响，计算总工期。

（1）算法一：通过完善横道图来计算。总工期 $T = 10 + 20 + 20 + 5 = 55d$。

代号	施工过程	6月						7月				
		5	10	15	20	25	30	35	40	45	50	55
		5	5	2	3	3	2	5	2	3	2	3	2	3
A	基底清理											
B	垫层与砖胎膜											
	养护（2d）											
C	防水施工			拖延3d								
D	防水保护层											
	养护（2d）											
E	钢筋制作	业主延误10d										
F	钢筋绑扎											
G	混凝土浇筑											

（2）算法二：通过修改网络图来计算，如下图所示：

①→A/5→②→B/5→③→养护1/2→④→延误1/3→⑤→C/5→⑥→D/5→⑦→养护2/2→⑨→F/20→⑩→G/5→⑪

①→延误2/10→⑧→E/20→⑨

关键线路为：①→⑧→⑨→⑩→⑪。
总工期 $T = 10 + 20 + 20 + 5 = 55d$。

2. 如果钢筋制作、钢筋绑扎及混凝土浇筑按两个流水段组织等节拍流水施工，其总工期将变为 49.5d。

（1）算法一：绘制流水施工横道图（见下图）

① 从 E、F、G 组织流水施工的角度，F 工作第 21d 早即可开始施工，但从网络计划的逻辑关系考虑，F 工作必须是 D 工作养护结束后才能开始，D 工作养护结束时间是<u>第 27d</u>晚，F 工作只能在<u>第 28d</u> 早才能开始施工。

代号	施工过程	6月						7月				
		5 5	5 5	5 2	5 3	5 3	5 2	5 5	5 2	5 3	5 2	5 3	5 2	5 2.5
A	基底清理											
B	垫层与砖胎膜											
	养护（2d）											
C	防水施工			拖延 3d								
D	防水保护层											
	养护（2d）											
E	钢筋制作	业主延误10d		10d		10d						
F	钢筋绑扎							10d		10d		
G	混凝土浇筑											2.5	2.5d

② F、G 两项工作组织等节拍流水施工，其流水步距计算如下：

$$\begin{array}{r} 10 \quad 20 \\ - \quad 2.5 \quad 5 \\ \hline 10 \quad 17.5 \quad -5 \end{array}$$

取 $K_{F-G} = 17.5\text{d}$。

③ F、G 两项工作组织等节拍流水施工的流水工期：$17.5 + 5 = 22.5\text{d}$。

④ 总工期：$27 + 22.5 = 49.5\text{d}$。

（2）算法二：绘制双代号网络图（见下图）

①$\xrightarrow{A/5}$②$\xrightarrow{B/5}$③$\xrightarrow{养护1/2}$④$\xrightarrow{延误1/3}$⑤$\xrightarrow{C/5}$⑥$\xrightarrow{D/5}$⑦$\xrightarrow{养护2/2}$⑩$\xrightarrow{F1/10}$⑪$\xrightarrow{G1/2.5}$

①$\xrightarrow{延误2/10}$⑧$\xrightarrow{E1/10}$⑨$\xrightarrow{E2/10}$⑫$\xrightarrow{F2/10}$⑬$\xrightarrow{G2/2.5}$⑭

关键线路为：①→②→③→④→⑤→⑥→⑦→⑩→⑪→⑫→⑬→⑭。

总工期为：$5+5+2+3+5+5+2+10+10+2.5 = 49.5\text{d}$。

3. 满足原合同约定的工期。

问题 3：计算事件三中钢筋制作的劳动力投入量。编制劳动力需求计划时，需要考虑哪些参数？

答案：

（1）$2700/(15 \times 4.5) = 40$ 人

（2）编制劳动力需求计划需要考虑的参数有：

① 工程量

② 持续时间

③ 劳动力投入量

④ 劳动效率

⑤ 班次
⑥ 每班工作时间

知识点引申

安排混合班组承担工作任务时，需要考虑的因素有：
（1）整体劳动效率
（2）设备能力
（3）材料供应能力
（4）班组间的协调

问题4：根据本案例的施工过程，总承包单位依法可以进行哪些专业分包和劳务分包？
答案：
（1）专业分包：防水工程。
（2）劳务分包：
① 砌筑作业
② 钢筋作业
③ 混凝土作业

知识点引申

劳务作业分包的范围包括：木工作业、砌筑作业、抹灰作业、石制作业、油漆作业、钢筋作业、混凝土作业、脚手架作业、模板作业、焊接作业、水暖电安装作业、钣金作业、架线作业等。

案例32　2013年一建建筑案例真题二（有改动）

关键词索引：砂石地基、收缩裂缝、门窗工程、资料修改及复印件

背景资料

某商业建筑工程，地上6层，砂石地基，砖混结构，建筑面积24000m²。外窗采用铝合金窗，内门采用金属门。在施工过程中发生了如下事件：

事件一：砂石地基施工中，施工单位采用细砂（掺入30%的碎石）进行铺填。监理工程师检查发现其分层厚度和压实系数不符合规范要求，令其整改。

事件二：二层现浇混凝土楼板出现收缩裂缝，经项目经理部分析认为原因有：混凝土原材料质量不合格（骨料含泥量大），水泥和掺合料用量超出规范规定。同时提出了相应的防治措施：选用合格的原材料，合理控制水泥和掺合料用量。监理工程师认为项目经理部的分析不全面，要求进一步完善原因分析和防治方法。

事件三：监理工程师对门窗工程检查时发现：外窗未进行三性检查，内门采用"先立后砌"安装方式，外窗采用射钉固定安装方式。监理工程师对存在的问题提出整改要求。

事件四：建设单位在审查施工单位提交的工程竣工资料时，发现工程资料有涂改、违规使用复印件等情况，要求施工单位进行整改。

问题1：事件一中，砂石地基采用的原材料是否正确？砂石地基还可以采用哪些原材料？除事件一列出的项目外，砂石地基施工过程还应检查哪些内容？

答案：

（1）正确。

（2）还可以采用的原材料有：中砂、粗砂、碎石、卵石、角砾、圆砾或石屑。

（3）施工过程中还应检查：

① 分段施工时搭接部分的压实情况；

② 加水量；

③ 压实遍数。

知识点引申

《建筑地基基础工程施工质量验收标准》GB 50202—2018

4.3.1 砂、砂石地基施工前检查原材料质量和配合比；砂石拌和的均匀性。

4.3.2 砂、砂石地基施工中应检查分层厚度、分段施工时搭接部分的压实情况、加水量、压实遍数、压实系数。

4.3.3 砂、砂石地基施工结束后检验地基承载力。

问题2：事件二中，出现裂缝原因还可能有哪些？并补充完善其他常见的防治方法？

答案：

（1）原因还有：

① 混凝土水胶比、坍落度偏大，和易性差。

② 混凝土浇筑振捣质量差，养护不及时或养护差。

（2）防治方法还有：

① 配制合适的混凝土配合比，并确保搅拌质量。

② 确保混凝土浇筑振捣密实，并在初凝前进行二次抹压。

③ 确保混凝土及时养护，并保证养护质量满足要求。

问题3：事件三中，建筑外墙铝合金窗的三性试验是指什么？分别写出错误安装方式的正确做法。

答案：

（1）气密性能、水密性能和抗风压性能。

（2）正确做法：

错误1：内门采用"先立后砌"安装方式。

正确做法：内门应采用"先砌后立"安装方式。

错误2：外窗采用射钉固定安装方式。

正确做法：砌体墙上安装铝合金窗应采用金属膨胀螺栓固定或燕尾铁脚连接方式进行安装。

知识点引申

（1）金属门窗安装应采用预留洞口的方法施工，不得采用边安装边砌口或先安装后砌口的方法施工。即应"先砌后立"。

（2）铝合金门窗的固定方式见下表：

序号	连接方式	适用范围
1	连接件焊接连接	适用于钢结构
2	预埋件连接	适用于钢筋混凝土结构
3	燕尾铁脚连接	适用于砖墙结构
4	金属膨胀螺栓固定	适用于钢筋混凝土结构、砖墙结构
5	射钉固定	适用于钢筋混凝土结构

问题4：针对事件四，分别写出工程竣工资料在修改以及使用复印件时的正确做法。

答案：

（1）工程竣工资料修改时的正确做法：实行划改，应由划改人签署。

（2）使用复印件时的正确做法：提供单位应在复印件上加盖单位印章，并应由经办人签字及日期；提供单位应对资料的真实性负责。

案例33 2013年一建建筑案例真题三（有改动）

关键词索引：安全检查内容、安全检查评定等级、项目应急准备和救援预案、入口制度牌、宿舍

背景资料

某新建工程，建筑面积28000m²，地下1层，地上6层，框架结构，建筑总高28.5m，建设单位与施工单位签订了施工合同，合同约定项目施工创省级安全文明工地。

在施工过程中，发生了如下事件：

事件一：建设单位组织监理单位、施工单位对工程施工安全进行检查，检查内容包括：安全思想、安全责任、安全制度、安全措施。

事件二：施工单位编制的项目应急准备和救援预案的内容仅包括应急响应程序和措施。检查组认为项目应急准备和救援预案内容不全，要求补充。

事件三：施工现场入口仅设置了企业标志牌、工程概况牌，检查组认为制度牌设置不完整，要求补充。工人宿舍内净高2.3m，封闭式窗户，每个房间住20个工人，检查组认为不符合相关要求，对此下发了整改通知单。

事件四：检查组按照《建筑施工安全检查标准》JGJ 59—2011 对本次安全检查进行了评价，汇总表得分68分。

问题1：除事件一所述检查内容外，施工安全检查还应检查哪些内容？
答案：
（1）安全防护；
（2）设备设施；
（3）教育培训；
（4）操作行为；
（5）劳动防护用品使用；
（6）伤亡事故处理。

问题2：事件二中，项目应急准备和救援预案还应补充哪些内容？
答案：
（1）应急目标和部门职责；
（2）突发过程的风险因素及评估；
（3）应急准备与响应能力测试；
（4）需要准备的相关资源。

知识点引申
施工企业应急救援预案，应包括下列内容：
（1）紧急情况、事故类型及特征分析；
（2）应急救援组织机构与人员及职责分工、联系方式；
（3）应急救援设备和器材的调用程序；
（4）与企业内部相关职能部门和外部政府、消防、抢险、医疗等相关单位与部门的信息报告、联系方法；
（5）抢险急救的组织、现场保护、人员撤离及疏散等活动的具体安排。

问题3：事件三中，施工现场入口还应设置哪些制度牌？现场工人宿舍应如何整改？
答案：
（1）入口还应设置的制度牌包括：
① 安全生产牌；
② 消防保卫牌；
③ 环境保护牌；
④ 文明施工牌；
⑤ 管理人员名单及监督电话牌。

(2) 宿舍整改：
① 室内净高不得低于 2.5m；
② 必须设置可开启式窗户；
③ 每个宿舍居住不得超过 16 人。

知识点引申

五牌一图：工程概况牌、管理人员名单及监督电话牌、消防保卫（防火责任）牌、安全生产牌、文明施工牌和施工现场总平面图。

问题 4：事件四中，建筑施工安全检查评定结论有哪些等级？本次检查应评定哪个等级？并说明理由。

答案：
（1）安全检查评定等级包括：优良、合格、不合格三个等级。
（2）本次安全检查评定等级：不合格。
理由：评分汇总表分值不足 70 分或当有一分项检查评分表为 0 时，安全检查评定等级为不合格。本次安全检查总分 68 分，不足 70 分，故判定为不合格。

案例 34 2013 年一建建筑案例真题四（有改动）

关键词索引：招标、起扣点、索赔、变更价款、隐蔽工程重新检查、调值公式

背景资料

某新建图书馆工程，采用公开招标的方式，确定某施工单位中标。双方按《建设工程施工合同（示范文本）》GF－2017－0201 签订了施工总承包合同。合同约定总造价 14250 万元，预付备料款 2800 万元，每月底按月支付施工进度款。竣工结算时，结算款按调值公式进行调整。在招标和施工过程中，发生了如下事件：

事件一：建设单位自行组织招标。招标文件规定：合格投标人为本省企业；自招标文件发出之日起 15d 后投标截止；招标人对投标人提出的疑问分别以书面形式回复给相应提出疑问的投标人。建设行政主管部门评审招标文件时，提出个别条款不符合相关规定，要求整改后再进行招标。

事件二：合同约定主要材料占总造价比例 55%，预付备料款在起扣点之后的五个月度支付中扣回。

事件三：基坑施工时正值雨季，连续降雨导致停工 6d，造成人员窝工损失 2.2 万元。一周后出现了罕见特大暴雨，造成停工 2d，人员窝工损失 1.4 万元。针对上述情况，施工单位分别向监理单位上报了这四项索赔申请。

事件四：某分项工程由于设计变更导致分项工程量变化幅度达 20%，合同专用条款未对变更价款进行约定。施工单位按变更指令施工，在施工结束后的下一个月上报支付申请的同时，还上报了该设计变更的变更价款申请，监理工程师不予批准变更价款。

事件五：种植屋面隐蔽工程通过监理工程师验收后开始覆土施工，建设单位对隐蔽工程质量提出异议，要求复验，施工单位不予同意。

经总监理工程师协调后三方现场复验，经检验质量满足要求。施工单位要求补偿由此增加的费用，建设单位予以拒绝。

事件六：合同中约定，根据人工费和四项材料的价格指数对总造价按调值公式法进行调整。各调值因素的比重、基准和现行价格指数如下表：

可调项目	人工费	材料一	材料二	材料三	材料四
因素比重	0.15	0.30	0.12	0.15	0.08
基期价格指数	0.99	1.01	0.99	0.96	0.78
现行价格指数	1.12	1.16	0.85	0.80	1.05

问题1：事件一中，指出招标文件规定的不妥之处，并分别写出理由。

答案：

不妥1：要求合格投标人为本省企业。

理由：招标人不得限制本地区以外或本系统以外的法人或组织参加投标。

不妥2：自招标文件发出之日起 15d 后投标截止。

理由：自招标文件开始发售起至投标人投标文件截止之日止，最短不得少于 20d。

不妥3：分别以书面形式回复给相应提出疑问的投标人。

理由：所有书面答复（澄清文件）必须直接通知所有的招标文件收受人。

问题2：事件二中，列式计算预付备料款的起扣点是多少万元？（精确到小数点后 2 位）

答案：

起扣点 $T = P - M/N = 14250 - 2800/55\% = 9159.09$ 万元

问题3：事件三中，分别判断四项索赔是否成立？并写出相应的理由。

答案：

(1)"雨季连续降雨导致停工 6d，人员窝工损失 2.2 万元"的工期索赔和费用索赔均不成立。

理由：雨季连续降雨属于一个有经验的施工方能够合理预见到的风险，由此增加的费用和延误的工期均由施工单位承担。

(2)"罕见特大暴雨造成停工 2d，人员窝工损失 1.4 万"的工期索赔成立，但费用索赔不成立。

理由：根据《建设工程施工合同（示范文本）》GF – 2017 – 0201 的规定，罕见特大暴雨属于异常恶劣的气候条件或不可抗力事件，工期损失是业主应承担的风险责任，但人员窝工损失是施工单位应承担的风险责任。

问题4：事件四中，监理工程师不批准变更价款申请是否合理？并说明理由。合同中未约定变更价款的情况下，变更价款应如何处理？

答案：

（1）合理。

理由：承包人应在收到变更指示后14d内，向监理人提交变更估价申请，逾期未提交视为该变更工程不涉及价款变更。

（2）合同中未约定变更价款，按如下规定处理：

① 已标价工程量清单或预算书有相同项目的，按照相同项目单价认定；

② 已标价工程量清单或预算书中无相同项目，但有类似项目的，参照类似项目的单价认定；

③ 变更导致实际完成的变更工程量与已标价工程量清单或预算书中列明的该项目工程量的变化幅度超过15%的，或已标价工程量清单或预算书中无相同项目及类似项目单价的，按照合理的成本与利润构成的原则，由合同当事人确定变更工作的单价。

【解析】本问虽是2013年真题，但为了适用2020年备考，本题参考答案按照《建设工程施工合同（示范文本）》GF-2017-0201拟定。

问题5：事件五中，施工单位、建设单位做法是否正确？并分别说明理由。

答案：

（1）"建设单位对隐蔽工程质量提出异议，要求复验，施工单位不予同意"，建设单位做法正确，施工单位做法不正确。

理由：无论监理工程师是否参加隐蔽工程的验收，当建设单位要求重新检验时，施工单位应按要求揭开重新检查，并在检验后重新覆盖。

（2）"施工单位要求补偿由此增加的费用，建设单位予以拒绝"，施工单位做法正确，建设单位做法不正确。

理由：对隐蔽工程重新检验合格的，由此增加的费用由建设单位承担，延误的工期相应顺延，并向施工单位支付合理的利润。

【知识点引申】

隐蔽工程重新检查（依据《建设工程施工合同（示范文本）》GF-2017-0201）

承包人覆盖工程隐蔽部位后，发包人或监理人对质量有疑问的，可要求承包人对已覆盖的部位进行钻孔探测或揭开重新检查，承包人应遵照执行，并在检查后重新覆盖恢复原状。经检查证明工程质量符合合同要求的，由发包人承担由此增加的费用和（或）延误的工期，并支付承包人合理的利润；经检查证明工程质量不符合合同要求的，由此增加的费用和（或）延误的工期由承包人承担。

问题6：事件六中，列式计算经调整后的实际结算款应为多少万元？（精确到小数点后两位）

答案：

（1）可调因素比重累加：0.15 + 0.30 + 0.12 + 0.15 + 0.08 = 0.8

（2）固定系数：$1-0.8=0.2$
（3）实际结算价款

$$P = 14250 \times \left(0.2 + 0.15 \times \frac{1.12}{0.99} + 0.30 \times \frac{1.16}{1.01} + 0.12 \times \frac{0.85}{0.99} + 0.15 \times \frac{0.80}{0.96} + 0.08 \times \frac{1.05}{0.78}\right)$$
$$= 14962.13 \text{ 万元}$$

知识点引申

竣工调值公式

$$P = P_0\left(a_0 + a_1\frac{A}{A_0} + a_2\frac{B}{B_0} + a_3\frac{C}{C_0} + a_4\frac{D}{D_0}\right)$$

式中　　　　P——工程实际结算价款（调值后）；

　　　　　　P_0——调值前工程进度（合同）款；

$$a_0 + a_1 + a_2 + a_3 + a_4 = 1$$

A_0、B_0、C_0、D_0——基期（过去）价格指数或价格；

A、B、C、D——现行价格指数或价格。

案例35　2013年一建建筑案例真题五（有改动）

关键词索引：临时用水、节能与能源利用、消防器材配备、体系诊断、室内环境检测

背景资料

某教学楼工程，建筑面积1.7万m^2，地下1层，地上6层，檐高25.2m，主体为框架结构，砌筑及抹灰所用砂浆采用现场拌制。施工单位进场后，项目经理组织编制了《某教学楼施工组织设计》，经批准后开始施工。

在施工过程中，发生了下列事件：

事件一：根据现场条件，场内设置了办公区、木工加工区等生产辅助设施，工人宿舍统一设置在场外。施工组织设计中对临时用水进行了设计与计算。

事件二：为了充分体现绿色施工在施工过程中的应用，项目部在临建施工及使用方案中提出了在节能和能源利用方面的技术要点。

事件三：结构施工期间，项目有150人参与施工，项目部组建了10人的义务消防队，楼层内配备了消防立管和消防箱，消防箱内消防水龙带长度达20m；在临时搭建的95m^2钢筋加工棚内，配备了2只10L的灭火器。

事件四：项目总监理工程师提出项目经理部在安全与环境方面管理不到位，要求该企业对职业健康安全管理体系和环境管理体系在本项目的运行进行"诊断"，找出问题所在，帮助项目部提高现场管理水平。

事件五：工程验收前，相关单位对一间240m²的公共教室选取4个检测点，进行了室内环境污染物浓度的测试，其中两个主要指标的检测数据如下：

点位	1	2	3	4
甲醛（mg/m³）	0.08	0.06	0.05	0.05
氨（mg/m³）	0.20	0.15	0.15	0.14

问题1：事件一中，《某教学楼施工组织设计》在计算临时用水的总用水量时，根据用途应考虑哪些方面的用水量？

答案：
（1）现场施工用水量；
（2）施工机械用水量；
（3）施工现场生活用水量；
（4）消防用水量；
（5）漏水损失。

解析：背景信息明确"工人宿舍统一设置在场外"，即场内不设置生活区，故用水量不考虑生活区生活用水量。

问题2：事件二中的临建施工及使用方案中，在节能和能源利用方面可提出哪些技术要点？

答案：
（1）制定合理的临建施工能耗指标，提高临建施工能源利用率。
（2）临时设施宜采用节能材料，墙体、屋面使用隔热性能好的材料，减少夏天空调、冬天取暖设备的使用时间及能耗量。
（3）临时用电优先选用节能电线和节能灯具，照明设计以满足最低照度为原则，照度不应超过最低照度的20%。
（4）合理配置采暖设备、空调、风扇数量，规定使用时间。实行分段分时使用，节约用电。
（5）施工现场分别设定生活和办公的用电控制指标。

解析：本题难度较大，不能完全按照教材内容作答，题干信息问的是临时设施的节能，而不是生产的节能。

问题3：指出事件三中有哪些不妥之处，写出正确做法。

答案：
不妥1：项目部组建10人的义务消防队。
正确做法：义务消防队人数不少于施工总人数的10%，本项目150人参与施工，应组建不少于15人的义务消防队。
不妥2：消防箱内消防水龙带长度达20m。

正确做法：消防箱内消防水龙带长度应不小于25m。

附加题目：

(1) 96m² 的钢筋加工棚和木材加工棚，消防器材如何配备？

(2) 104m² 的钢筋加工棚和木材加工棚，消防器材如何配备？

(3) 1230m² 的钢筋加工棚和木材加工棚，消防器材如何配备？

知识点引申

消防器材的配备：

(1) 临时搭设的建筑物区域内每100m² 配备2只10L灭火器。

(2) 大型临时设施总面积超过1200m² 时，应配有专供消防用的太平桶、积水桶（池）、黄沙池。

(3) 临时木料间、油漆间、木工机具间等，每25m² 配备一只灭火器。

(4) 高层建筑设置专用的消防水源和消防立管，每层留设消防水源接口。消防水源进水口一般不应少于两处。

(5) 消防箱内消防水管长度不小于25m。

(6) 室外消火栓沿道路边缘布置，间距不应大于120m，距拟建房屋5~25m，距路边不宜大于2m。

问题4： 事件四中，该企业为了确保上述体系在本项目的正常运行，应围绕哪些运行活动展开"诊断"？

答案：

(1) 培训意识和能力；

(2) 信息交流；

(3) 文件管理；

(4) 执行控制程序；

(5) 监测；

(6) 不符合、纠正和预防措施；

(7) 记录。

本问难度太大，命题人水平太高，造就了2013年的这道题目答案到目前为止很多考生都不知道命题人想考哪里？本题答案来自《建设工程项目管理》职业健康安全管理体系与环境管理体系的建立和运行章节当中有这样一段话"体系运行是指按照已建立体系的要求实施，其实施的重点包括培训意识和能力，信息交流，文件管理，执行控制程序，监测，不符合、纠正和预防措施，记录等"。

问题5： 事件五中，该房间检测点的选取数量是否合理？说明理由。该房间两个主要指标的报告检测值为多少？分别判断该两项检测指标是否合格？说明理由。

答案：

(1) 检测点的选取数量：合理。

理由：房间使用面积大于等于100m²、小于500m²时，检测点不应少于3个。背景资料设置4个监测点，满足不应少于3个的规定。

（2）检测值：

甲醛检测值：(0.08+0.06+0.05+0.05)/4=0.06mg/m³

氨检测值：(0.20+0.15+0.15+0.14)/4=0.16mg/m³

（3）判断：

① 甲醛检测值指标合格

理由：Ⅰ类民用建筑工程甲醛浓度限量≤0.08mg/m³。

② 氨检测值指标合格

理由：Ⅰ类民用建筑工程氨浓度限量≤0.2mg/m³。

案例36　2012年一建建筑案例真题一

关键词索引：等节奏流水施工、违法分包、索赔

背景资料

某大学城工程，包括结构形式与建造规模一致的四栋单体建筑，每栋建筑面积为21000m²，地下2层，地上18层，层高4.2m，钢筋混凝土框架-剪力墙结构。

A施工单位与建设单位签订了施工总承包合同，合同约定：除主体结构外的其他分部分项工程施工，总承包单位可以自行依法分包，建设单位负责供应油漆等部分材料。

合同履行过程中，发生了下列事件：

事件一：A施工单位拟对四栋单体建筑的某分项工程组织流水施工，其流水施工参数如下表：

施工过程	流水节拍（单位：周）			
	单体建筑一	单体建筑二	单体建筑三	单体建筑四
Ⅰ	2	2	2	2
Ⅱ	2	2	2	2
Ⅲ	2	2	2	2

其中：施工过程Ⅱ与施工过程Ⅲ之间存在工艺间隔时间1周。

事件二：由于工期较紧，A施工单位将其中两栋单体建筑的室内精装修和幕墙工程分包给具备相应资质的B施工单位。B施工单位经A施工单位同意后，将其承包范围内的幕墙工程分包给具备相应资质的C施工单位组织施工，油漆劳务作业分包给具备相应资质的D施工单位组织施工。

事件三：油漆作业完成后，发现油漆成膜存在质量问题，经鉴定，原因是油漆材质不合格，B 施工单位就由此造成的返工损失向 A 施工单位提出索赔。A 施工单位以油漆是建设单位供应为由，认为 B 施工单位应直接向建设单位提出索赔。

B 施工单位直接向建设单位提出索赔，建设单位认为油漆在进场时已由 A 施工单位进行了质量验证并办理接收手续，其对油漆材料的质量责任已经完成，因油漆不合格而返工的损失应由 A 施工单位承担，建设单位拒绝受理该索赔事件。

问题 1：事件一中，最适宜采用何种流水施工组织形式？除此之外，流水施工通常还有哪些基本组织形式？

答案：
（1）最适宜采用等节奏流水施工。
（2）流水施工还包括的基本形式：无节奏流水施工、异节奏流水施工。其中异节奏流水施工又可细分为等步距异节奏流水施工和异步距异节奏流水施工。

问题 2：绘制事件一中的流水施工进度计划横道图，并计算其流水施工工期。

答案：
（1）计算流水施工工期
① 流水步距 $K = 2$ 周。
② 工期 $T = (M + N - 1)K + G = (4 + 3 - 1) \times 2 + 1 = 13$ 周。
（2）绘制流水施工进度计划横道图

过程	施工进度（周）												
	1	2	3	4	5	6	7	8	9	10	11	12	13
Ⅰ	单体一		单体二		单体三		单体四						
Ⅱ			单体一		单体二		单体三		单体四				
Ⅲ					单体一		单体二		单体三		单体四		

问题 3：分别判定事件二中 A 施工单位、B 施工单位、C 施工单位、D 施工单位之间的分包行为是否合法？并逐一说明理由。

答案：
（1）A 施工单位与 B 施工单位之间的分包行为合法。
理由：施工总承包合同约定：除主体结构外的其他分部分项工程施工，总承包单位可以自行依法分包；室内精装修和幕墙工程不属于主体工程；且 B 施工单位具备相应资质。
（2）B 施工单位与 C 施工单位之间的分包行为不合法。
理由：专业分包单位将其承包的专业工程中非劳务作业再分包的属于违法分包。
（3）B 施工单位与 D 施工单位之间的分包行为合法。
理由：分包单位可以将分包工程的劳务作业分包给具备相应资质的劳务分包单位。

知识点引申

存在下列行为之一的，属于违法分包：

（1）施工单位将工程分包给个人的；

（2）施工单位将工程分包给不具备相应资质或安全生产许可证的单位的；

（3）施工合同中没有约定，又未经建设单位认可，施工单位将其承包的部分工程交由其他单位施工的；

（4）施工总承包单位将房屋建筑工程的主体结构的施工分包给其他单位的，钢结构工程除外；

（5）专业分包单位将其承包的专业工程中非劳务作业部分再分包的；

（6）劳务分包单位将其承包的劳务再分包的；

（7）劳务分包单位除计取劳务作业费用外，还计取主要建筑材料款、大中型施工机械设备和周转材料费用的。

问题4：分别指出事件三中的错误之处，并说明理由。

答案：

错误1：A施工单位认为B施工单位应直接向建设单位提出索赔。

理由：B施工单位为分包单位，与建设单位没有合同关系，B施工单位只能向A施工单位提出索赔，A施工单位再向建设单位索赔。

错误2：B施工单位直接向建设单位提出索赔。

理由：B施工单位与建设单位没有合同关系，只能向A施工单位提出索赔。

错误3：建设单位认为油漆不合格而返工的损失应由A施工单位承担。

理由：业主采购的物资，项目的验证不能取代业主对其采购物资的质量责任。

案例37 2012年一建建筑案例真题二

关键词索引： 专家论证、焊缝夹渣、安全事故报告、夜间施工、光污染

背景资料

某办公楼工程，建筑面积98000m^2，钢筋混凝土框筒结构。地下3层、地上46层，建筑高度203m，基坑深度为15m，桩基础为人工挖孔桩，桩长18m。首层大堂的高度为12m，跨度为24m。外墙为玻璃幕墙。吊装施工的垂直运输采用内爬式塔吊，单个构件吊装的最大重量为12t。

合同履行过程中，发生了下列事件：

事件一：施工总承包单位编制了附着式整体提升脚手架的专项施工方案，经专家论证，

履行相关程序后开始实施。

事件二：监理工程师对钢柱进行施工质量检查时，发现对焊接缝存在夹渣、形状缺陷等质量问题，向施工总承包单位提出了整改要求。

事件三：施工总承包单位在浇筑首层大堂混凝土时，发生了模板支撑系统坍塌事故，造成5人死亡、7人重伤。事故发生后，施工总承包单位现场有关人员于2小时后向本单位负责人进行了报告，施工总承包单位负责人接到报告1小时后向当地政府行政主管部门进行了报告。

事件四：由于工期较紧，施工总承包单位于晚上11点后安排了钢结构构件进场和焊接作业施工。附近居民以施工作业影响夜间休息为由进行了投诉。当地相关主管部门在查处时发现：施工总承包单位未办理夜间施工许可证；检测夜间施工场界噪声值达到60dB。

问题1：根据《危险性较大的分部分项工程安全管理规定》（建办质〔2018〕31号），上述背景资料中需要专家论证的分部分项工程安全专项施工方案还有哪几项？

答案：
（1）基坑开挖工程专项施工方案；
（2）基坑支护工程专项施工方案；
（3）人工挖孔桩工程专项施工方案；
（4）首层大堂模板支撑体系专项施工方案；
（5）玻璃幕墙工程专项施工方案；
（6）内爬式塔吊安装拆卸工程专项施工方案；
（7）起重吊装工程专项施工方案。

【解析】本问答案存在两个难点：
（1）基坑降水工程为什么不需要专家论证？

理由：题目背景并未提供地下水位深度，所以是否需要降水是不确定的，在拟定答案的过程中就不予考虑。

（2）与塔吊相关为什么需要两个专家论证？

理由：其一，建筑高度203m，说明塔吊安装高度（或搭设基础标高）>203m，根据规定，搭设总高度200m及以上的塔吊安装拆卸工程需要专家论证。其二，单个构件吊装的最大重量为12t，根据规定，单件起吊重量在100kN（即10t）及以上的起重吊装工程需要专家论证。

问题2：事件二中，焊缝产生夹渣的原因可能有哪些？其处理方法是什么？

答案：
（1）焊缝产生夹渣的原因包括：
① 焊接材料质量不好；
② 焊接电流太小；
③ 焊接速度太快；
④ 熔渣密度太大；

⑤ 阻碍熔渣上浮；
⑥ 多层焊时熔渣未清除干净。
（2）焊缝产生夹渣处理方法：铲除夹渣处的焊缝金属，重新焊补。

问题 3：事件三中，根据《生产安全事故报告和调查处理条例》（国务院 493 号令）规定，此次事故属于哪个等级？纠正施工总承包单位报告事故的错误做法。报告事故时应报告哪些内容？

答案：
（1）此次事故属于较大事故。
（2）错误做法及纠正：
错误 1：现场有关人员于 2 小时后向本单位负责人报告。
纠正：事故发生后，现场有关人员应立即向本单位负责人进行报告。
错误 2：单位负责人接到报告 1 小时后向政府行政主管部门报告。
纠正：施工单位负责人接到报告 1 小时内向政府行政主管部门报告。
（3）报告的内容：
① 事故发生单位的概况；
② 事故发生的时间、地点、现场情况；
③ 事故的简要经过；
④ 事故已（可能）造成的伤亡人数和初步估计的直接经济损失；
⑤ 已经采取的措施；
⑥ 其他应报告的情况。

很多考生会认为错误做法应该还要包括第 3 个，即向政府行政主管部门报告是错误的，应该向安全生产监督管理部门和负有安全生产监督管理职责的有关部门报告。在此，有必要对政府行政主管部门做相应的解释。

政府行政主管部门，针对安全事故是指安全生产监督管理部门，针对质量事故是指住房城乡建设主管部门。所以本处向政府行政主管部门报告不应该认为是错误的。

知识点引申

安全事故调查报告内容包括：
（1）事故发生单位概况；
（2）事故发生经过和事故救援情况；
（3）事故造成的人员伤亡和直接经济损失；
（4）事故发生的原因和事故性质；
（5）事故责任的认定以及对事故责任者的处理建议；
（6）事故防范和整改措施。

问题4：写出事件四中施工总承包单位对所查处问题应采取的正确做法，并说明施工现场避免或减少光污染的防护措施。

答案：

（1）所查处的问题应采取的正确做法：

① 立即停止施工，办理夜间施工许可证；

② 公告周边社区居民；

③ 现场采取降噪措施，确保噪声限值不超过55dB（A）。

（2）避免或减少光污染的防护措施：

① 夜间室外照明灯应加设灯罩，透光方向集中在施工范围内；

② 电焊作业采取遮挡措施，避免电焊弧光外泄。

知识点引申

施工现场固体废弃物处理：

（1）固体废弃物应在所在地县级以上政府环卫部门申报登记，分类存放；

（2）建筑垃圾和生活垃圾应与所在地垃圾消纳中心签署环保协议，及时清运；

（3）有毒有害废弃物应运送至专门的有毒有害废弃物中心消纳。

案例38　2012年一建建筑案例真题三

关键词索引：基坑验槽、钢筋抽样检验、填充墙检验批抽检数量、竣工验收条件、资料移交要求

背景资料

某办公楼工程，地下1层，地上12层，总建筑面积26800m²，筏板基础、框架剪力墙结构。建设单位与某施工总承包单位签订了施工总承包合同。按照合同的约定，施工总承包单位将装饰装修工程分包给了符合资质条件的专业分包单位。

合同履行过程中，发生了下列事件：

事件一：基坑开挖完成后，经施工总承包单位申请，总监理工程师组织勘察、设计单位的项目负责人和施工总承包单位的相关人员等进行验槽。首先，验收小组经检验确认了该基础不存在空穴、古墓、古井及其他地下埋设物；其次根据勘察单位项目负责人的建议，验收小组仅核对基坑的位置之后就结束了验收工作。

事件二：有一批次框架结构用的钢筋，施工总承包单位认为与上一批次已使用的是同一个厂家生产的，没有进行进场复验等质量验证工作，直接投入了使用。

事件三：监理工程师在现场巡查时，发现第8层框架填充墙砌至接近梁底时留下了适当空隙，间隔了48小时后，用斜砖补砌挤紧。

事件四：总监理工程师在检查工程竣工验收条件时，确认施工总承包单位已经完成建设工程设计和合同约定的各项内容，有完整的技术档案与施工管理资料，以及勘察、设计、施工、监理等参建单位分别签署的质量合格文件并符合要求，但还缺少部分竣工验收条件所规定的资料。

在竣工验收时，建设单位要求施工总承包单位和装饰装修工程分包单位将各自的工程资料向项目监理机构移交，由项目监理机构汇总后，再向建设单位移交。

问题1：事件一中，验槽的组织方式是否妥当？基坑验槽还包括哪些内容？
答案：
（1）验槽的组织方式不妥当。
（2）基坑验槽还应包括：
① 核对基坑的平面尺寸、坑底标高；
② 核对坑底、坑边岩土体及地下水情况；
③ 检查基坑底土质的扰动情况及扰动的范围和程度；
④ 检查基坑底土质受到冰冻、干裂、受水冲刷或浸泡等扰动情况，并查明影响范围和深度。

问题2：事件二中，施工单位的做法是否妥当？列出钢筋质量验证时材质复验的内容？
答案：
（1）施工单位的做法不妥当。
（2）钢筋质量验证时材质复验的内容包括：
① 屈服强度
② 抗拉强度
③ 伸长率
④ 冷弯性能
⑤ 重量偏差

知识点引申

1. 钢筋进场抽样检验规定（依据《混凝土结构工程施工质量验收规范》GB 50204—2015）

（1）钢筋（原材）进场时，应抽取试件做屈服强度、抗拉强度、伸长率、重量偏差和弯曲性能检验。

检查数量：按进场批次和产品的抽样检验方案确定，一般不超过60t为一批。

（2）成型钢筋进场时，应抽取试件做屈服强度、抗拉强度、伸长率、重量偏差检验。

对由热轧钢筋制成的成型钢筋，当有施工单位或监理单位代表驻厂监督生产过程，并提供原材钢筋力学性能第三方检测报告时，可仅检验重量偏差。

检查数量：同一厂家、同一类型、同一钢筋来源的成型钢筋，不超过30t为一批，每批中每种钢筋牌号、规格均应至少抽取1个钢筋试件，总数不少于3个。

（3）钢筋、成型钢筋进场检验，当满足下列条件之一时，检验批量可扩大一倍：

① 获得认证的钢筋、成型钢筋；

② 同一厂家、同一牌号、同一规格的钢筋，连续三批均一次检验合格；

③ 同一厂家、同一类型、同一钢筋来源的成型钢筋，连续三批均一次检验合格。

2. 各主要材料复试内容

材料名称	复试内容及要求
钢筋	屈服强度、抗拉强度、伸长率、冷弯和重量偏差
水泥	抗压强度、抗折强度、安定性、凝结时间
石子	筛分析、含泥量、泥块含量、含水率、吸水率及非活性骨料检验
砂	筛分析、泥块含量、含水率、吸水率及非活性骨料检验
建筑外墙金属窗、塑料窗	气密性、水密性、抗风压性能
装修用人造木板及胶粘剂	甲醛含量
饰面板（砖）	室内用花岗石放射性、粘贴用水泥的凝结时间、安定性、抗压强度，外墙陶瓷面砖的吸水率及抗冻性能

问题3：事件三中，根据《砌体结构工程施工质量验收规范》GB 50203—2011，指出此工程填充墙片每验收批的抽检数量。判断施工总承包单位的做法是否妥当？并说明理由。

答案：

（1）填充墙检验批抽检数量

① 烧结空心砖、小砌块、砌筑砂浆强度等级抽检数量：每1万块为一验收批，不足上述数量时按一批计，抽检数量为1组。

② 其他项目检验批，抽检数量均为5处。

（2）施工总承包单位的做法不妥当

理由：填充墙梁下口最后3皮砖先在下部墙砌完14d后砌筑，并由中间开始向两边斜砌。

本题第一小问答题难度非常大，考核内容教材并没有涉及，需要熟悉《砌体结构工程施工质量验收规范》GB 50203—2011，而且是考核规范里很偏的知识点，在2012年考试中涉及这样的考点，目的只有一个，控制通过率！

问题4：事件四中，根据《建设工程质量管理条例》和《建设工程文件归档规范》GB/T 50328，指出施工总承包单位还应补充哪些竣工验收资料？建设单位对工程资料移交的要求是否妥当？并写出正确的做法。

答案：

（1）还应补充的竣工验收资料有：

① 工程使用的主要建筑材料、建筑构配件和设备的进场试验报告；

② 施工单位签署的工程质量保修书。

（2）资料移交要求不妥当。

（3）资料移交要求的正确做法是：

① 施工单位应向建设单位移交施工资料；

② 实行施工总承包的，各专业承包单位应向施工总承包单位移交施工资料；

③ 监理单位应向建设单位移交监理资料；

④ 工程资料移交时应及时办理相关移交手续，填写工程资料移交书、移交目录；

⑤ 建设单位应按规定向城建档案管理部门移交工程档案，并办理相关手续。有条件时，向城建档案管理部门移交的工程档案应为原件。

【解析】第一小问还应补充的竣工验收资料，可能会有考生提出答案和《建设工程项目管理》教材说法不一致。这是由于考生审题时忽略了"根据《建设工程质量管理条例》"这样的关键信息，所以答案应以《建设工程质量管理条例》为准，而不是以《建设工程项目管理》教材为准。

第二小问考生会提出"④"和"⑤后半句"可以不写，这也是审题不仔细，问的不是"资料移交程序"，而是"资料移交要求的正确做法"。

案例39 2012年一建建筑案例真题四（有改动）

关键词索引：不得作竞争性费用、综合单价、预付款、中标价、合同管理程序、劳务给总包备案资料、固体废物处理方法、索赔

背景资料

某酒店建设工程，建筑面积28700m^2，地下1层，地上15层，现浇钢筋混凝土框架结构。建设单位依法进行了招标，投标报价执行《建设工程工程量清单计价规范》GB 50500—2013。共有甲、乙、丙等8家单位参加了工程投标。经过公开开标、评标，最终确定甲施工单位中标，建设单位与甲施工单位按照《建设工程施工合同（示范文本）》GF-2017-0201签订了施工总承包合同。

合同部分条款约定如下：

（1）本工程合同工期549d；

（2）本工程采用综合单价计价模式；

（3）包括安全文明施工费的措施项目费包干使用；

（4）因建设单位责任引起的工程实体设计变更发生的费用予以调整；

（5）工程预付款的比例为10%。

工程投标及施工过程中，发生了下列事件：

事件一：在投标过程中，乙施工单位在自行投标总价基础上下浮5%进行报价。评标小组经认真核算，认为乙施工单位报价中的部分费用不符合《建设工程工程量清单计价规范》中不可作为竞争性费用条款的规定，给予废标处理。

事件二：甲施工单位投标报价书的情况是：土石方工程量650m³，定额单价中人工费为8.40元/m³、材料费为12.00元/m³、机械费1.60元/m³。分部分项工程量清单合价为8200万元，措施项目清单合价为360万元，暂列金额为50万元，其他项目清单合价为120万元，总包服务费为30万元，企业管理费费率为15%，利润率为5%，规费为225.68万元，增值税按简易项目计算。

事件三：甲施工单位与建设单位签订施工总承包合同后，按照《建设工程项目管理规范》GB/T 50326—2017进行了合同管理工作。

事件四：甲施工单位加强对劳务分包单位的日常管理，坚持开展劳务实名制管理工作。

事件五：施工单位随时将建筑垃圾、废弃包装、生活垃圾等常见固体废物按相关规定进行了处理。

事件六：在基坑施工中，由于正值雨季，施工现场的排水费用比投标报价中的费用超出3万元。甲施工单位及时向建设单位提出了索赔要求，建设单位不予支持，对此，甲施工单位向建设单位提交了索赔报告。

问题1：事件一中，评标小组的做法是否正确？指出不可作为竞争性费用项目分别是什么？
答案：
（1）评标小组的做法：正确。
（2）不可作为竞争性费用的项目是：
① 安全文明施工费；
② 规费；
③ 税金。

问题2：事件二中，甲施工单位所报土石方分项工程的综合单价是多少元/m³？中标造价是多少万元？工程预付款是多少万元？（均需列式计算，结果保留两位小数）
答案：
（1）综合单价 = (8.40 + 12.00 + 1.60) × (1 + 15%) × (1 + 5%) = 26.57 元/m³
（2）中标造价 = (8200 + 360 + 120 + 225.68) × (1 + 3%) = 9172.85 万元
（3）工程预付款 = (9172.85 − 50) × 10% = 912.29 万元

解析 2012年真题背景中税金税率给的是综合税率3.41%。但营业税改征增值税已经自2016年5月1号已经全面实行，所以本题对题目背景信息做相应修改，以适应2020年备考。

问题3：事件三中，甲施工单位进行合同管理工作应执行哪些程序？
答案：
（1）合同评审；
（2）合同订立；
（3）合同实施计划；
（4）合同实施控制；
（5）合同管理总结。

知识点引申

项目合同变更管理程序：
（1）提出合同变更申请；
（2）施工方审查、批准；
一般由项目经理审查批准，有必要时经企业合同管理部门负责人签认，重大的合同变更需报企业负责人签认；
（3）业主签认，形成书面文件；
（4）组织实施。

问题4：事件四中，按照劳务实名制管理要求，在劳务分包单位进场时，甲施工单位应要求劳务分包单位提交哪些资料进行备案？

答案：
（1）施工人员花名册复印件；
（2）施工人员身份证复印件；
（3）施工人员劳动合同复印件；
（4）施工人员岗位技能证书复印件。

解析 2015年真题问的是"劳务公司还应该将哪些资料的复印件报总承包单位备案"，答案只需把资料的名称写出即可。而本题问的是"提交哪些资料进行备案"，所有资料名称后必须加"复印件"三个字，未加的考生一律不给分。

问题5：事件五中，施工产生的固体废物的主要处理方法有哪些？

答案：
（1）回收利用；
（2）减量化处理；
（3）焚烧；
（4）稳定和固化；
（5）填埋。

知识点引申

固体废物处理的基本思想：资源化、减量化、无害化。

问题6：事件六中，甲施工单位的索赔是否成立？说明理由。在施工过程中，施工索赔的起因有哪些？

答案：
（1）甲施工单位的索赔不成立。

理由：雨季施工时排水费用可能会增加是一个有经验的承包商能预见的，属于承包单位应承担的风险。另外，排水费属于措施项目费，双方合同约定措施项目费包干使用。

（2）施工索赔的起因包括：
① 合同对方违约；
② 合同错误；
③ 合同变更；
④ 工程环境变化；
⑤ 不可抗力因素。

案例40 2012年一建建筑案例真题五（有改动）

关键词索引：平面控制测量、防火设施、节水、施工升降机检查项目、回填土密实度不符合要求

背景资料

某施工单位承接了两栋住宅楼工程，总建筑面积65000m²，基础均为筏板基础（上反梁结构），地下2层，地上30层，地下结构连通，上部为两个独立单体一字形设置，设计形式一致，地下室外墙南北向的距离40m，东西向的距离120m。

施工过程中发生了以下事件：

事件一：项目经理部首先安排了测量人员进行平面控制测量定位，测量人员很快提交了测量成果，为工程施工奠定了基础。

事件二：项目经理部编制防火设施平面布图后，立即由施工人员按此图进行施工。在基坑上口周边的四个转角处分别设置了临时消火栓。在60m²的木工棚内配备了2只灭火器及相关消防辅助工具，消防检查时对此提出了整改意见。

事件三：基坑及土方施工时设置了降水井，项目经理部针对本工程具体情况制定了《×××工程绿色施工方案》，对"四节一环保"提出了具体技术措施，实施中取得了良好的效果。

事件四：结构施工至12层后，项目经理部按计划设置了外用电梯，相关部门根据《建筑施工安全检查标准》JGJ 59—2011中《施工升降机检查评分表》的内容逐项进行检查，并通过验收，准许使用。

事件五：房心回填土施工时正值雨季，土源紧缺，工期较紧，项目经理部在回填后立即浇筑地面混凝土面层，在工程竣工初验时，该部位地面局部出现下沉，影响使用功能，监理工程师要求项目经理部整改。

问题1：事件一中，测量人员从进场测设到形成细部放样的平面控制测量成果需要经过哪些主要步骤？
答案：
形成平面控制测量结果需要经过的步骤有：

(1) 建立场区控制网；
(2) 建立建筑物施工控制网；
(3) 测设建筑物的主轴线；
(4) 建筑物细部放样。

问题2：事件二中存在哪些不妥之处？并分别写出正确做法。
答案：
不妥1：编制防火设施平面布图后，立即由施工人员按此进行施工。
正确做法：施工组织设计应含有消防安全方案及防火设施平面布置图，按规定报公安监督机关审批或备案后方可实施。
不妥2：在基坑上口周边的四个转角处分别设置了临时消火栓。
正确做法：消火栓应沿消防车道或堆料场内交通道路的边缘设置。
不妥3：在60m²的木工棚内配备了2只灭火器。
正确做法：木工棚内每25m²配备1只灭火器，60m²应配备3只灭火器。

问题3：事件三中，结合本工程实际情况，《XXX工程绿色施工方案》在节水方面应提出哪些主要技术要点？
答案：
本工程在节水方面应提出以下主要技术要点：
(1) 现场机具、设备、车辆冲洗、喷洒路面、绿化浇灌等用水，优先采用本工程降水井抽取的地下水；
(2) 将使用本工程抽取的地下水养护混凝土；
(3) 设立临时蓄水池，前期降水可进行蓄水收集，后期可利用地水泵房作为蓄水池，以备高层混凝土结构养护使用；
(4) 高层混凝土结构养护后，可在下部设置简易的水收集系统，重复利用。

本题应注意"结合本工程实际情况"，很多考生往往忽略这些关键字，而是看到节水的技术措施，就将教材原文搬到考卷上，没有切中命题出发点。

本案例背景介绍施工需要进行降水，那么最有效的节水措施就应该是充分利用降水的地下水，前期土方施工中，冲洗机械，对道路洒水降尘，都可以用这些降水的地下水。另外，本工程是高层建筑，那么混凝土的养护就需要大量的用水，但是有施工常识的考生都会知道，一般情况下降水都是前期降水量很大，到后期就越来越少，所以早期可以设置一些临时的蓄水池，而后期可以利用消防池进行蓄水，对上层的混凝土进行施工养护，并且在上层混凝土进行养护的时候，还可以在下面设置一些水的简易收集和沉淀设施，这样水就可以循环使用。

问题4：事件四中，《施工升降机检查评分表》检查项目包括哪些内容？
答案：
检查项目包括：

（1）保证项目应包括：安全装置、限位装置、防护设施、附墙架、钢丝绳、滑轮与对重、安拆、验收与使用。

（2）一般项目应包括：导轨架、基础、电气安全、通信装置。

【解析】 本问对应的背景信息和提问都有修改。在2012年考的是"《外用电梯检查评分表》检查项目包括哪些内容？"当时教材用的是《建筑施工安全检查标准》JGJ 59—1999，虽然已经出台新的标准《建筑施工安全检查标准》JGJ 59—2011，但当时教材还未及时修改。为了应对2020年的考试，对本问和背景信息做相应的修改。

问题5：分析事件五中导致地面局部下沉的原因有哪些？在利用原填方土料的前提下，写出处理方案中的主要施工步骤。

答案：

（1）导致地面局部下沉的原因有：

① 土的含水率过大或过小，因而达不到最优含水率下的密实度要求。

② 填方土料不符合要求。

③ 碾压或夯实机具能量不够，达不到影响深度要求，使土的密实度降低。

（2）处理方案中的主要施工步骤包括：

① 拆除混凝土垫层和面层。

② 将不符合要求的土料掺入石灰、碎石等夯实加固。

③ 对于含水率过大的土层，翻松晾晒、重新夯实。

④ 对于含水率过小或碾压机能量过小时，增加夯实遍数，或使用大功率压实机碾压。

⑤ 房心回填土处理完毕后，重新浇筑混凝土垫层和面层。

【解析】 本问地面局部下沉的实质是回填土密实度达不到要求，答题难度在第2问"利用原填方土料的前提下，写出处理方案的主要施工步骤"，即不能出现换土回填之类的答案。很多考生会按照教材的内容全部抄上去，这是要扣分的，因为没有紧跟题目信息作答。

案例41 2011年一建建筑案例真题一（有改动）

关键词索引：钢筋复试及冷拉调直、专家论证、模板支撑体系图改错、女儿墙卷材根部漏水

背景资料

某公共建筑工程，建筑面积22000m²，地下2层，地上5层，层高3.2m，钢筋混凝土框架结构。大堂1~3层中空，大堂顶板为钢筋混凝土井字梁结构。屋面设有女儿墙，屋面防

水材料采用 SBS 卷材,某施工总承包单位承担施工任务。

合同履行过程中,发生了下列事件:

事件一:施工总承包单位进入现场后,采购了 110t Ⅱ 级钢,钢筋出厂合格证明资料齐全。施工总承包单位将同一炉罐号的钢筋组批,在监理工程师见证下取样复试。复试合格后,施工总承包单位在现场采用冷拉方法调直钢筋,冷拉率控制为 3%。监理工程师责令施工总承包单位停止钢筋加工工作。

事件二:施工总承包单位根据《危险性较大的分部分项工程安全管理规定》(建办质〔2018〕31 号),会同建设单位、监理单位、勘察设计单位相关人员,聘请了外单位五位专家及本单位总工程师共计六人组成专家组,对《土方及基坑支护工程施工方案》进行论证。专家组提出了口头论证意见后离开,论证会结束。

事件三:施工总承包单位根据《建筑施工模板安全技术规范》,编制了《大堂顶板模板工程施工方案》,并绘制了《模板及支架示意图》如下。监理工程师审查后要求重新绘制。

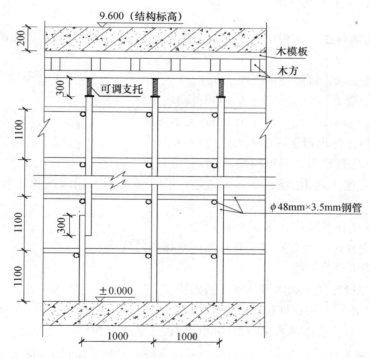

事件四:屋面进行闭水试验时,发现女儿墙根部漏水。经查证,主要原因是转角处卷材开裂,施工总承包单位进行了整改。

问题 1:指出事件一中施工总承包单位做法的不妥之处,分别写出正确做法。

答案:

不妥 1:将同一炉罐号的钢筋组批。

正确做法:钢筋按同一牌号、同一炉罐号、同一规格的钢筋组批,每批重量通常不大于 60t。

不妥2：冷拉率控制为3%。

正确做法：Ⅱ级钢采用冷拉调直，冷拉率不应超过1%。

  Ⅱ级钢是老规范的说法，按新规范指的是HRB335级钢筋。背景中进场的钢筋不是成型钢筋而是原材，故不是30t为一个检验批而是60t为一个检验批，参考规范《钢筋混凝土用钢第2部分：热轧带肋钢筋》GB/T 1499.2—2018中的9.3.2条。

问题2：指出事件二中的不妥之处，并分别说明理由。

答案：

不妥1：聘请了外单位五位专家及本单位总工程师共计六人组成专家组。

理由：本项目参建各方的人员不得以专家身份参加专家论证会。

不妥2：专家组提出了口头论证意见后离开。

理由：专家论证会后，应当形成论证报告，对专项施工方案提出通过、修改后通过或者不通过的一致意见。专家对论证报告负责并签字确认。

问题3：指出事件三中《模板及支架示意图》的不妥之处，分别写出正确做法。

答案：

不妥1：立柱底部直接落在混凝土底板上。

正确做法：钢管立柱底部应设置垫板和可调底座。

不妥2：顶部可调支托伸出钢管300mm。

正确做法：螺杆伸出钢管顶部不大于200mm。

不妥3：立柱底部没有设置纵横扫地杆。

正确做法：在立柱底距地面200mm高处，沿纵横水平方向应按纵下横上的程序设扫地杆。

不妥4：立柱的接长采用搭接。

正确做法：立柱接长严禁搭接，必须采用对接扣件连接。

不妥5：支架未设剪刀撑。

正确做法：应设置竖向和水平的连续剪刀撑。

不妥6：最顶步距水平拉杆设置数量不够。

正确做法：在最顶步距两水平拉杆中间应加设一道水平拉杆。

  本题要求按照《建筑施工模板安全技术规范》JGJ 162—2008作答，但如果按照《建筑施工扣件式钢管脚手架安全技术规范》JGJ 130—2011作答，答案将不一样。

附加题：根据《建筑施工扣件式钢管脚手架安全技术规范》JGJ 130—2011，指出事件三中《模板及支架示意图》的不妥之处，分别写出正确做法。

附加题答案：

不妥1：立柱底部直接落在混凝土底板上。

正确做法：钢管立柱底部宜设置垫板或底座。

不妥 2：钢管采用 φ48mm×3.5mm。

正确做法：钢管宜采用 φ48.3mm×3.6mm，每根钢管的最大质量不应大于 25.8kg。

不妥 3：立柱底部没有设置纵横扫地杆。

正确做法：在立柱底部的水平方向上应按纵下横上的程序设扫地杆。

不妥 4：立柱的接长采用搭接。

正确做法：立柱接长严禁搭接，必须采用对接扣件连接。

不妥 5：支架未设剪刀撑。

正确做法：应设置竖向和水平的连续剪刀撑。

知识点引申

《建筑施工模板安全技术规范》JGJ 162—2008

6.1.9 支撑梁、板的支架立柱构造与安装应符合下列规定：

1. 梁和板的立柱，其纵横间应相等或成倍数。

2. 木立柱底部应设垫木，顶部应设支撑头。钢管立柱底部应设垫木和底座，顶部应设可调支托，U 形支托与楞梁两侧间如有间隙，必须楔紧，其螺杆伸出钢管顶部不得大于 200mm，螺杆外径与立柱钢管内径的间隙不得大于 3mm，安装时应保证上下同心。

3. 在立柱底距地面 200mm 高处，沿纵横水平方向应按纵下横上的程序设扫地杆。可调顶托底部的立柱顶端应沿纵横向设置一道水平拉杆。扫地杆与顶部水平拉杆之间的间距，在满足模板设计所确定的水平拉杆步距要求条件下，进行平均分配确定步距后，在每一步距纵横向应各设一道水平拉杆。当层高在 8～20m 时，在最顶步距两水平拉杆中间应加设一道水平拉杆；当层高大于 20m 时，在最顶步距水平拉杆中间分别增加一道水平拉杆。所有水平拉杆的端部均应与四周建筑物紧密顶牢。无处可顶时，应在水平拉杆端部和中部沿竖向设置连续式剪刀撑。

4. 木立柱的扫地杆、水平拉杆、剪刀撑应采用 40mm×50mm 木条或 25mm×80mm 的木条与木立柱钉牢。钢管立柱的扫地杆、水平拉杆、剪刀撑应采用 φ48×3.5mm 钢管，用扣件与钢管立柱扣牢。木扫地杆、水平拉杆、剪刀撑应采用搭接，并应用钉子钉牢。钢管扫地杆、水平拉杆应采用对接，剪刀撑应采用搭接，搭接长度不得小于 500mm，并应采用 2 个旋转扣件分别在离杆端不小于 100mm 处进行固定。

6.2.4 当采用扣件式钢管作立柱支撑时，其安装构造应符合下列规定：

1. 钢管规格、间距、扣件应符合设计要求。每根立柱底部应设置底座及垫板，垫板厚度不得小于 50mm。

2. 钢管支架立柱间距、扫地杆、水平拉杆、剪刀撑的设置应符合本规范第 6.1.9 条的规定。当立柱底部不在同一高度时，高处的纵向扫地杆应向低处延长不少于两跨，高低差不得大于 1m，立柱距边坡上方边缘不得小于 0.5m。

3. 立柱接长严禁搭接，必须采用对接扣件连接，相邻两立柱的对接接头不得在同步内，且对接接头沿竖向错开的距离不宜小于 500mm，各接头中心距主节点不宜大于步距的 1/3。

4. 严禁将上段的钢管立柱与下段钢管立柱错开固定于水平拉杆上。

5. 满堂模板和共享空间模板支架立柱，在外侧周圈应设由下至上的竖向连续式剪刀撑；中间在纵横向应每隔 10m 左右设由下至上的竖向连续式的剪刀撑，其宽度宜为 4～6m，并在剪刀撑部位的顶部、扫地杆处设置水平剪刀撑。剪刀撑杆件的底端应与地面顶紧，夹角宜为 45°~60°。当建筑层高在 8~20m 时，除应满足上述规定外，还应在纵横向相邻的两竖向连续式剪刀撑之间增加之字斜撑，在有水平剪刀撑的部位，应在每个剪刀撑中间处增加一道水平剪刀撑。当建筑层高超过 20m 时，在满足以上规定的基础上，应将所有之字斜撑全部改为连续式剪刀撑。

问题 4：按先后次序说明事件四中女儿墙根部漏水质量问题的治理步骤。
答案：
（1）将转角处开裂的卷材割开，旧卷材烘烤后分层剥离，清除旧胶结料；
（2）将新卷材分层压入旧卷材下，并搭接粘牢；
（3）在裂缝表面增加一层卷材，四周粘牢。

案例 42　2011 年一建建筑案例真题二

关键词索引：工期、关键线路、土方机械选择依据、基础验收、索赔

背景资料

某办公楼工程，建筑面积 18500m²，现浇钢筋混凝土框架结构，筏板基础。该工程位于市中心，场地狭窄，开挖土方需外运至指定地点。建设单位通过公开招标方式选定了施工总承包单位和监理单位，并按规定签订了施工总承包合同和监理合同。施工总承包单位进场后按合同要求提交了施工总进度计划如下图所示（时间单位：月），并经监理工程师审查和确认。

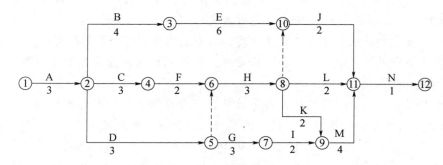

合同履行过程中，发生了下列事件：

事件一：施工总承包单位依据基础形式、工程规模、现场和机具设备条件以及土方机械的特点，选择了挖土机、推土机、自卸汽车等土方施工机械，编制了土方施工方案。

事件二：基础工程施工完成后，在施工总承包单位自检合格、总监理工程师签署"质

量控制资料符合要求"的审查意见基础上,施工总承包单位项目经理组织施工单位质量部门责任人、总监理工程师进行了分部工程验收。

事件三:当施工进行到第 5 个月时,因建设单位要求设计变更导致 B 延期 2 个月,造成施工总承包单位施工机械停工损失费 13000 元和施工机械操作人员窝工费 2000 元。施工总承包单位提出了一项工期索赔和两项费用索赔。

问题1:施工总承包单位提交的施工总进度计划的工期是多少个月?指出该工程总进度计划的关键线路(以节点编号表示)。

答案:

(1) 工期:3 + 3 + 2 + 3 + 2 + 4 + 1 = 18 个月。

(2) 关键线路:①→②→④→⑥→⑧→⑨→⑪→⑫。

问题2:事件一中,施工总承包单位选择土方施工机械的依据还应有哪些?

答案:

(1) 开挖深度;

(2) 地质;

(3) 地下水情况;

(4) 土方量;

(5) 运距;

(6) 工期要求。

问题3:根据《建筑工程施工质量验收统一标准》GB 50300—2013,事件二中,施工总承包单位项目经理组织基础工程验收是否妥当?说明理由。本工程的地基基础验收还应包括哪些人员?

答案:

(1) 项目经理组织基础工程验收:不妥。

理由:基础工程属于分部工程,应由总监理工程师组织验收。

(2) 地基基础验收人员还应包括:

① 勘察单位项目负责人;

② 设计单位项目负责人;

③ 施工单位技术部门责任人;

④ 施工单位项目技术负责人。

解析 题目要求根据《建筑工程施工质量验收统一标准》GB 50300—2013 来作答,按照教材的说法作答的话,和最终的答案会有出入。

知识点引申

验收参加人员（依据《建筑工程施工质量验收统一标准》GB 50300—2013）

验收层次		组织者	必须参加人员
检验批		专业监理工程师	施工单位项目专业质量检查员，专业工长
分项工程			施工单位项目专业技术负责人
分部工程	一般分部	总监理工程师	施工单位项目负责人、项目技术负责人
	基础分部		施工单位项目负责人、项目技术负责人；施工单位技术、质量部门负责人；勘察、设计单位项目负责人
	主体分部 节能分部		施工单位项目负责人、项目技术负责人；施工单位技术、质量部门负责人；设计单位项目负责人
单位工程		建设单位项目负责人	监理、施工、设计、勘察单位项目负责人

注：根据《建筑节能工程施工质量验收标准》GB 50411—2019，节能分部工程验收应由总监理工程师组织并主持，施工单位项目负责人、项目技术负责人和相关专业的负责人、质量检查员、施工员参加；施工单位的质量、技术负责人应参加验收；设计单位项目负责人及相关专业负责人应参加验收；主要设备、材料供应商及分包单位负责人应参加验收。

考试时，看背景和提问依据的是哪部规范，按题作答。

问题4：事件三中，施工总承包单位的三项索赔是否成立？分别说明理由。

答案：

（1）工期索赔不成立。

理由：设计变更理应是建设单位应承担的责任事件，但B工作为非关键工作，其总时差为2个月，延期2个月未超出其总时差，不影响工期。

（2）施工机械停工损失费13000元索赔成立。

理由：设计变更是建设单位应承担的责任事件。

（3）施工机械操作人员窝工费2000元索赔不成立。

理由：施工机械停工损失费已经包含了操作人员的窝工费，不能重复计算。

案例43　2011年一建建筑案例真题三（有改动）

关键词索引：支护结构、基坑降水、专项方案内容、大体积混凝土、安全技术交底

背景资料

某办公楼工程，建筑面积82000m²，地下3层，地上20层，钢筋混凝土框剪结构。距邻近六层住宅楼7m。地基土层为粉质黏土和粉砂，地下水为潜水，地下水位 -9.5m，自然

地面-0.5m。基础为片筏基础，埋深14.5m，基础底板混凝土厚1500mm，水泥采用普通硅酸盐水泥，采取整体连续分层浇筑方式施工。基坑支护工程委托有资质的专业单位施工，降排的地下水用于现场机具、设备清洗。主体结构选择有相应资质的A劳务公司作为劳务分包，并签订了劳务分包合同。

合同履行过程中，发生了下列事件：

事件一：基坑支护工程专业施工单位提出了基坑支护降水采用"排桩+锚杆+降水井"方案，施工总承包单位要求基坑支护降水方案进行比选后确定。在基坑降水的施工方案中说明：采用轻型井点降水，地下水位以下挖土的过程中，基坑降水至基坑坑底标高处，降水工作持续至基础垫层施工完毕。

事件二：该施工单位组织编制深基坑开挖专项施工方案，内容包括：工程概况、编制依据、施工计划、施工工艺技术、计算书及图纸。经专家论证，补充有关内容后按程序通过了审批。

事件三：底板混凝土浇筑完即对混凝土表面进行保温保湿养护，其中保湿养护持续7d。养护至72h时，测温显示混凝土内部温度70℃，混凝土表面温度35℃。养护结束时，底板表面温度与环境最大温差为23℃，为后续工作尽快实施，拆除了表面的保温覆盖层。

事件四：结构施工至第10层时，工期严重滞后。为保证工期，A劳务公司将部分工程分包给了另一家有相应资质的B劳务公司，B劳务公司进场工人100人。因场地狭窄，B劳务公司将工人安排在本工程地下室居住。工人上岗前，项目部安全员向施工作业班组进行了安全技术交底，双方签字确认。

问题1：事件一中，适用于本工程的基坑支护降水方案还有哪些？

答案：

（1）地下连续墙+内支撑+降水井。

（2）排桩+内支撑+截水帷幕+降水井。

【解析】本问难度很大，要求考生有一定的施工经验。

（1）住宅楼距离项目仅7m，而基坑开挖深度为14m（14.5m-0.5m=14m），开挖深度范围内有单体建筑，故基坑安全等级为一级，支护形式只能选地下连续墙和排桩。

（2）地下水位-9.5m，开挖前水位至少降到坑底以下0.5m，必须设置降水井。

（3）降水过程中，为保证基坑外水不渗透至坑内，必须设置截水帷幕；若支护形式为地下连续墙时，可不再设截水帷幕，因为地下连续墙可兼作截水帷幕。

（4）本基坑地下3层，地下开挖深度为14m，单独用地下连续墙或排桩支护无法抵抗周边土体的推力，必须加混凝土内支撑或锚杆。

知识点引申

支护结构选型

结构形式	适用条件
排桩或地下连续墙	(1) 适用于基坑侧壁安全等级一、二、三级； (2) 悬臂式结构在软土场地中不宜大于5m； (3) 当地下水位高于基坑底面时，宜采用降水、排桩加截水帷幕或地下连续墙
水泥土墙	(1) 适用于基坑侧壁安全等级二、三级； (2) 水泥土桩施工范围内地基土承载力不宜大于150kPa； (3) 用于淤泥质土基坑时，基坑深度不宜大于6m
土钉墙	(1) 适用于基坑侧壁安全等级二、三级的非软土场地； (2) 基坑深度不宜大于12m； (3) 当地下水位高于基坑底面时，宜采取降水或截水措施
逆作拱墙	(1) 适用于基坑侧壁安全等级二、三级； (2) 淤泥和淤泥质土场地不宜采用； (3) 基坑深度不宜大于12m； (4) 当地下水位高于基坑底面时，宜采取降水或截水措施

问题2：事件一中基坑降水施工方案有哪些不妥之处，并写出正确做法。

答案：

不妥1：采用轻型井点降水。

正确做法：应采用喷射井点降水。

不妥2：基坑降水至基坑坑底标高处。

正确做法：在地下水位下挖土，应将地下水位降到坑底以下50cm。

不妥3：降水工作持续至基础垫层施工完毕。

正确做法：降水工作应持续到基础（包括地下水位下回填土）施工完成。

知识点引申

降水方法的选择（依据教材）

降水方法	轻型井点	喷射井点	降水管井
土料要求	填土、黏性土、粉土和砂土		碎石土和黄土
渗透系数要求	$1×10^{-7} \sim 2×10^{-4}$cm/s（小）		真空：$>1×10^{-6}$cm/s（大） 非真空：$>1×10^{-5}$cm/s（大）
降水深度	单级：6m以内 多级：6~10m	8~20m	>6m

注：降水深度从地面开始往下计算。

问题3：事件二中深基坑开挖专项施工方案应补充哪些内容？

答案：

深基坑开挖专项施工方案还应补充的内容包括：

(1) 施工安全保证措施；
(2) 施工管理及作业人员配备和分工；
(3) 验收要求；
(4) 应急处置措施。

解析 本问按照"住房城乡建设部办公厅关于实施《危险性较大的分部分项工程安全管理规定》有关问题的通知"（建办质〔2018〕31号），而不是按照教材作答，教材参考的是《危险性较大的分部分项工程安全管理办法》（建质〔2009〕87号），此文件目前已经废止。

问题4：指出事件三中底板大体积混凝土浇筑及养护的不妥之处，并说明正确做法。
答案：
不妥1：保湿养护持续7d。
正确做法：保湿养护持续时间不宜少于14d。
不妥2：混凝土内部温度70℃，混凝土表面温度35℃。
正确做法：采取措施使混凝土内外温差不大于25℃。
不妥3：拆除保温覆盖层时底板表面与大气温差为23℃。
正确做法：拆除保温覆盖时，表面与大气温差不应大于20℃

知识点引申

《大体积混凝土施工标准》GB 50496—2018
3.0.4 大体积混凝土施工温控指标应符合下列规定：
1 混凝土浇筑体在入模温度基础上的温升值不宜大于50℃；
2 混凝土浇筑体里表温差（不含混凝土收缩当量温度）不宜大于25℃；
3 混凝土浇筑体降温速率不宜大于2.0℃/d；
4 拆除保温覆盖时混凝土浇筑体表面与大气温差不应大于20℃。

问题5：指出事件四中的不妥之处，并分别说明理由。
答案：
不妥1：A劳务公司将部分工程分包给B劳务公司。
理由：劳务分包单位再进行分包的行为，属于违法分包。
不妥2：B劳务公司将工人安排在本工程地下室居住。
理由：在建工程内严禁住人。
不妥3：项目部安全员向施工作业班组进行安全技术交底。
理由：施工单位负责项目管理的技术人员向施工作业班组、作业人员进行详细说明（安全技术交底），并由双方签字确认。（《建设工程安全生产管理条例》第二十七条）

解析 "不妥3"的理由，如果是依据《建筑施工安全检查标准》JGJ 59—2011，应该是"施工负责人在分配生产任务时，应对施工作业人员（相关管理人员）进行书面安全技术交底。"

案例44 2011年一建建筑案例真题四（有改动）

关键词索引：项目经理权限、完全成本、成本管理内容、工程价款调整计算、混凝土小型空心砌块、竣工验收备案

背景资料

某写字楼工程，建筑面积120000m^2，地下2层，地上22层，钢筋混凝土框架剪力墙结构，合同工期780d。某施工总承包单位按照建设单位提供的工程量清单及其他招标文件参加了该工程的投标，并以34263.29万元的报价中标。双方依据《建设工程施工合同（示范文本）》GF－2017－0201签订了工程施工总承包合同。

合同约定：本工程采用变动单价合同计价模式；当实际工程量增加或减少超过清单工程量5%时，合同单价予以调整，调整系数为0.95或1.05；投标报价中的钢筋、土方的全费用综合单价分别为5800元/t、32元/m^3。

合同履行过程中，发生了下列事件：

事件一：施工总承包单位任命李某为该工程的项目经理，并规定其有权决定授权范围内的项目资源使用。

事件二：施工总承包单位项目部对合同造价进行了分析。各项费用为：人材机费26168.22万元，管理费4710.28万元，利润1308.41万元，规费945.58万元，税金1130.80万元。

事件三：施工总承包单位项目部对清单工程量进行了复核。其中：钢筋实际工程量为9600t，钢筋清单工程量为10176t；土方实际工程量30240m^3，土方清单工程量为28000m^3。施工总承包单位向建设单位提交了工程价款调整报告。

事件四：普通混凝土小型空心砌块施工中，项目部采用的施工工艺有：小砌块使用时充分浇水湿润；砌块底面朝上反砌于墙上；芯柱砌块砌筑完成后立即进行该芯柱混凝土浇灌工作；外墙转角处的临时间断处留直槎，砌成阴阳槎，并设拉结筋。监理工程师对施工工艺提出了整改要求。

事件五：建设单位在竣工验收后，向备案机关提交的工程竣工验收报告包括工程报建日期、施工许可证号、施工图设计审查意见等内容和验收人员签署的竣工验收原始文件，备案机关要求补充。

问题1：根据《建设工程项目管理规范》GB/T 50326—2017的规定，事件一中，项目经理的权限还应有哪些？

答案：

（1）参与项目招标、投标和合同签订；

(2) 参与组建项目管理机构；
(3) 参与组织对项目各阶段的重大决策；
(4) 主持项目管理机构工作；
(5) 在组织制度的框架下制定项目管理机构管理制度；
(6) 参与选择并直接管理具有相应资质的分包人；
(7) 参与选择大宗资源的供应单位；
(8) 在授权范围内与项目相关方进行直接沟通；
(9) 法定代表人和组织授予的其他权利。

【解析】 本问对原真题的问题做了相应的修改，2011年的真题是根据《建设工程项目管理规范》GB/T 50326—2006 作答，但此规范目前已经废止。为了适应2020年考试备考，调整为根据《建设工程项目管理规范》GB/T 50326—2017 作答。

问题2：事件二中，按照"完全成本法"核算，施工总承包单位的成本是多少？项目部的成本管理应包括哪些方面的内容？

答案：

(1) 完全成本 = 26168.22 + 4710.28 + 945.58 = 31824.08 万元

(2) 项目部的成本管理包括：

① 确定成本目标；

② 进行成本预测；

③ 编制成本计划；

④ 实施成本控制；

⑤ 开展成本核算；

⑥ 做好成本分析；

⑦ 编制成本报表。

知识点引申

施工项目成本 （现场施工成本）	(1) 所消耗的主、辅材，构配件，周转材料的摊销费或租赁费；（材） (2) 施工机械的使用费和租赁费；（机） (3) 支付给生产工人的工资、奖金；（人） (4) 施工措施费； (5) 现场施工管理费
完全成本	(1) 将企业生产经营发生的一切费用全部吸收到产品成本之中（不包括利润和税金）； (2) 公式：完全成本 = 现场施工成本 + 规费 + 施工企业管理费

问题3：事件三中，施工总承包单位的钢筋和土方工程价款是否可以调整？为什么？列式计算调整后的价款分别是多少万元？

答案：

(1) 钢筋价款可以调整。理由：(10176 - 9600)/10176 = 5.66% > 5%。

钢筋调整后结算价款：$9600 \times 5800 \times 1.05 = 5846.40$ 万元。

（2）土方工程价款可以调整。因为 $(30240-28000)/28000 = 8\% > 5\%$。

土方调整后结算价款：$28000 \times 1.05 \times 32 + (30240 - 28000 \times 1.05) \times 32 \times 0.95 = 96.63$ 万元。

问题4：指出事件四中的不妥之处，分别说明正确做法。

答案：

不妥1：小砌块使用时充分浇水湿润。

正确做法：小砌块使用时不需浇水，当天气炎热干燥时，宜在砌筑前喷水湿润。

不妥2：芯柱砌块砌筑完成后立即进行该芯柱混凝土浇灌工作。

正确做法：芯柱砌块砌筑完成后，清除空洞内的杂物，并用水冲淋孔壁，待砌筑砂浆强度大于1MPa时，方可进行该芯柱混凝土浇灌工作。

不妥3：外墙转角处的临时间断处留直槎。

正确做法：墙体转角处应同时砌筑，临时间断处应砌成斜槎。

知识点引申

斜槎长高比

（1）混凝土小型空心砌块：斜槎水平投影长度不应小于斜槎高度，即长高比≥1。

（2）普通砖砌体：斜槎长高比≥2/3。

（3）多孔砖砌体：斜槎长高比≥1/2。

问题5：事件五中，建设单位还应补充哪些单位签署的质量合格文件？

答案：

备案时还需补充的质量合格文件有：

（1）施工单位签署的工程质量保修书；

（2）规划、环境保护部门出具的认可文件；

（3）公安消防部门出具的验收合格文件。

解析 本题问的是竣工验收备案还应补充哪些质量合格文件，由于《竣工验收备案表》不属于质量合格文件，所以本题答案不应写《竣工验收备案表》，虽然它是竣工验收备案需要提交的资料之一。

知识点引申

竣工验收报告内容

（1）工程概况；

（2）建设单位执行基本建设程序情况；

（3）对工程勘察、设计、施工、监理等方面的评价；

（4）工程竣工验收时间、程序、内容和组织形式；

（5）工程竣工验收意见。

案例 45 2011年一建建筑案例真题五

关键词索引：项目管理实施规划编制程序、总平面图现场管理总体要求、项目安全管理、总分包做法、违反节能规定法律责任、诚信行为记录

背景资料

某建筑工程，建筑面积35000m²；地下2层，筏板基础；地上25层，钢筋混凝土框架剪力墙结构。室内隔墙采用加气混凝土砌块。建设单位依法选择了施工总承包单位，签订了施工总承包合同。合同约定：室内墙体等材料由建设单位采购；建设单位同意施工总承包单位将部分工程依法分包和管理。

合同履行过程中，发生了下列事件：

事件一：施工总承包单位的项目经理安排项目技术负责人组织编制《项目管理实施规划》，并提出了编制工作程序和施工总平面图现场管理总体要求。施工总平面图现场管理总体要求包括"安全有序""不损害公众利益"两项内容。

事件二：施工总承包单位编制了《项目安全管理计划》，内容包括"项目安全管理目标""项目安全管理组织机构和职责""项目安全管理主要措施与要求"三方面内容，并规定项目安全管理工作贯穿施工阶段。

事件三：施工总承包单位按照"分包单位必须具有营业许可证、必须经过建设单位同意"分包单位选择原则，选择了裙房结构工程的分包单位。双方合同约定分包工程技术资料由分包单位整理、保管，并承担相关费用。分包单位以建设单位同意为由，直接向建设单位申请支付分包工程款。

事件四：建设单位采购的一批墙体砌块经施工总承包单位进场检验发现，墙体砌块导热性能指标不符合设计文件要求。建设单位以指标值偏差不大为由，书面指令施工总承包单位使用该批砌块，施工总承包单位执行了指令。监理单位对此事发出了整改通知，并报告了主管部门。地方行政主管部门依法查处了这一事件。

事件五：地方行政主管部门对施工总承包单位违反施工规范强制性条文的行为，在当地建筑市场诚信记录平台上进行了公布，公布期限为6个月。公布后，当地地方行政主管部门结合企业整改情况，将公布期限调整为4个月。国家住房城乡建设部在全国进行了公布，公布期限4个月。

问题1：事件一中，项目经理的做法有何不妥？项目管理实施规划编制工作程序包括哪些内容？施工总平面图现场管理总体要求还应包括哪些内容？

答案：

（1）项目经理做法不妥之处：项目经理安排项目技术负责人组织编制《项目管理实施

规划》。

（2）项目管理实施规划编制工作程序：
① 了解相关方的要求；
② 分析项目具体特点和环境条件；
③ 熟悉相关法规和文件；
④ 实施编制活动；
⑤ 履行报批手续。

（3）施工总平面图现场管理总体要求还有：
① 满足施工需要；
② 现场文明；
③ 整洁卫生；
④ 不扰民；
⑤ 绿色环保。

问题2：事件二中，项目安全管理计划还应包括哪些内容？工程总承包单位安全管理工作应贯穿哪些阶段？

答案：
（1）项目安全管理计划还应包括内容：
① 项目危险源辨识、风险评估与控制；
② 对从事危险环境下作业人员的培训教育计划；
③ 对危险源及其风险规避的宣传与警示方式；
④ 项目生产安全事故应急救援预案的演练计划。
（2）工程总承包单位安全管理工作应贯穿设计、采购、施工、试运行各阶段。

问题3：指出事件三中施工总承包单位和分包单位做法的不妥之处，分别说明正确做法。

答案：
不妥1：分包单位选择的原则不全面。
正确做法：分包单位选择原则还应包括：分包单位资质必须符合工程类别的要求；主体结构工程必须自行完成。（依据《建筑法》二十九条）
不妥2：裙房结构工程进行分包。
正确做法：裙房结构工程属于主体工程，主体工程必须由总承包单位自行完成。
不妥3：双方合同约定分包工程技术资料由分包单位整理、保管。
正确做法：分包工程技术资料由分包单位整理、立卷后，及时移交总包单位。
不妥4：分包单位直接向建设单位申请支付分包工程款。
正确做法：分包单位应向总包单位申请支付分包工程款。

问题 4：依据《民用建筑节能管理规定》，地方行政主管部门就事件四，可以对建设单位、施工单位、监理单位给予怎样的处罚？

答案：

（1）对建设单位的处罚：责令改正，处 20 万元以上 50 万元以下的罚款。

（2）对施工单位的处罚：责令改正，处合同价 2% 以上 4% 以下的罚款。

（3）对监理单位的处罚：无。

问题 5：事件五中，地方行政主管部门及国家住房城乡建设部公布诚信行为记录的做法是否妥当？全国、省级行政主管部门对不良诚信行为记录的公布期限各是多少？

答案：

（1）当地行政主管部门对不良行为记录公布的做法妥当。

（2）住房城乡建设部对不良行为记录公布的做法妥当。

（3）省级行政主管部门对不良行为记录的公布期限为 6 个月至 3 年，根据整改情况可调整，但最短不小于 3 个月。

（4）国家行政主管部门对不良行为记录的公布期限与省级相同。

案例 46　2010 年一建建筑案例真题一

关键词索引：工期计算、关键线路、分包与业主关系、索赔、成倍节拍流水施工

背景资料

某办公楼工程，地下 1 层，地上 10 层，现浇钢筋混凝土框架结构，预应力管桩基础。建设单位与施工总承包单位签订了施工总承包合同，合同工期为 29 个月。按合同约定，施工总承包单位将预应力管桩工程分包给了符合资质要求的专业分包单位。施工总承包单位提交的施工总进度计划如图 1 所示（时间单位：月），该计划通过了监理工程师的审查和确认。

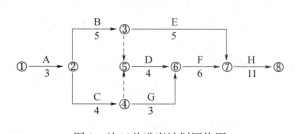

图 1　施工总进度计划网络图

合同履行过程中，发生了如下事件：

事件一：专业分包单位将管桩专项施工方案报送监理工程师审批，遭到了监理工程师拒绝。在桩基施工过程中，由于专业分包单位没有按设计图纸要求对管桩进行封底施工，监理工程师向施工总承包单位下达了停工令，施工总承包单位认为监理工程师应直接向专业分包单位下达停工令，拒绝签收停工令。

事件二：在工程施工进行到第7个月时，因建设单位提出设计变更，导致G工作停止施工1个月。由于建设单位要求按期完工，施工总承包单位据此向监理工程师提出了赶工费索赔。根据合同约定，赶工费标准为18万元/月。

事件三：在H工作开始前，为了缩短工期，施工总承包单位将原施工方案中H工作的异节奏流水施工调整为成倍节拍流水施工。原施工方案中H工作异节奏流水施工横道图如图2所示（时间单位：月）。

施工工序	施工进度（月）										
	1	2	3	4	5	6	7	8	9	10	11
P	Ⅰ		Ⅱ			Ⅲ					
R					Ⅰ	Ⅱ	Ⅲ				
Q						Ⅰ		Ⅱ		Ⅲ	

图2　H工作异节奏流水施工横道图

问题1：施工总承包单位计划工期能否满足合同工期要求？为保证工程进度目标，施工总承包单位应重点控制哪条施工线路？

答案：

（1）本工程计划工期：3＋5＋4＋6＋11＝29月，计划工期能够满足合同工期的要求。

（2）应重点控制关键线路：A→B→D→F→H（或①→②→③→⑤→⑥→⑦→⑧）。

问题2：事件一中，监理工程师及施工总承包单位的做法是否妥当？分别说明理由。

答案：

（1）监理工程师做法妥当。

理由：专业分包单位与建设单位没有合同关系，分包单位不得与建设单位或监理单位直接发生工作联系。

（2）施工总承包单位做法不妥当。

理由：专业分包单位与建设单位没有合同关系，分包工程出现质量问题，监理工程师只能向总承包单位发指令，总承包单位再要求分包单位停工。

问题3：事件二中，施工总承包单位可索赔的赶工费为多少万元？说明理由。

答案：

施工总承包单位不能提出赶工费的索赔。

理由：尽管设计变更是建设单位应承担的责任事件，但 G 工作为非关键工作，其总时差为 2 个月，停工 1 个月，没有超过总时差，不影响工期，不需要赶工。

问题 4：事件三中，流水施工调整后，H 工作相邻工序的流水步距为多少个月？工期可缩短多少个月？按照图 2 格式绘制出调整后 H 工作的施工横道图。

答案：

（1）各施工工序流水节拍分别是：工序 P 为 2 个月，工序 R 为 1 个月，工序 Q 为 2 个月。

流水步距：流水节拍最大公约数，即 $K = 1$ 个月。

（2）工期缩短

① 各工序需对组数：$b_P = 2/1 = 2$；$b_R = 1/1 = 1$；$b_Q = 2/1 = 2$。

② 对组数总和 $N = 2 + 1 + 2 = 5$（对组）。

③ 成倍节拍流水施工工期 $T = (M + N - 1) \times K + G = (3 + 5 - 1) \times 1 = 7$ 个月。

④ 工期缩短月数：$11 - 7 = 4$ 个月。

（3）绘图

施工工序	专业队	施工进度（月）						
		1	2	3	4	5	6	7
P	1	Ⅰ		Ⅲ				
P	2		Ⅱ					
R	3			Ⅰ	Ⅱ	Ⅲ		
Q	4				Ⅰ		Ⅲ	
Q	5					Ⅱ		

案例 47　2010 年一建建筑案例真题二（有改动）

关键词索引：安全专项方案、孔洞修补、施焊作业、幕墙隐蔽工程验收记录

背景资料

某办公楼工程，建筑面积 35000m²，地下 2 层，地上 15 层，框架筒体结构，外装修为单元式玻璃幕墙和局部干挂石材。场区自然地面标高为 -2.00m，基础底标高为 -6.90m，地下水位标高 -7.50m，基础范围内土质为粉质黏土层。在建筑物北侧，距外墙轴线 2.5m 处有一自东向西管径为 600mm 的供水管线，埋深 1.80m。

施工单位进场后，项目经理召集项目相关人员确定了基础及结构施工期间的总体部署和主要施工方法：土方工程依据合同约定采用专业分包；底板施工前，在基坑外侧将塔吊安装调试完成；结构施工至地上8层时安装双笼外用电梯；模板拆至5层时安装悬挑卸料平台；考虑到场区将来回填的需要，主体结构外架采用悬挑式脚手架；楼板及柱模板采用木胶合板，支撑体系采用碗扣式脚手架；核心筒采用大钢模板施工。会后相关部门开始了施工准备工作。

合同履行过程中，发生了如下事件：

事件一：施工单位根据工作的总体安排，首先将工程现场临时用电安全专项方案报送监理工程师，得到了监理工程师的确认。随后施工单位陆续上报了其他安全专项施工方案。

事件二：地下1层核心筒拆模后，发现其中一道墙体的底部有一孔洞，监理工程师要求修补，其孔洞大小为0.30m×0.50m。

事件三：装修施工期间，在地上10层，某管道安装工独自对焊工未焊完的管道接口进行施焊，结果引燃了正下方9层用于工程的幕墙保温材料，引起火灾。所幸正在进行幕墙作业的施工人员救火及时，无人员伤亡。

事件四：幕墙施工过程中，施工人员仅对单元式玻璃幕墙防火构造、变形缝及板块间的接缝构造进行了隐蔽记录，监理工程师提出了质疑。

问题1：依据《危险性较大的分部分项工程安全管理规定》（建办质〔2018〕31号），工程自开工至结构施工完成，施工单位应陆续上报哪些安全专项方案？

答案：
（1）基坑开挖专项施工方案；
（2）基坑支护专项施工方案；
（3）玻璃幕墙安装工程专项施工方案；
（4）石材干挂工程专项施工方案；
（5）塔吊安装与拆卸工程专项施工方案；
（6）双笼外用电梯安装与拆卸工程专项施工方案；
（7）悬挑卸料平台工程专项施工方案；
（8）悬挑式脚手架工程专项施工方案。

问题2：事件二中，按步骤说明孔洞修补的做法。

答案：
（1）凿除孔洞内胶结不牢固部分的混凝土至密实部位；
（2）清理表面；
（3）支设模板；
（4）洒水湿润，涂抹混凝土界面剂；
（5）采用比原混凝土强度等级高一级的细石混凝土浇筑密实；
（6）养护至少7d。

解析：参考《混凝土结构工程施工规范》GB 50666—2011 中的 8.9.4 条。

问题3：指出事件三中的不妥之处。

答案：

不妥1：管道安装工进行施焊。

不妥2：施焊作业独自进行。

不妥3：施焊前，作业点下方未采取隔离措施。

知识点引申

电焊工、气焊工从事电气设备安装和电、气焊切割作业时，要有操作证和动作证并配备看火人员和灭火器具，动火前要清除周围的易燃、可燃物，必要时采取隔离等措施，作业后必须确认无火源隐患方可离去。动火证当日当地有效，否则要重新办理动火证手续。

问题4：事件四中，幕墙还有哪些部位或项目需要做隐蔽记录？

答案：

（1）被封闭的保温材料厚度和保温材料的固定；

（2）幕墙周边与墙体的接缝处保温材料的填充；

（3）隔气层；

（4）热桥部位、断热节点；

（5）冷凝水收集和排放构造；

（6）通风换气装置。

案例48 2010年一建建筑案例真题三（有改动和删减）

关键词索引：总分包安全责任、支护结构选型依据、专项施工方案内容、安全警示标志

背景资料

沿海地区某高层办公楼，建筑面积 125000m²，地下3层，地上26层，现浇钢筋混凝土结构，基坑开挖深度 16.30m。建设单位与施工总承包单位签订了施工总承包合同。

合同履行过程中，发生了如下事件：

事件一：施工总承包单位将地下连续墙工程分包给某具有相应资质的专业公司，未报建设单位审批；依据合同约定将装饰装修工程分别分包给具有相应资质的三家装饰装修公司。上述分包合同均由施工总承包单位与分包单位签订，且均在安全管理协议中约定分包工程安全事故责任全部由分包单位承担。

事件二：施工总承包单位将深基坑支护设计委托给专业设计单位，专业设计单位根据地质勘察报告选择了地下连续墙加内支撑支护结构形式。施工总承包单位编制了深基坑开挖专项施工方案，内容包括工程概况、编制依据、施工计划、施工工艺技术。该方案经专家论证，补充了有关内容后，按程序通过了审批。

事件三：施工总承包单位为了提醒、警示施工现场人员时刻认识到所处环境的危险性，随时保持清醒和警惕，在现场出入口和基坑边沿设置了明显的安全警示标志。

问题1：指出事件一中的不妥之处，分别说明理由。
答案：
不妥1：施工总承包单位将地下连续墙工程分包，未报建设单位审批。
理由：施工合同中没有约定，又未经建设单位认可，施工单位将其承包的部分工程交由其他单位施工的属于违法分包。
不妥2：安全管理协议中约定分包工程安全事故责任全部由分包单位承担。
理由：施工总承包单位应对施工现场的安全负总责，分包工程发生安全事故时，施工总承包单位应承担连带责任。

问题2：除地质勘察报告外，基坑支护结构选型依据还有哪些？本工程深基坑开挖专项施工方案还应补充哪些主要内容？
答案：
（1）基坑支护结构选型依据还有：
① 基坑周边环境；
② 开挖深度；
③ 施工作业设备；
④ 施工季节。
（2）深基坑开挖专项施工方案还应补充：
① 施工安全保证措施；
② 施工管理及作业人员配备和分工；
③ 验收要求；
④ 应急处置措施；
⑤ 计算书及相关施工图纸。

【解析】深基坑开挖专项施工方案是根据《危险性较大的分部分项工程安全管理规定》（建办质〔2018〕31号）来补充，以应对2020年的考试。

问题3：事件三中，施工现场还应在哪些位置设置安全警示标志？
答案：
还需在下列位置设置安全警示标志：

(1) 施工起重机械;
(2) 临时用电设施;
(3) 脚手架;
(4) 出入通道口;
(5) 楼梯口;
(6) 电梯井口;
(7) 孔洞口;
(8) 爆破物及有害危险气体和液体存放处等危险部位。

【解析】 本问考点来自《建设工程安全生产管理条例》第二十八条。

知识点引申

安全警示牌:
(1) 分为禁止标志、警告标志、指令标志和提示标志。
(2) 设置的原则:标准、安全、醒目、便利、协调、合理。
(3) 不得设置在门、窗、架体等可移动的物体上。
(4) 多个安全警示牌在一起布置时,应按警告、禁止、指令、提示类型的顺序,先左后右、先上后下的顺序进行排列。各标志牌之间的距离至少应为标志牌尺寸的0.2倍。

案例49 2010年一建建筑案例真题四(有改动)

关键词索引:索赔、钢筋进场质量验证、安全文明施工费计算、优先受偿权、制造成本、完全成本

背景资料

某商业用房建设工程,建筑面积15000m²,地下1层,地上4层。施工单位与建设单位采用《建设工程施工合同(示范文本)》签订了工程施工合同。施工合同约定:工程工期自2009年2月1日至2009年12月31日;工程承包范围为图纸所示的全部土建、安装工程。合同造价中安全文明施工费120万元。

合同履行过程中,发生了如下事件:

事件一:2009年5月12日,工程所在地区发生了7.5级强烈地震,造成施工现场部分围墙倒塌,损失6万元;地下1层填充墙部分损毁,损失10万元;停工及修复共30d。施工单位就上述损失及工期延误向建设单位提出了索赔。

事件二:用于基础底板的钢筋进场时,钢材供应商提供了出厂检验报告和合格证,施工

单位只进行了钢筋规格、外观检查等现场质量验证工作后，即准备用于工程。监理工程师下达了停工令。

事件三：截止到 2009 年 8 月 15 日，建设单位累计支付安全文明施工费共计 50 万元。

事件四：工程竣工结算价款为 5670 万元，其中工程款 5510 万元，利息 70 万元，建设单位违约金 90 万元。工程竣工 5 个月后，建设单位仍没有按合同约定支付剩余款项，欠款总额为 1670 万元（含上述利息及建设单位违约金），随后施工单位依法行使了工程款优先受偿权。

事件五：工程竣工后，项目经理部最终的工程造价进行分析，其构成如下：人工费 860.34 万元，材料费 3165.00 万元，机械费 524.66 万元，施工措施费 200 万元，规费 11.02 万元，企业管理费 332.17 万元（其中施工单位总部企业管理费为 220.40 万元），利润 420 万元，税金 156.81 万元。

问题 1：事件一中，施工单位的索赔是否成立？分别说明理由。
答案：
（1）"施工现场部分围墙倒塌，损失 6 万元"索赔不成立。
理由：7.5 级强烈地震属于不可抗力，围墙倒塌（临时设施）是施工单位应承担的风险事件。
（2）"地下一层填充墙部分损毁，损失 10 万元"索赔成立。
理由：不可抗力事件导致的工程实体损毁应由业主承担。
（3）"停工及修复共 30d"索赔成立。
理由：不可抗力事件导致的工期损失应由业主承担。

问题 2：事件二中，施工单位对进场的钢筋还应做哪些现场质量验证工作？
答案：
进场钢筋还应进行的质量验证工作包括：材料品种、型号、数量、见证取样。

知识点引申

材料试验检验
（1）材料进场时，应提供材料或产品合格证，并进行现场质量验证和记录。
（2）材料质量验证包括材料品种、型号、规格、数量、外观检查和见证取样。
（3）对于项目采购的物资，业主的验证不能代替项目对所采购物资的质量责任；业主采购的物资，项目的验证也不能取代业主对其采购物资的质量责任。
原则：谁采购谁负责。

问题 3：根据《建设工程施工合同（示范文本）》GF－2017－0201，事件三中，建设单位支付的安全文明施工费的金额是否合理？说明理由。截止到 7 月底，至少应支付多少安全文明施工费？
答案：
（1）不合理。
理由：根据《建设工程施工合同（示范文本）》GF－2017－0201，发包人应在开工后

28d 内预付安全文明施工费总额的 50%，即开工后 28d 内至少应付 60 万元（120×50%）。

（2）截止到 7 月底，工程已开工 6 个月。

应付安全文明施工费：120×50% + 120×50% × 6/11 = 92.73 万元。

> **解析** 根据《建设工程施工合同（示范文本）》GF – 2017 – 0201 中 6.1.6 条，除专用合同条款另有约定外，发包人应在开工后 28d 内预付安全文明施工费总额的 50%，其余部分与进度款同期支付。

问题 4：事件四中，施工单位行使工程款优先受偿权可获得多少工程款？行使工程款优先受偿权的起止时间是如何规定的？

答案：

（1）可获得优先受偿的工程款：1670 – 70 – 90 = 1510 万元。

（2）优先受偿权期限为 6 个月，自建设工程竣工验收合格之日起计算。

问题 5：本工程的制造成本和完全成本分别是多少？

答案：

（1）制造成本

直接费用 = 人工费 + 材料费 + 机械费 + 施工措施费 = 860.34 + 3165.00 + 524.66 + 200 = 4750 万元。

间接费用由项目层次的管理费构成，即 332.17 – 220.4 = 111.77 万元。

制造成本 = 直接费用 + 间接费用 = 4750 + 111.77 = 4861.77 万元。

（2）完全成本

完全成本 = 制造成本 + 企业层次管理费 + 规费 = 4861.77 + 220.4 + 11.02 = 5093.19 万元。

知识点引申

制造成本和完全成本：

1. 制造成本（施工成本）= 直接费用 + 间接费用

（1）直接费用：含人工、机械、材料及施工措施费。

（2）间接费用：项目层次的管理费。

2. 完全成本 = 制造成本 + 企业层次管理费 + 规费

案例 50　2010 年一建建筑案例真题五（有改动和删减）

关键词索引：项目管理实施规划、项目沟通管理、夜间施工噪声、收尾管理工作

背景资料

某办公楼工程，建筑面积153000m²，地下2层，地上30层，建筑物总高度136.6m，地下钢筋混凝土结构，地上型钢混凝土组合结构，基础埋深8.4m。

施工单位项目经理根据《建设工程项目管理规范》GB/T 50326—2017，主持编制了项目管理实施规划，包括工程概况、组织方案、设计与技术措施、风险管理计划、项目沟通管理计划、项目收尾管理计划、项目现场平面布置图、项目目标控制计划、技术经济指标等17项内容。

基础工程施工期间，项目经理指派项目技术负责人组织编制了项目沟通管理计划，明确了有效利用第三方调解等消除冲突和障碍的方法。

工程进入地上结构施工阶段，现场晚上11点后不再进行土建作业，但安排了钢结构焊接连续作业。由于受城市交通管制，运输材料、构件的车辆均在凌晨3~6点之间进出现场。项目经理部未办理夜间施工许可证，附近居民投诉：夜间噪声过大，光线刺眼，且不知晓当日施工安排。项目经理派安全员接待了来访人员。之后，项目经理部向政府环境保护部门进行了申报登记，并委托某专业公司进行了噪声检测。

项目收尾阶段，项目经理部依据项目收尾管理计划，开展了各项工作。

问题1：项目管理实施规划还应包括哪些内容（至少列出三项）？

答案：
（1）项目总体工作安排；
（2）进度计划；
（3）质量计划；
（4）成本计划；
（5）安全生产计划；
（6）绿色建造与环境管理计划；
（7）资源需求与采购计划；
（8）信息管理计划。

【解析】本问对背景信息做了相应的修改，因真题中涉及的是《建设工程项目管理规范》GB/T 50326—2006，此规范目前已经废止，故修改为《建设工程项目管理规范》GB/T 50326—2017，以应对2020年考试备考。

问题2：指出上述项目沟通管理计划中的不妥之处，说明正确做法。消除冲突和障碍的方法还有哪些？

答案：
（1）不妥之处及正确做法：

不妥1：基础工程施工期间编制项目沟通管理计划。

正确做法：应在项目运行之前编制。

不妥2：项目经理指派项目技术负责人组织编制项目沟通管理计划。

正确做法：项目经理组织编制项目沟通管理计划。
（2）消除冲突和障碍的方法还有：
① 选择适宜的沟通与协调途径；
② 进行工作交底；
③ 创造条件使项目相关方充分地理解项目计划，明确项目目标和实施措施。

问题 3：根据《建筑施工场界环境噪声排放标准》GB 12523—2011，结构施工阶段昼间和夜间的场界噪声限值分别是多少？针对本工程夜间施工扰民事件，写出项目经理部应采取的正确做法。
答案：
（1）结构施工阶段昼间噪声限值 70dB（A），夜间 55dB（A）。
（2）项目经理部应采取的正确做法：
① 向政府有关部门申请补办夜间施工许可证；
② 及时将本项目夜间施工情况公告社区居民；
③ 夜间施工照明加设灯罩，透光方向集中在施工区域；
④ 现场采取降噪措施，严格控制噪声；
⑤ 电焊作业点尽量远离居民区或在工作面设置蔽光屏障；
⑥ 做好居民的接待、解释和安抚工作。

问题 4：项目收尾管理主要包括哪些方面的管理工作？
答案：
（1）竣工验收；
（2）竣工结算；
（3）竣工决算；
（4）保修期管理；
（5）项目管理总结。

本文所涉及的知识点在教材上并没有，需依据《建设工程项目管理规范》GB/T 50326—2017 作答。但同时应当注意，"收尾的管理工作"和"收尾工作"，答案是不一样的。

知识点引申

《建设工程项目管理规范》GB/T 50326—2017
18.1.2 项目管理机构应实施下列项目收尾工作：
1 编制项目收尾计划；
2 提出有关收尾管理要求；
3 理顺、终结所涉及的对外关系；
4 执行相关标准与规定；
5 清算合同双方的债权债务。

案例51 2007年一建建筑案例真题五

关键词索引：价值工程、赢得值法、现场管理、扬尘

背景资料

某施工单位承接了某项工程的总承包施工任务，该工程由A、B、C、D四项工作组成，为了进行成本控制，项目经理部对各项工作进行了分析，其结果见下表：

工作	功能评分	预算成本（万元）
A	15	650
B	35	1200
C	30	1030
D	20	720
合计	100	3600

工程进展到第25周5层结构时，公司各职能部门联合对该项目进行综合大检查。

检查成本时发现：C工作，实际完成预算费用为960万元，计划完成预算费用为910万元，实际成本为855万元。

检查现场时发现：（1）塔吊与临时生活设施共用一个配电箱，无配电箱检查记录；（2）塔吊由木工班长指挥；（3）现场单行消防通道上乱堆材料，仅剩1m宽左右通道，端头20m×20m场地堆满大模板。（4）脚手架和楼板模板拆除后乱堆乱放，无交底记录。

工程进展到第28周4层结构拆模后，劳务分包方作业人员直接从窗口向外乱抛垃圾造成施工扬尘，工程周围居民因受扬尘影响，有的找到项目经理要求停止施工，有的向有关部门投诉。

问题1：计算下表中A、B、C、D四项工作的功能系数、成本系数和价值系数（将此表复制到答题卡上，计算结果保留小数点后两位）。

工作	功能评分	预算成本（万元）	功能系数	成本系数	价值系数
A	15	650			
B	35	1200			
C	30	1030			
D	20	720			
合计	100	3600			

答案：

工作	功能评分	预算成本（万元）	功能系数	成本系数	价值系数
A	15	650	0.15	0.18	0.83
B	35	1200	0.35	0.33	1.06
C	30	1030	0.30	0.29	1.03
D	20	720	0.20	0.20	1
合计	100	3600	1	1	

问题 2：在 A、B、C、D 四项工作中，应首选哪项工作作为降低成本的对象？说明理由。

答案：

首选 A 工作作为降低成本的对象。

理由：A 工作价值系数最低，降低成本的空间最大。

问题 3：计算并分析 C 工作的费用偏差和进度偏差情况。

答案：

（1）费用偏差 = 已完工作预算费用 − 已完工作实际费用 = 960 − 855 = 105 万元

费用偏差为正，说明 C 工作费用节支 105 万元。

（2）进度偏差 = 已完工作预算费用 − 计划工作预算费用 = 960 − 910 = 50 万元

进度偏差为正，说明 C 工作进度提前 50 万元。

问题 4：根据公司检查现场发现的问题，项目经理部应如何进行整改？

答案：

（1）塔吊与临时生活设施应分别设置配电箱，并做好配电箱检查记录。

（2）塔吊的指挥人员是特种作业人员，应由持特种作业操作资格证上岗的信号工指挥。

（3）立即清理消防车道上的材料，分类码放在材料堆场；端头处应有 12m × 12m 回车场地，大模板运到专门堆放地点，并码放整齐。

（4）脚手架、模板应码放整齐，逐级交底，并形成交底记录。

问题 5：针对本次扬尘事件，项目经理应如何协调和管理？

答案：

（1）向居民做好解释、安抚工作，承诺以后施工过程中不再发生类似事件；

（2）及时与受理该事件投诉的主管部门沟通，以避免对工程施工的不利影响；

（3）按合同规定对劳务分包方进行处罚；

（4）加强对劳务分包作业队伍管理，要求使用封闭式容器或采取其他措施处理高空废弃物，严禁凌空随意抛洒；

（5）加强对管理人员教育，完善现场管理制度，提高现场监管力度。

案例 52 2004 年一建建筑案例真题三（有改动）

关键词索引：招投标

背景资料

某省重点工程项目计划于 2004 年 12 月 28 日开工，由于工程复杂，技术难度高，一般施工队伍难以胜任，业主自行决定采取邀请招标方式。于 2004 年 9 月 8 日向通过资格预审的 A、B、C、D、E 五家施工承包企业发出了投标邀请书。该五家企业均接受了邀请，并于规定时间 9 月 20—22 日购买了招标文件。招标文件中规定，10 月 18 日下午 4 时为投标截止时间，11 月 10 日发出中标通知书。

在投标截止时间前，A、B、D、E 四家企业均提交了投标文件，但 C 企业于 10 月 18 日下午 5 时才送达，原因是中途堵车。10 月 21 日下午由当地招投标监督管理办公室主持进行了公开开标。

评标委员会成员共有 7 人组成，其中当地招投标监督管理办公室 1 人、公证处 1 人、招标人 1 人、技术经济方面专家 4 人。评标时发现 E 企业投标文件虽无法定代表人签字和委托人授权书，但投标文件均已有项目经理签字并加盖了单位公章。评标委员会于 10 月 28 日提出了书面评标报告。B、A 企业分列综合得分第一名、第二名。由于 B 企业投标报价高于 A 企业，11 月 10 日招标人向 A 企业发出了中标通知书，并于 12 月 12 日签订了书面合同。

问题 1：业主自行决定采取邀请招标方式的做法是否妥当？说明理由。
答案：
不妥当。
理由：根据《中华人民共和国招标投标法》规定：省重点工程项目应当公开招标，如因工程复杂、技术难度高，经有关主管部门批准后，方可进行邀请招标。

问题 2：C 企业和 E 企业投标文件是否有效？分别说明理由。
答案：
（1） C 企业投标文件无效。
理由：投标文件应在投标截止时间前提交给招标人，逾期送达，招标人应当拒收。
（2） E 企业投标文件无效。
理由：投标文件需要盖有投标企业公章以及企业法人的名章（或签字），如委托代理人办理投标事宜，应有委托授权书原件。

问题 3：请指出开标工作的不妥之处，并说明理由。
答案：
不妥 1：10 月 21 日下午进行公开开标。

理由：在投标截止时间的同一时间进行开标。

不妥2：当地招投标监督管理办公室主持开标。

理由：应由招标人或招标代理机构主持开标。

问题4：请指出评标委员会成员组成的不妥之处，并说明理由。

答案：

不妥1：评标委员会成员含当地招投标监督管理办公室1人。

理由：评标委员会成员由招标人代表和技术、经济专家组成，政府工作人员不能作为评标委员会成员。

不妥2：评标委员会成员含公证处1人。

理由：评标委员会成员由招标人代表和技术、经济专家组成，公证处的人员不能作为评标委员会成员。

不妥3：评标委员会成员含技术经济方面专家4人。

理由：评标委员会成员组成中，技术、经济专家不得少于成员总数的2/3。评标委员会成员共有7人组成，技术经济方面专家至少应5人。

问题5：招标人确定A企业为中标人是否违规？说明理由。中标人的确定方式有哪些？

答案：

（1）确定A企业为中标人是违规的。

理由：依法必须招标的项目，招标人应确定排名第一的B企业为中标人。

（2）中标人的确定方式有：

① 招标人根据评标委员会提出的书面评标报告和推荐的中标候选人确定中标人；

② 招标人授权评标委员会直接确定中标人；

③ 招标人在招标文件中规定排名第一的中标候选人为中标人。

备注：依据2017年修订的《中华人民共和国招标投标法实施条例》。

问题6：合同签订的日期是否违规？说明理由。

答案：

合同签订的日期：违规。

理由：招标人应当在发出中标通知书后的30日内与中标人签订书面合同。

案例53　2019年二建建筑案例真题一

关键词索引：双代号网络计划调整、设备租赁时长计算、单位工程施工进度计划

背景资料

某洁净厂房工程，项目经理指示项目技术负责人编制施工进度计划，并评估项目总工期。项目技术负责人编制了相应施工进度安排如下图所示，报项目经理审核。项目经理提出：施工进度计划不等同于施工进度安排，还应包含相关施工计划必要组成内容，要求技术负责人补充。

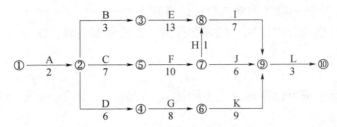

因为本工程采用了某项专利技术，其中工序B、工序F、工序K必须使用某特种设备，且需按"B→F→K"先后顺序施工。该设备在当地仅有一台，租赁价格昂贵，租赁时长计算从进场开始直至设备退场为止，且场内停置等待的时间均按正常作业时间计取租赁费用。

项目技术负责人根据上述特殊情况，对网络图进行了调整，并重新计算项目总工期，报项目经理审批。

项目经理二次审查发现：各工序均按最早开始时间考虑，导致特种设备存在场内停置等待时间。项目经理指示调整各工序的起止时间，优化施工进度安排以节约设备租赁成本。

问题1：写出上图所示网络图的关键线路（用工作表示）和总工期。
答案：
关键线路：A→C→F→H→I→L。
总工期：2+7+10+1+7+3=30周。

问题2：项目技术负责人还应补充哪些施工进度计划的组成内容？
答案：
（1）工程建设概况；
（2）工程施工情况；
（3）单位工程进度计划，分阶段进度计划，单位工程准备工作计划，劳动力需用量计划，主要材料、设备及加工计划，主要施工机械和机具需要量计划，主要施工方案及流水段划分，各项经济技术指标要求等。

解析 本问难在此施工进度计划的组成内容到底是应该写施工总进度计划还是单位工程施工进度计划的内容？要解决此问题，需抓住题目背景中的关键词"某洁净厂房"，据此判断是单位工程。

> **知识点引申**

项目进度报告的内容：
(1) 进度执行情况的综合描述；
(2) 实际施工进度；
(3) 资源供应进度；
(4) 工程变更、价格调整、索赔及工程款收支情况；
(5) 进度偏差状况及导致偏差的原因分析；
(6) 解决问题的措施；
(7) 计划调整意见。

问题3：根据特种设备使用的特殊情况，重新绘制调整后的施工进度计划网络图。调整后的网络图总工期是多少？

答案：

(1) 调整后的施工进度计划网络图如下所示：

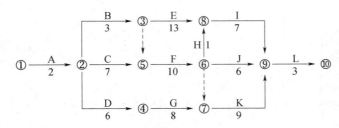

(2) 调整后的网络图关键线路：A→C→F→K→L。

总工期：$2+7+10+9+3=31$ 周。

  本问看似难度不大，属于常规考点，但绘制调整后的施工进度计划网络图时，需要注意的是，工作 F 和工作 K 之间加上虚箭线后，箭尾节点编号是⑦，而箭头节点编号是⑥。⑦→⑥是不符合双代号网络图绘图规则的，故节点编号要重新调整，这一点很多考生都没有注意。

问题4：根据重新绘制的网络图，如各工序均按最早开始时间考虑，特种设备计取租赁费用的时长为多少？优化工序的起止时间后，特种设备应在第几周初进场？优化后特种设备计取租赁费用的时长为多少？

答案：

(1) 按最早开始时间考虑，特种设备计取租赁费用的时长为 $7+10+9=26$ 周。
(2) 优化工序的起止时间后，应在第6周初进场。
(3) 优化后特种设备计取费用时长为 $3+1+10+9=23$ 周。

本问难度很大，完全超出二级建造师甚至一级建造师考试难度。

难度一：工作 B 的总时差是3周，而不是4周。所以工作 B 按最迟开始时间开始时，工作 B 和工作 F 之间还是存在 1 周的间隔时间的。

难度二："第几周初进场"这个问题很多考生没有把握好，优化工序起止时间后（即按最迟开始时间开始），工作 B 应该是 5 周进场，如果写成第 5 周初进场就不对，应该写成第 6 周初进场。如工作 A 最迟开始时间是 0，不能说第 0 周初进场，因为这种说法不存在，应该说成是第 1 周初进场。

案例 54 2019 年二建建筑案例真题二

关键词索引：项目检测试验计划、钢筋原材复试项目、强度等级不同构件混凝土浇筑、竣工验收程序、资料移交程序

背景资料

某办公楼工程，建筑面积 24000m²，地下 1 层，地上 12 层，筏板基础，钢筋混凝土框架结构，砌筑工程采用蒸压灰砂砖砌体。建设单位依据招投标程序选定了监理单位及施工总承包单位，并约定部分工作允许施工总承包单位自行分包。

施工总承包单位进场后，项目质量总监组织编制了项目检测试验计划，经施工企业技术部门审批后实施。建设单位指出项目检测试验计划编制与审批程序错误，要求项目部调整后重新报审。第一批钢筋原材到场，项目试验员会同监理单位见证人员进行见证取样，对钢筋原材相关性能指标进行复检。

本工程混凝土设计强度等级：梁板均为 C30，地下部分框架柱为 C40，地上部分框架柱为 C35。施工总承包单位针对梁柱核心区（梁柱节点部位）混凝土浇筑制定了专项技术措施：拟采取竖向结构与水平结构连续浇筑的方式：地下部分梁柱核心区中，沿柱边设置隔离措施，先浇筑框架柱及隔离措施内的 C40 混凝土，再浇筑隔离措施外的 C30 梁板混凝土；地上部分，先浇筑柱 C35 混凝土至梁柱核心区底面（梁底标高处），梁柱核心区与梁、板一起浇筑 C30 混凝土。针对上述技术措施，监理工程师提出异议，要求修正其中的错误和补充必要的确认程序，现场才能实施。

工程完工后，施工总承包单位自检合格，再由专业监理工程师组织了竣工预验收。根据预验收所提出问题施工单位整改完毕，总监理工程师及时向建设单位申请工程竣工验收，建设单位认为程序不妥拒绝验收。

项目通过竣工验收后，建设单位、监理单位、设计单位、勘察单位、施工总承包单位与分包单位会商竣工资料移交方式，建设单位要求各参建单位分别向监理单位移交资料，监理单位收集齐全后统一向城建档案馆移交。监理单位以不符合程序为由拒绝。

问题 1：针对项目检测试验计划编制、审批程序存在的问题，给出相应的正确做法，钢筋原材的复检项目有哪些？

答案：

（1）存在问题及正确做法

问题 1：项目质量总监组织编制了项目检测试验计划。

正确做法：施工项目技术负责人组织编制项目检测试验计划。

问题 2：项目检测试验计划经施工企业技术部门审批后实施。

正确做法：项目检测试验计划应报送监理单位进行审查，合格后方可实施。

（2）钢筋原材复验项目包括：屈服强度、抗拉强度、伸长率、重量偏差和弯曲性能。

问题 2：针对混凝土浇筑措施监理工程师提出的异议，施工总承包单位应修正和补充哪些措施和确认？

答案：

（1）地下部分应修正补充：应在交界区域采取分隔措施。分隔位置应在梁板构件中，且距离框架柱构件边缘不应小于 500mm。

（2）地上部分应补充确认程序：柱、墙位置梁、板高度范围内的混凝土经设计单位同意，可采用强度等级为 C30 的混凝土进行浇筑。

知识点引申

《混凝土结构工程施工规范》GB 50666—2011

8.3.8 柱、墙混凝土设计强度等级高于梁、板混凝土设计强度等级时，混凝土浇筑应符合下列规定：

（1）柱、墙混凝土设计强度比梁、板混凝土设计强度高一个等级时，柱、墙位置梁、板高度范围内的混凝土经设计单位同意，可采用与梁、板混凝土设计强度等级相同的混凝土进行浇筑。

（2）柱、墙混凝土设计强度比梁、板混凝土设计强度高两个等级及以上时，应在交界区域采取分隔措施。分隔位置应在低强度等级的构件中，且距高强度等级构件边缘不应小于 500mm。

（3）宜先浇筑高强度等级混凝土，后浇筑低强度等级混凝土。

问题 3：指出竣工验收程序有哪些不妥之处？并写出相应正确做法。

答案：

不妥 1：专业监理工程师组织竣工预验收。

正确做法：应由总监理工程师组织竣工预验收。

不妥 2：总监理工程师向建设单位申请工程竣工验收

正确做法：预验收通过后，施工单位向建设单位提交工程竣工报告，申请工程竣工验收。

问题 4：针对本工程的参建各方，写出正确的竣工资料移交程序。

答案：

（1）施工单位向建设单位移交施工资料；

（2）实行施工总承包的，各专业分包单位向施工总承包单位移交施工资料；
（3）监理单位向建设单位移交监理资料；
（4）建设单位向当地城建档案管理部门移交工程档案。

案例 55　2019 年二建建筑案例真题三

关键词索引：基坑周边环境监测、专项施工方案和专家论证、施工升降机保证项目、室内环境污染物检测

背景资料

某住宅工程，建筑面积 21600m²，基坑开挖深度 6.5m，地下 2 层，地上 12 层，筏板基础，现浇钢筋混凝土剪力墙结构。工程场地狭小，基坑上口北侧 4m 处有 1 栋 6 层砖泥结构住宅楼，东侧 2m 处有一条埋深 2m 的热力管线。

工程由某总承包单位施工，基坑支护由专业分包单位承担，基坑支护施工前，专业分包单位编制了基坑支护专项施工方案，分包单位技术负责人审批签字后报总承包单位备案并直接上报监理单位审查，总监理工程师审核通过。随后分包单位组织了 3 名符合相关专业要求的专家及参建各方相关人员召开论证会，形成论证意见："方案采用土钉喷护体系基本可行，需完善基坑监测方案，修改完善后通过"。分包单位按论证意见进行修改后拟按此方案实施，但被建设单位技术负责人以不符合相关规定为由要求整改。

主体结构施工期间，施工单位安全主管部门进行施工升降机安全专项检查，对该项目升降机的限位装置、防护设施、安拆、验收与使用等保证项目进行了全数检查，均符合要求。

施工过程中，建设单位要求施工单位在 3 层进行了样板间施工，并对样板间室内环境污染物浓度进行检测，检测结果合格。工程交付使用前对室内环境污染物浓度检测时，施工单位以样板间已检测合格为由将抽检房间数量减半，共抽检 7 间，经检测甲醛浓度超标。施工单位查找原因并采取措施后对原检测的 7 间房间再次进行检测，检测结果合格，施工单位认为达标，监理单位提出不同意见，要求调整抽检的房间并增加抽检房间数量。

问题 1：根据本工程周边环境现状，基坑工程周边环境必须监测哪些内容？
答案：
（1）坑外地形的变形监测；
（2）邻近建筑物的沉降和倾斜监测；
（3）地下管线的沉降和位移监测。

知识点引申

支护结构监测内容

(1) 对围护墙侧压力、弯曲应力和变形的监测；
(2) 对支撑（锚杆）轴力、弯曲应力的监测；
(3) 对腰梁（围檩）轴力、弯曲应力的监测；
(4) 对立柱沉降、抬起的监测。

问题 2：本项目基坑支护专项施工方案编制到专家论证的过程有何不妥？并说明正确做法。

答案：

不妥 1：分包单位技术负责人审批签字后报总承包单位备案并直接上报监理单位审查。

正确做法：应由总承包单位技术负责人及分包单位技术负责人共同审核签字并加盖单位公章，再由总监理工程师审查签字、加盖执业印章。

不妥 2：分包单位组织专家论证。

正确做法：施工总承包单位组织专家论证。

不妥 3：由 3 名符合相关专业要求的专家组成专家组。

正确做法：应由 5 名及以上符合相关专业要求的专家组成专家组。

不妥 4：分包单位按论证意见修改后实施。

正确做法：按论证意见修改后需重新履行审批手续。

问题 3：施工升降机检查和评定的保证项目除背景资料中列出的项目外还有哪些？

答案：

安全装置、附墙架、钢丝绳、滑轮与对重。

知识点引申

"物料提升机"检查评定保证项目包括：安全装置、防护措施、附墙架与缆风绳、钢丝绳、安拆、验收与使用。

"塔式起重机"检查评定保证项目包括：载荷限制装置、行程限位装置、保护装置、吊钩、滑轮、卷筒与钢丝绳、多塔作业、安拆、验收与使用。

"起重吊装"检查评定保证项目包括：施工方案、起重机械、钢丝绳与地锚、索具、作业环境、作业人员。

问题 4：施工单位对室内环境污染物抽检房间数量减半的理由是否成立？并说明理由。请说明再次检测时对抽检房间的要求和数量。

答案：

(1) 抽检房间数量减半理由：成立。

理由：民用建筑工程验收中，凡进行样板间室内环境污染物浓度检测且检测结果合格的，抽检数量减半，并不得少于 3 间。

(2) 再次检测时对抽检房间要求：抽检量应增加一倍，并应包含同类型房间及原不合格房间。

抽检数量：应增加 1 倍，共需检测 14 间房间。

解析 本问的第2小问答案，很多考生认为需检测28间房间。理由是：减半之后抽检数量是7间，说明正常抽检是14间房，抽检不合格的话，需在原检测数量的基础上翻倍，即需抽检28间。

这个答题思路存在两个漏洞，一是否定样板间检测合格这样一个事实，二是减半之后抽检数量是7间，正常检测一定是14间房吗？正常检测13间房减半后难道不是7间吗？所以，我认为要在样板间检测合格这一事实的前提下来判断。

案例56　2019年二建建筑案例真题四

关键词索引： 招标文件、通用措施费用项目、转包及违法分包、索赔

◆ 背景资料 ▶

沿海地区某群体住宅工程，包含整体地下室、8栋住宅楼、1栋物业配套楼以及小区公共区域园林绿化等，业态丰富、体量较大，工期暂定3.5年。招标文件约定：采用工程量清单计价模式，要求投标单位充分考虑风险，特别是通用措施费用项目均应以有竞争力的报价投标，最终按固定总价签订施工合同。招标过程中，投标单位针对招标文件不妥之处向建设单位申请答疑，建设单位修改招标文件后履行完招标流程，最终确定施工单位A中标，并参照《建设工程施工合同（示范文本）》GF－2017－0201与A单位签订施工承包合同。

施工合同中允许总承包单位自行合法分包，A单位将物业配套楼整体分包给B单位，公共区域园林绿化分包给C单位（该单位未在施工现场设立项目管理机构，委托劳务队伍进行施工）、自行施工的8栋住宅楼的主体结构工程劳务（含钢筋、混凝土主材与模架等周转材料）分包给D单位，上述单位均具备相应施工资质。地方建设行政主管部门在例行检查时提出不符合《建筑工程施工转包违法分包等违法行为认定查处管理办法》（建市〔2014〕118号）相关规定要求整改。

在施工过程中，当地遭遇罕见强台风，导致项目发生如下情况：

① 整体中断施工24d；
② 施工人员大量窝工，发生窝工费用88.4万元；
③ 工程清理及修复发生费用30.7万元；
④ 为提高后续抗台风能力，部分设计进行变更，经估算涉及费用22.5万，该变更不影响总工期。

A单位针对上述情况均按合规程序向建设单位提出索赔，建设单位认为上述事项全部由罕见强台风导致，非建设单位过错，应属于总价合同模式下施工单位应承担的风险，均不予同意。

问题1：指出本工程招标文件中不妥之处，并写出相应正确做法。
答案：
不妥1：要求投标单位充分考虑风险。
正确做法：采用工程量清单计价的工程，应在招标文件中明确计价中的风险内容及范围，不得采用无限风险。
不妥2：通用措施费项目均以有竞争力的报价投标。
正确做法：通用措施费项目中的安全文明施工费不得作为竞争性费用。
不妥3：最终按固定总价合同签订施工合同。
正确做法：本工程工期较长（3.5年），不适用固定总价合同，可采用可调总价合同。

知识点引申

合同价款约定方式：
（1）固定单价合同：适用于图纸不完备但是采用标准设计的工程项目。
（2）可调单价合同：适用于工期长、施工图不完整、施工过程中可能发生各种不可预见因素较多的工程项目。
（3）固定总价合同：适用于规模小、技术难度小、工期短（一般在一年以内）的工程项目。
（4）可调总价合同：适用于规模小、技术难度小、图纸设计完整、设计变更少，工期一般在一年以上的工程项目。

问题2：根据工程量清单计价原则，通用措施费用项目有哪些（至少列出6项）？
答案：
（1）安全文明施工费；
（2）夜间施工；
（3）二次搬运费；
（4）冬雨期施工；
（5）大型机械设备进出场及安拆；
（6）施工排水；
（7）施工降水；
（8）地上、地下设施，建筑物的临时保护设施；
（9）已完工程及设备保护。

解析 本问需看清楚题目作答，根据工程量清单计价原则，而不是根据造价形成。按造价形成的措施项目费内容不能作为此处的答案。

问题3：根据《建筑工程施工转包违法分包等违法行为认定查处管理办法》（建市〔2014〕118号）上述分包行为中哪些属于违法行为？并说明相应理由。
答案：
违法行为1：A单位将物业配套楼整体分包给B单位。

理由：物业配套楼包括主体结构之一，如进行分包，则属于违法分包行为。

违法行为2：C单位未在施工现场设立项目管理机构。

理由：专业承包单位未在现场设置项目管理机构属于转包行为。

违法行为3：A单位将自行施工的8栋楼主体结构工程劳务（包含钢筋、混凝土主材与模架等周转材料）分包给D单位。

理由：劳务单位除计取劳务作业费以外，还计取材料费等属于违法分包行为。

问题4：针对A单位提出的四项索赔，分别判断是否成立。

答案：

索赔项1：24d工期索赔成立。不可抗力造成的工期延误应该由建设单位承担。

索赔项2：窝工费用88.4万元索赔不成立。不可抗力造成的施工人员窝工，施工方承担。

索赔项3：工程清理及修复费用30.7万元索赔成立。不可抗力造成的工程清理及修复费用由建设单位承担。

索赔项4：设计变更费用22.5万元索赔成立。设计变更造成的费用增加由建设单位承担。

案例57 2018年二建建筑案例真题一

关键词索引：双代号网络图绘制、基础工程验收程序、进度控制措施、索赔

背景资料

某办公楼工程，框架结构，钻孔灌注桩基础，地下1层，地上20层，总建筑面积25000m²，其中地下建筑面积3000m²，施工单位中标后与建设单位签订了施工承包合同，合同约定："……至2014年6月15日竣工，工期目标470日历天；质量目标合格；主要材料由施工单位自行采购；因建设单位原因导致工期延误，工期顺延，每延误一天支付施工单位10000元/d的延误费……"。合同签订后，施工单位实施了项目进度策划，其中上部标准层结构工序安排如下：

工作内容	施工准备	模板支撑体系搭设	模板支设	钢筋加工	钢筋绑扎	管线预埋	混凝土浇筑
工序编号	A	B	C	D	E	F	G
时间（d）	1	2	2	2	2	1	1
紧后工序	B、D	C、F	E	E	G	G	/

柱基施工时遇地下溶洞（地质勘探未探明），由此造成工期延误20日历天。施工单位向建设单位提交索赔报告，要求延长工期20日历天，补偿误工费20万元。

地下室结构完成施工单位自检合格后，项目负责人立即组织总监理工程师及建设单位、勘察单位、设计单位项目负责人进行地基基础分部验收。

施工至10层结构时，因商品混凝土供应迟缓，延误工期10日历天。施工至20层结构时，建设单位要求将该层进行结构变更，又延误工期15日历天。施工单位向建设单位提交索赔报告，要求延长工期25日历天，补偿误工费25万元。

装饰装修阶段，施工单位采取编制进度控制流程、建立协调机制等措施，保证合同约定工期目标的实现。

问题1：根据上部标准层结构工序安排表绘制出双代号网络图，找出关键线路，并计算上部标准层结构每层工期是多少日历天？

答案：

（1）绘制的双代号网络图如下：

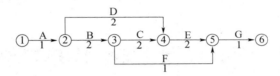

（2）关键线路为：A→B→C→E→G（或表示为①→②→③→④→⑤→⑥）

（3）上部标准层结构每层工期为：8日历天。

问题2：本工程地基基础分部工程的验收程序有哪些不妥之处？并说明理由。

答案：

不妥1：施工单位自检合格后，立即组织验收。

理由：施工单位自检合格后，应向监理单位申请基础工程验收。

不妥2：施工单位项目负责人组织基础工程验收。

理由：应由总监理工程师组织基础工程验收。

不妥3：仅施工单位项目负责人、总监理工程师及建设单位、勘察单位、设计单位项目负责人参加基础工程验收。

理由：施工单位项目技术负责人、施工单位技术、质量部门负责人也应参加基础工程验收。

问题3：装饰装修阶段采取的施工进度控制措施是哪一类措施？施工进度控制措施还有哪几种措施？

答案：

（1）编制进度控制流程、建立协调机制等措施属于组织措施。

（2）施工进度控制措施还有：

① 管理措施；

② 经济措施；
③ 技术措施。

问题4：施工单位索赔成立的工期和费用是多少？逐一说明理由。
答案：

（1）桩基施工时遇地下溶洞索赔成立，工期索赔20日历天，费用20万元。

理由：地下溶洞属于未被探明的地质条件，属建设单位的责任。工期延误20d，每天支付延误费1万元，20d×1万元/d=20万元。

（2）商品混凝土供应迟缓，工期和费用均不能索赔。

理由：合同约定主要材料由施工单位自行采购，商品混凝土供应迟缓，是施工单位应承担的责任。

（3）20层结构设计变更索赔成立，工期索赔15日历天，费用15万元。

理由：结构设计变更，是建设单位的责任；工期顺延，每天支付延误费1万元，15d×1万元/d=15万元。

案例58　2018年二建建筑案例真题二（有改动）

关键词索引：项目部组建步骤、基坑监测、模板分项工程检查、混凝土浇筑及振捣

背景资料

某写字楼工程，建筑面积8640m²，建筑高度40m，地下1层，基坑深度4.5m，地上11层，钢筋混凝土框架结构。

施工单位中标后组建了项目部，并与项目部签订了项目目标管理责任书。

基坑开挖过程中，施工单位委托具备相应资质的第三方对基坑工程进行现场监测，监测单位编制了监测方案，经建设方、监理方认可后开始实施。

项目部进行质量检查时，发现现场安装完成的木模板内有铅丝及碎木屑，责令项目部进行整改。

隐蔽工程验收合格后，施工单位填报了浇筑申请单，监理工程师签字确认。施工班组将水平输送泵管固定在脚手架小横杆上，采用振动棒倾斜于混凝土内由近及远、分层浇筑，监理工程师发现后责令停工整改。

问题1：施工单位组建项目部的步骤有哪些？
答案：

（1）根据项目管理规划大纲、项目管理目标责任书及合同要求明确管理任务；

（2）根据管理任务分解和归类，明确组织结构；
（3）根据组织结构，确定岗位职责、权限以及人员配置；
（4）制定工作程序和管理制度；
（5）由组织管理层审核认定。

问题 2：本工程在基坑监测管理工作中有哪些不妥之处？并说明理由。
答案：
不妥 1：基坑开挖过程中委托基坑监测单位。
理由：应在基坑工程施工前委托。
不妥 2：施工单位委托具备相应资质的第三方对基坑工程进行现场监测。
理由：应由建设方委托。
不妥 3：监测方案经建设方、监理方认可后开始实施。
理由：监测方案需经建设方、设计方、监理方等认可后方可实施。

知识点引申
《建筑基坑工程监测技术规范》GB 50497—2009
3.0.1 开挖深度大于等于5m或开挖深度小于5m，但现场地质情况和周边环境较复杂的基坑工程应实施基坑工程监测。
3.0.2 基坑工程设计提出的对基坑工程监测的技术要求包括监测项目、监测频率和监测报警值。
3.0.3 基坑工程施工前，应由建设方委托具有相应资质的第三方对基坑工程实施现场监测。监测单位应编制监测方案，监测方案需经建设方、设计方、监理方认可，必要时还需与基坑周边环境涉及的有关管理单位协商一致后方可实施。

问题 3：混凝土浇筑前，项目部应对模板分项工程进行哪些检查？
答案：
需对模板分项工程进行检查的内容包括：
（1）模板的定位；
（2）支架杆件的规格、尺寸、数量；
（3）支架杆件之间的连接；
（4）支架的剪刀撑和其他支撑设置；
（5）支架与结构之间的连接设置；
（6）支架杆件底部的支撑情况。

解析 答案来自《混凝土结构工程施工质量验收规范》GB 50204—2015 中 4.2.2 引申。

问题 4：在浇筑混凝土工作中，施工班组的做法有哪些不妥之处？并说明正确做法。
答案：
不妥 1：水平输送泵管固定在脚手架小横杆上。

正确做法：输送泵管应采用支架固定，支架应与结构牢固连接，输送泵管转向处支架应加密。

不妥2：振动棒倾斜于混凝土振捣。

正确做法：振捣棒应垂直插入。

不妥3：混凝土由近及远浇筑。

正确做法：混凝土浇筑应由远及近。

知识点引申

振捣棒振捣混凝土　来自《混凝土结构工程施工规范》GB 50666—2011

(1) 应按分层浇筑厚度分别进行振捣，振动棒的前端应插入前一层混凝土中，插入深度不应小于50mm。

(2) 振动棒应垂直于混凝土表面并快插慢拔均匀振捣；当混凝土表面无明显塌陷、有水泥浆出现、不再冒气泡时，可结束该部位振捣。

(3) 振动棒与模板的距离不应大于振动棒作用半径的0.5倍；振捣插点间距不应大于振动棒的作用半径的1.4倍。

案例59　2018年二建建筑案例真题三（有改动）

关键词索引：总分包安全管理、脚手架检验验收阶段、塔吊停电、后张法预应力梁模板拆除、安全事故、交叉作业

背景资料

某企业新建办公楼工程，地下1层，地上16层，建筑高度55m，地下建筑面积3000m²，总建筑面积21000m²，现浇混凝土框架结构。一层大厅高12m，长32m，大厅处有3道后张预应力混凝土梁。合同约定："……工程开工时间为2016年7月1日，竣工日期为2017年10月31日，总工期488d，冬期停工35d，弱电、幕墙工程由专业分包单位施工……"。总包单位与幕墙单位签订了专业分包合同。

总承包单位在施工现场安装了一台塔吊用于垂直运输，在结构、外墙装修施工时，采用落地双排扣件式钢管脚手架。

结构施工第5层时，施工单位相关部门对项目安全进行检查，发现外脚手架存在安全隐患，责令项目部立即整改。施工第10层时，碰上当地供电部门临时停电，现场对塔吊采取了相应的安全防范措施。

大厅后张预应力混凝土梁浇筑完成25d后，生产经理凭经验判定混凝土强度已达到设计要求，随即安排作业人员拆除了梁底模板并准备进行预应力张拉。

外墙装饰完成后，施工单位安排工人拆除外脚手架。在拆除过程中，上部钢管意外坠落

击中下部施工人员，造成1名工人死亡。

问题1：总包单位与专业分包单位签订分包合同过程中，应重点落实哪些安全管理方面的工作？

答案：

应重点落实的安全管理工作包括：

（1）总包单位应对分包单位进行资质、安全生产许可证和相关人员安全生产资格的审查。

（2）签订分包合同时，应签订安全生产协议书，明确双方的安全责任。

问题2：项目部应在哪些阶段进行脚手架检查和验收？

答案：

（1）基础完工后，架体搭设前；

（2）每搭设完6~8m高度后；

（3）作业层上施加荷载前；

（4）达到设计高度后；

（5）遇到六级及以上大风大雨后；

（6）冻结地区解冻后；

（7）停用超过一个月的，在重新投入使用前。

问题3：塔吊运转过程中突然停电，按步骤写出相应的安全防范措施。

答案：

（1）立即将所有控制器拨到零位；

（2）断开电源开关；

（3）采取措施将重物安全降到地面。

问题4：预应力混凝土梁底模拆除工作有哪些不妥之处？并说明理由。

答案：

不妥1：凭经验判断混凝土强度。

理由：应采用同条件养护试块方法判定混凝土强度。

不妥2：混凝土强度达到设计要求随即安排作业人员拆除梁底模。

理由：混凝土强度达到设计要求后，还需填写拆模申请，经项目技术负责人批准方可拆模。

不妥3：拆除底模后进行预应力筋张拉。

理由：后张预应力混凝土结构底模拆除应在预应力张拉完毕后。

问题5：安全事故分几个等级？本次安全事故属于哪种安全事故？当交叉作业无法避开在同一垂直方向上操作时，应采取什么措施？

答案：
（1）安全事故分为四个等级。
（2）本次安全事故属于一般事故。
（3）应设置安全防护棚或安全防护网等安全隔离措施。

案例60　2018年二建建筑案例真题四（有改动）

关键词索引：工程造价特点及计算、价值工程、施工成本、完全成本、劳务工人实名制管理

背景资料

某开发商投资兴建办公楼工程，建筑面积9600m²，地下1层，地上8层，现浇钢筋混凝土框架结构。经公开招投标，某施工单位中标。中标清单部分费用分别是：分部分项工程费3793万元，措施项目费547万元，脚手架费为336万元，暂列金额100万元，其他项目费200万元，规费及税金264万元。双方签订了工程施工承包合同。

施工单位为了保证项目履约，进场施工后立即着手编制项目管理规划大纲，实施项目管理实施规划。制定了项目部内部薪酬计酬办法，并与项目部签订项目管理目标责任书。

项目部为了完成项目管理目标责任书的目标成本，采用技术与商务相结合的办法，分别制定了A、B、C三种施工方案：A施工方案成本为4400万元，功能系数为0.34；B施工方案成本为4300万元，功能系数为0.32；C施工方案成本为4200万元，功能系数为0.34。项目部通过开展价值工程工作，确定最终施工方案，并进一步对施工组织设计等进行优化，制定了项目部责任成本，摘录数据如下：

相关费用		金额（万元）
人工费		477
材料费		2585
机械费		278
施工措施费		220
企业管理费	施工现场管理费	280
	施工单位总部管理费	130
利润		…
规费		80
税金		…

施工单位为了落实用工管理,对项目部劳务人员实名制管理进行检查。发现项目部在施工现场配备了专职劳务管理人员,登记了劳务人员基本身份信息,存有考勤、工资结算及支付记录。施工单位认为项目部劳务实名制管理工作仍不完善,责令项目部进行整改。

问题1:施工单位签约合同价是多少万元?建设工程造价有哪些特点?
答案:
(1) 合同价 = 分部分项工程费 + 措施项目费 + 其他项目费 + 规费 + 税金
       = 3793 + 547 + 200 + 264 = 4804 万元
(2) 建筑工程造价特点:大额性、个别性和差异性、动态性、层次性。

问题2:列式计算项目部三种施工方案的成本系数、价值系数(保留小数点后3位),并确定最终采用哪种方案。
答案:
(1) 成本系数
A 方案成本系数 = 4400/(4400 + 4300 + 4200) = 0.341
B 方案成本系数 = 4300/(4400 + 4300 + 4200) = 0.333
C 方案成本系数 = 4200/(4400 + 4300 + 4200) = 0.326
(2) 价值系数
A 方案价值系数 = 功能系数/成本系数 = 0.34/0.341 = 0.997
B 方案价值系数 = 0.32/0.333 = 0.961
C 方案价值系数 = 0.34/0.326 = 1.043
(3) 选择 C 方案

问题3:计算本项目的施工成本、完全成本各是多少万元?在成本核算工作中要做到哪"三同步"?
答案:
(1) 施工成本 = 人工费 + 材料费 + 机械费 + 施工措施费 + 施工现场管理费
       = 477 + 2585 + 278 + 220 + 280 = 3840 万元
(2) 完全成本 = 施工成本 + 规费 + 施工企业层面管理费 = 3840 + 80 + 130 = 4050 万元
(3) 成本核算三同步是指形象进度、产值统计、成本归集

问题4:项目部在劳务人员实名制管理工作中还应该完善哪些工作?
答案:
(1) 采集进入施工现场的建筑工人的基本信息,并及时核实、实时更新;
(2) 真实完整记录建筑工人工作岗位、劳动合同签订情况等从业信息;
(3) 建立建筑工人实名制管理台账;
(4) 通过信息化手段将相关数据实时、准确、完整上传至当地的建筑工人实名制管理平台。

知识点引申

《住房和城乡建设部 人力资源社会保障部关于印发建筑工人实名制管理办法（试行）的通知》（建市〔2019〕18号）

第七条 建筑企业应承担施工现场建筑工人实名制管理职责，制定本企业建筑工人实名制管理制度，配备专（兼）职建筑工人实名制管理人员，通过信息化手段将相关数据实时、准确、完整上传至相关部门的建筑工人实名制管理平台。

总承包企业（包括施工总承包、工程总承包以及依法与建设单位直接签订合同的专业承包企业，下同）对所承接工程项目的建筑工人实名制管理负总责，分包企业对其招用的建筑工人实名制管理负直接责任，配合总承包企业做好相关工作。

第十一条 建筑工人实名制信息由基本信息、从业信息、诚信信息等内容组成。

（1）基本信息应包括建筑工人和项目管理人员的身份证信息、文化程度、工种（专业）、技能（职称或岗位证书）等级和基本安全培训等信息。

（2）从业信息应包括工作岗位、劳动合同签订、考勤、工资支付和从业记录等信息。

（3）诚信信息应包括诚信评价、举报投诉、良好及不良行为记录等信息。

第十二条 总承包企业应以真实身份信息为基础，采集进入施工现场的建筑工人和项目管理人员的基本信息，并及时核实、实时更新；真实完整记录建筑工人工作岗位、劳动合同签订情况、考勤、工资支付等从业信息，按项目所在地建筑工人实名制管理要求，将采集的建筑工人信息及时上传相关部门。

案例61 2017年二建建筑案例真题一

关键词索引：施工组织设计、实际进度前锋线、索赔

背景资料

某建筑施工单位在新建办公楼工程项目开工前，按《建筑施工组织设计规范》GB/T 50502—2009规定的单位工程施工组织设计应包含的各项基本内容，编制了本工程的施工组织设计，经相应人员审批后报监理机构，在总监理工程师审批签字后按此组织施工。

在施工组织设计中，施工进度计划以时标网络图（时间单位：月）形式表示。在第8月末，施工单位对现场实际进度进行检查，并在时标网络图中绘制了实际进度前锋线，如下图所示：

针对检查中所发现实际进度与计划进度不符的情况，施工单位均在规定时限内提出索赔意向通知，并在监理机构同意的时间内上报了相应的工期索赔资料。经监理工程师核实，工序E的进度偏差是因为建设单位供应材料原因所导致，工序F的进度偏差是因为当地政令性停工导致，工序D的进度偏差是因为工人返乡农忙原因导致。根据上述情况，监理工程师对三项工期索赔分别予以批复。

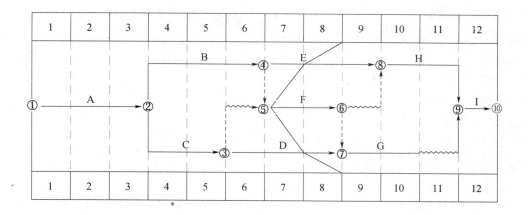

问题1：本工程的施工组织设计中应包含哪些基本内容？

答案：

（1）工程概况；

（2）施工部署；

（3）施工进度计划；

（4）施工准备与资源配置计划；

（5）主要施工方案；

（6）施工现场平面布置。

知识点引申

《建筑施工组织设计规范》GB/T 50502—2009

1 施工组织总设计基本内容包括：工程概况、总体施工部署、施工总进度计划、总体施工准备与主要资源配置计划、主要施工方法、施工总平面布置。

2 施工方案基本内容包括：工程概况、施工安排、施工进度计划、施工准备与资源配置计划、施工方法及工艺要求。

问题2：施工单位哪些人员具备审批单位工程施工组织设计的资格？

答案：

由施工单位技术负责人或施工单位技术负责人授权的技术人员审批。

知识点引申

分类	施工组织总设计、单位工程施工组织设计、施工方案	
编制	项目负责人主持编制，根据实际需要可分阶段编制	
审批	施工组织总设计	总包单位技术负责人
	单位工程施工组织设计	施工单位技术负责人或授权人员
	施工方案	项目技术负责人
	重难点分部分项工程和专项工程施工方案	施工单位技术部门组织专家评审，施工单位技术负责人批准
		分包单位编制时，分包单位技术负责人批准，总包单位项目技术负责人核准备案

问题 3：写出网络图中前锋线所涉及各工序的实际进度偏差情况；如后续工作仍按原计划的速度进行，本工程的实际完工工期是多少个月？

答案：

（1）各工序实际进度偏差情况

工序 E：滞后 1 个月

工序 F：滞后 2 个月

工序 D：滞后 1 个月

（2）工程的实际完工工期：13 个月

问题 4：针对工序 E、工序 F、工序 D，分别判断施工单位上报的三项工期索赔是否成立，并说明相应的理由。

答案：

（1）工序 E 索赔：成立。

理由：工序 E 滞后 1 个月，影响总工期 1 个月，且因建设单位供应材料所导致，属建设单位责任范围，故索赔成立。

（2）工序 F 索赔：不成立。

理由：工序 F 虽是政令性停工导致滞后 2 个月，原计划网络图的总时差为 1 个月，但由于工序 E 已经给予 1 个月的工期索赔，此时工序 F 滞后 2 个月并不影响总工期，故索赔不成立。

（3）工序 D 索赔：不成立。

理由：工序 D 滞后的原因是工人返乡农忙，属施工单位责任范围，故索赔不成立。

案例 62　2017 年二建建筑案例真题二

关键词索引：文明施工保证项目、消防器材配备、模板支撑体系搭设、移动式操作平台

背景资料

某新建商用群体建设项目，地下 2 层，地上 8 层，现浇钢筋混凝土框架结构，桩筏基础，建筑面积 88000m²。某施工单位中标后组建项目部进场施工，在项目现场搭设了临时办公室、各类加工车间、库房、食堂和宿舍等临时设施；并根据场地实际情况，在现场临时设施区域内设置了环形消防通道、消火栓、消防供水池等消防设施。

施工单位在每月例行的安全生产与文明施工巡查中，对照《建筑施工安全检查标准》（JGJ 59—2011）中"文明施工检查评分表"的保证项目逐一进行检查。经统计，现场生产区临时设施总面积超过了 1200m²，检查组认为现场临时设施区域内消防设施配置不齐全，

要求项目部整改。

针对地下室 200mm 厚的无梁楼盖，项目部编制了模板及其支撑架专项施工方案。方案中采用扣件式钢管支撑架体系，支撑架立杆纵横向间距均为 1600mm，扫地杆距地面约 150mm，每步设置纵横向水平杆，步距为 1500mm，立杆伸出顶层水平杆的长度控制在150~300mm，顶托螺杆插入立杆的长度不小于 150mm、伸出立杆的长度控制在 500mm 以内。

在装饰装修阶段，项目部使用钢管和扣件临时搭设了一个移动式操作平台用于顶棚装饰装修作业。该操作平台的台面面积 8.64m²，台面距楼地面高 4.6m。

问题1：按照"文明施工检查评分表"的保证项目检查时，除现场办公和住宿之外，检查的保证项目还应有哪些？
答案：
还应检查的保证项目有：
（1）现场围挡；
（2）封闭管理；
（3）施工场地；
（4）材料管理；
（5）现场防火。

问题2：针对本项目生产区临时设施总面积情况，在生产区临时设施区域内还应增设哪些消防器材或设施？
答案：
（1）灭火器（至少24支）。
（2）专供消防用的太平桶、积水桶和黄砂池。

知识点引申
易燃材料仓库防火要求
（1）设在水源充足，消防车能驶到的地方，并应设在下风方向。
（2）露天仓库四周内，应有宽度不小于 6m 的平坦场地作为消防通道，通道上禁止堆放障碍物。
（3）储量大的仓库应设两个以上的大门，并应将生活区、生活辅助区和堆场分开布置。
（4）易引起火灾的仓库，应将库房内、外每 500m² 区域分段设立防火墙。
（5）可燃材料仓库单个房间的建筑面积不应超过 30m²，易燃易爆危险品仓库单个房间的建筑面积不应超过 20m²。房间内任一点至最近疏散门的距离不应大于 10m，房门的净宽度不应小于 0.8m。

问题3：指出本项目模板及其支撑架专项施工方案中的不妥之处，并分别写出正确做法。
答案1（根据《建筑施工脚手架安全技术统一标准》GB 51210—2016）
不妥1：立杆纵横向间距 1600mm。

正确做法：立杆纵横向间距不宜大于 1.5m。

不妥 2：顶托螺杆伸出立杆长度控制在 500mm 以内。

正确做法：顶托螺杆伸出立杆长度控制在 300mm 以内。当外伸长度较大时，宜在水平方向设有限位措施。

答案 2（根据《建筑施工扣件式钢管脚手架安全技术规范》JGJ 130—2011）

不妥 1：立杆纵横向间距 1600mm。

正确做法：立杆纵横向间距不宜大于 1.2m。

不妥 2：顶托螺杆伸出立杆长度控制在 500mm 以内。

正确做法：可调托撑螺杆伸出长度不宜超过 300mm。

答案 3（根据《建筑施工模板安全技术规范》JGJ 162—2008）

不妥 1：扫地杆距地面约 150mm。

正确做法：在立柱底距地面 200mm 高处，沿纵横水平方向设置扫地杆。

不妥 2：顶托螺杆伸出立杆长度控制在 500mm 以内。

正确做法：螺杆伸出钢管顶部不得大于 200mm。

问题 4：现场搭设的移动式操作平台的台面面积、台面高度是否符合规定？现场移动式操作平台作业安全控制要点有哪些？

答案：

（1）现场搭设的移动式操作平台的台面面积符合规定、台面高度符合规定。

（2）移动式平台作业安全控制要点有：

① 台面脚手板要铺满扎（钉）牢；

② 台面四周设置防护栏杆；

③ 架体应保持垂直，不得弯曲变形；

④ 制动器除在移动情况外，均应保持制动状态；

⑤ 移动时，操作平台上不得站人；

⑥ 限载作业；

⑦ 使用中每月不少于 1 次定期检查，专人负责日常维护工作。

案例 63　2017 年二建建筑案例真题三（有改动）

关键词索引：安全专项施工方案、蜂窝孔洞修补、水平洞口防护、主体结构所含分项工程

背景资料

某现浇钢筋混凝土框架-剪力墙结构办公楼工程，地下 1 层，地上 16 层，建筑面积

18600m²，基坑开挖深度5.5m。该工程由某施工单位总承包，其中基坑支护工程由专业分包单位承担施工。

在基坑支护工程施工前，分包单位编制了基坑支护安全专项施工方案，经分包单位技术负责人审核后组织专家论证。监理机构认为专项施工方案及专家论证均不符合规定，不同意进行论证。

在2层的墙体模板拆除后，监理工程师巡视发现局部存在较严重蜂窝孔洞质量缺陷，指令按照《混凝土结构工程施工规范》GB 50666—2011的规定进行修整。

主体结构施工至10层时，项目部在例行安全检查中发现五层楼板有2处（一处为短边尺寸200mm的孔口，一处为尺寸1600mm×2600mm的洞口）安全防护措施不符合规定，责令现场立即整改。

结构封顶后，在总监理工程师组织参建方进行主体结构分部工程验收前，监理工程师审核发现施工单位提交的报验资料所涉及的分项不全，指令补充后重新报审。

问题1：按照《危险性较大的分部分项工程安全管理规定》（建办质〔2018〕31号）规定，指出本工程的基坑支护安全专项施工方案审批手续及专家论证组织中的错误之处，并分别写出正确做法。

答案：

错误1：基坑支护安全专项施工方案经分包单位技术负责人审核后组织专家论证。

正确做法：基坑支护安全专项施工方案还需总包单位技术负责人审核和总监理工程师审查方可专家论证。

错误2：分包单位组织专家论证。

正确做法：应由总包单位组织专家论证。

问题2：较严重蜂窝孔洞质量缺陷的修整过程应包括哪些主要工序？

答案：

（1）凿除胶结不牢固部分的混凝土至密实部位；

（2）清理表面；

（3）支设模板；

（4）洒水湿润；

（5）涂抹混凝土界面剂；

（6）采用比原混凝土强度等级高一级的细石混凝土浇筑密实；

（7）养护不少于7d。

问题3：针对5层楼板检查所发现的孔口、洞口防护问题，分别写出正确的安全防护措施。

答案：

（1）短边尺寸为200mm的孔口：用承载力满足使用要求的盖板覆盖，盖板四周搁置均衡，且防止盖板移位；

(2) 尺寸 1600mm×2600mm 洞口：洞口作业侧设置高度不小于 1.2m 的防护栏杆，洞口采用安全平网封闭。

解析：5 层楼板上的洞口为水平洞口，不是竖向洞口，这是答题的前提。

知识点引申

竖向洞口防护

（1）短边长度小于 500mm 时，采取封堵措施；
（2）短边长度大于等于 500mm 时，应在临空一侧设置高度不小于 1.2m 的防护栏杆，并应采用密目式安全立网或工具式栏板封闭，设置挡脚板。

问题 4：本工程主体结构分部工程验收资料应包含哪些分项工程？
答案：
（1）模板分项工程；
（2）钢筋分项工程；
（3）混凝土分项工程；
（4）现浇结构分项工程。

解析：本问需结合题目背景作答，关键词为"现浇钢筋混凝土框架-剪力墙结构"，作为混凝土结构，分项工程包括模板、钢筋、混凝土、预应力、现浇结构、装配式结构 6 项。背景信息没有发现涉及"预应力"和"装配式"两项，故本问只需写 4 个分项工程。若把 6 个分项工程全部写上，属于没有结合题目背景作答，应予以扣分。

知识点引申

主体结构包含 7 个子分部工程：混凝土结构、砌体结构、钢结构、钢管混凝土结构、型钢混凝土结构、铝合金结构、木结构。（口诀：主体结构七子部，四钢木砌铝合金）

案例 64 2017 年二建建筑案例真题四

关键词索引：变更估价程序及计算、竣工预验收、竣工验收、资料移交

背景资料

某施工单位在中标某高档办公楼工程后，与建设单位按照《建设工程施工合同（示范文本）》GF－2017－0201 签订了施工总承包合同。合同中约定总承包单位将装饰装修、幕

墙等分部分项工程进行专业分包。

施工过程中，监理单位下发针对专业分包工程范围内墙面装饰装修做法的设计变更指令。在变更指令下发后的第10d，专业分包单位向监理工程师提出该项变更的估价申请。监理工程师审核时发现计算有误，要求施工单位修改。于变更指令下发后的第17d，监理工程师再次收到变更估价申请，经审核无误后提交建设单位，但一直未收到建设单位的审批意见。次月底，施工单位在上报已完工程进度款支付时，包含了经监理工程师审核、已完成的该项变更所对应的费用，建设单位以未审批同意为由予以扣除，并提出变更设计增加款项只能在竣工结算前最后一期的进度款中支付。

该工程完工后，建设单位指令施工单位组织相关人员进行竣工预验收，并要求总监理工程师在预验收通过后立即组织参建各方相关人员进行竣工验收。建设行政主管部门提出验收组织安排有误，责令建设单位予以更正。

在总承包施工合同中约定"当工程量偏差超出5%时，该项增加部分或剩余部分的综合单价按5%进行浮动"。施工单位编制竣工结算时发现工程量清单中两个清单项的工程数量增减幅度超出5%，其相应工程数量、单价等数据详见下表：

清单项	清单工程量	实际工程量	清单综合单价
清单项A	5080m³	5594m³	452 元/m³
清单项B	8918m²	8205m²	140 元/m²

竣工验收通过后，总承包单位、专业分包单位分别将各自施工范围的工程资料移交到监理机构，监理机构整理后将施工资料与工程监理资料一并向当地城建档案管理部门移交，被城建档案管理部门以资料移交程序错误为由予以拒绝。

问题1：在墙面装饰装修做法的设计变更估价申请报送及进度款支付过程中都存在哪些错误之处？并分别写出正确做法。

答案：

错误1：专业分包单位向监理工程师提出变更估价申请。

正确做法：应由总包单位向监理工程师提出（专业分包单位向总包提出）变更估价申请。

错误2：建设单位以未审批为由予以扣除变更费用。

正确做法：发包人逾期未完成审批或未提出异议的，视为认可承包人提交的变更估价申请。

错误3：变更设计增加款项只能在竣工结算前最后一期的进度款中进行支付。

正确做法：因变更引起的价格调整应计入最近一期的进度款中支付。

知识点引申

《建设工程施工合同（示范文本）》GF-2017-0201

10.4.2　变更估价程序

承包人应在收到变更指示后14d内，向监理人提交变更估价申请。监理人应在收到承包人提交的变更估价申请后7d内审查完毕并报送发包人，监理人对变更估价申请有异议，通知承包人修改后重新提交。发包人应在承包人提交变更估价申请后 14d 内审批完毕。发包人逾期未完成审批或未提出异议的，视为认可承包人提交的变更估价申请。

因变更引起的价格调整应计入最近一期的进度款中支付。

问题 2：针对建设行政主管部门责令改正的验收组织错误，本工程的竣工预验收应由谁来组织？施工单位哪些人必须参加？本工程的竣工验收应由谁进行组织？

答案：

（1）竣工预验收应由总监理工程师组织进行。

（2）施工单位必须参加的人员有：项目负责人、项目技术负责人。

（3）竣工验收应由建设单位项目负责人组织进行。

问题 3：分别计算清单项 A、清单项 B 的结算总价（单位：元）。

答案：

（1）清单项 A：

不调价部分 $= 5080 \times (1 + 5\%) = 5334 m^3$

调价部分 $= 5594 - 5334 = 260 m^3$

结算总价 $= 5334 \times 452 + 260 \times 452 \times (1 - 5\%) = 2522612$ 元

（2）清单项 B：

调价部分 $= 8205 m^2$

结算总价 $= 8205 \times 140 \times (1 + 5\%) = 1206135$ 元

问题 4：分别指出总承包单位、专业分包单位、监理单位的工程资料正确的移交程序。

答案：

（1）总承包单位工程资料移交程序：总承包单位移交建设单位，建设单位移交档案馆。

（2）分包单位工程资料移交程序：分包单位移交总承包单位，总承包单位移交建设单位，建设单位移交档案馆。

（3）监理单位工程资料移交程序：监理单位移交建设单位，建设单位移交档案馆。

案例 65　2016 年二建建筑案例真题一

关键词索引：施工进度计划分类、模板及支架验算内容、基础底板后浇带、工期压缩

背景资料

某高校新建新校区，包括办公楼、教学楼、科研中心、后勤服务楼、学生宿舍等多个单

体建筑,由某建筑工程公司进行该群体工程的施工建设。其中,科研中心工程为现浇钢筋混凝土框架结构,地上10层,地下2层,建筑檐口高度45m,由于有超大尺寸的特殊设备,设置在地下2层的试验室为两层通高;结构设计图纸说明中规定地下室的后浇带需待主楼结构封顶后才能封闭。

在施工过程中,发生了下列事件:

事件一:施工单位进场后,针对群体工程进度计划的不同编制对象,施工单位分别编制了各种施工进度计划,上报监理机构审批后作为参建各方进度控制的依据。

事件二:施工单位针对两层通高试验室区域单独编制了模板及支架专项施工方案,方案中针对模板整体设计有模板和支架选型、构造设计、荷载及其效应计算,并绘制有施工节点详图。监理工程师审查后要求补充该模板整体设计必要的验算内容。

事件三:在科研中心工程的后浇带施工方案中,明确指出:

(1)梁、板的模板与支架整体一次性搭设完毕;

(2)在楼板浇筑混凝土前,后浇带两侧用快易收口网进行分隔、上部用木板遮盖防止落入物料;

(3)两侧混凝土结构强度达到拆模条件后,拆除所有底模及支架,后浇带位置处重新搭设支架及模板,两侧进行固顶,待主体结构封顶后浇筑后浇带混凝土。

监理工程师认为方案中上述做法存在不妥,责令改正后重新报审。针对后浇带混凝土填充作业,监理工程师要求施工单位提前将施工技术要点以书面形式对作业人员进行交底。

事件四:主体结构验收后,施工单位对后续工作进度以时标网络图形式做出安排,如下图所示(时间单位:周)。

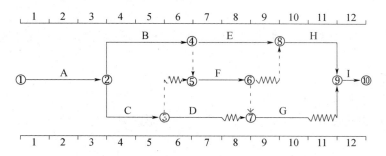

在第6周末时,建设单位要求提前一周完工,经测算工作D、E、F、G、H均可压缩一周(工作I不可压缩),所需增加的成本分别为8万元、10万元、4万元、12万元、13万元。施工单位采取压缩工序的持续时间,实现了提前一周完工。

问题1:事件一中,按照编制对象不同,本工程应编制哪些施工进度计划?

答案:

(1)施工总进度计划;

(2)单位工程进度计划;

(3)分阶段(专项工程)进度计划;

(4)分部分项工程进度计划。

问题2：事件二中，按照监理工程师要求，针对模板及支架施工方案，施工单位应补充哪些必要验算内容？

答案：

（1）模板及支架的承载力、刚度验算；

（2）模板及支架的抗倾覆验算。

知识点引申

模板及支架设计应包括的内容（依据《混凝土结构工程施工规范》GB 50666—2011 中 4.3.2 条）

（1）模板及支架的选型及构造设计；

（2）模板及支架的荷载及其效应计算；

（3）模板及支架的承载力、刚度验算；

（4）模板及支架的抗倾覆验算；

（5）绘制模板及支架施工图。

问题3：事件三中，后浇带施工方案中有哪些不妥之处？后浇带混凝土填充作业的施工技术要点主要有哪些？

答案：

（1）后浇带施工方案不妥之处：

不妥1：梁、板的模板与支架整体一次性搭设完毕。

不妥2：在楼板浇筑混凝土前，后浇带两侧用快易收口网进行分隔，上部用木板遮盖防止落入物料。

不妥3：两侧混凝土结构强度达到拆模条件后，拆除底模及支架，后浇带位置处重新搭设支架及模板。

（2）技术要点：

① 采用微膨胀的补偿收缩混凝土；

② 后浇带两侧的接缝表面应先清理干净，再涂刷混凝土界面处理剂或水泥基渗透结晶型防水涂料；

③ 后浇带应在其两侧混凝土龄期达到42d后再施工；

④ 后浇带浇筑后应及时养护，养护时间不得少于28d。

解析 本问很多考生会审错题，认为此处按照主体结构后浇带的做法来答题即可，但忽视了此处的后浇带为地下室基础底板后浇带，而地下室后浇带必须按照《地下工程防水技术规范》GB 50108—2008 和《地下防水工程质量验收规范》GB 50208—2011。如混凝土浇筑完毕后养护时间，主体结构后浇带是至少14d，地下室后浇带是至少28d；又比如后浇带混凝土强度等级是否要高一级，主体结构后浇带浇筑要求强度等级提高一级，但地下室后浇带强度要求不应低于两侧混凝土。

知识点引申

后浇带 《地下工程防水技术规范》GB 50108—2008

4.1.26 后浇带施工缝的施工应符合下列规定:

1 水平施工缝浇筑混凝土前,应将其表面浮浆和杂物清除,然后铺设净浆或涂刷混凝土界面处理剂、水泥基渗透结晶型防水涂料等材料,再铺30~50mm厚的1:1水泥砂浆,并应及时浇筑混凝土。

2 垂直施工缝浇筑混凝土前,应将其表面清理干净,再涂刷混凝土界面处理剂或水泥基渗透结晶型防水涂料,并应及时浇筑混凝土。

5.2.2 后浇带应在其两侧混凝土龄期达到42d后再施工;高层建筑的后浇带施工应按规定时间进行。

5.2.3 后浇带应采用补偿收缩混凝土浇筑,其抗渗和抗压强度等级不应低于两侧混凝土。

5.2.4 后浇带应设在受力和变形较小的部位,宽度为700~1000mm。

5.2.5 后浇带两侧可做成平直缝或阶梯缝。

5.2.13 后浇带混凝土应一次浇筑,不得留设施工缝;混凝土浇筑后应及时养护,养护时间不得少于28d。

问题4:事件四中,施工单位压缩网络计划时,只能以周为单位进行压缩,其最合理的方式应压缩哪项工作?需增加成本多少万元?

答案:
(1)压缩E工作1周,工期缩短1周,增加费用最少。
(2)增加成本10万元。

案例66 2016年二建建筑案例真题二(有改动删减)

关键词索引:用电组织设计、塔吊安全装置、安全检查评定等级、吊顶石膏板安装

说明:在2016年二级建造师建筑实务案例真题的基础上做了删减。一是删除安全警示标牌的相关考点,此考点仅二级建造师涉及而一级建造师考试并不涉及;二是删除临边堆放钢模板的相关考点,此考点来自《建筑施工高处作业安全技术规范》JGJ 80—1991,此规范目前已废止,现实行的是《建筑施工高处作业安全技术规范》JGJ 80—2016。

背景资料

某新建综合楼工程,现浇钢筋混凝土框架结构,地下1层,地上10层,建筑檐口高度

45m，某建筑公司中标后成立项目部进场组织施工。

在施工过程中，发生了下列事件：

事件一：根据施工组织设计的安排，施工高峰期现场同时使用机械设备达到8台。项目土建施工员仅编制了安全用电和电气防火措施，并报送监理工程师。监理工程师认为存在多处不妥，要求整改。

事件二：施工过程中，项目部要求安全员对现场固定式塔吊的安全装置进行全面检查，但安全员仅对塔吊的力矩限制器、爬梯护圈、小车断绳保护装置、小车断轴保护装置进行了安全检查。

事件三：公司按照《建筑施工安全检查标准》JGJ 59对现场进行检查评分，汇总表总得分为85分，但施工机具分项检查评分表得零分。

事件四：装饰装修施工前，装修单位上报会议室的木龙骨纸面石膏板吊顶施工方案，其中包括：采用φ6吊杆，长1.8m，纸面石膏板的长边沿横向主龙骨铺设，纸面石膏板四角先固定在龙骨上，然后固定四边，最后固定中心，确保牢固，监理认为部分做法不妥，退回施工单位整改。

问题1：事件一中，存在哪些不妥之处？并分别说明理由。

答案：

不妥1：由项目土建施工员编制。

理由：应由电气工程技术人员编制。

不妥2：仅编制安全用电和电气防火措施。

理由：用电设备超过5台时，应编制用电组织设计。

不妥3：编制后，报送监理工程师。

理由：用电组织设计经施工单位技术负责人审批后，方可报送监理工程师。

知识点引申

三级配电和两级漏电保护

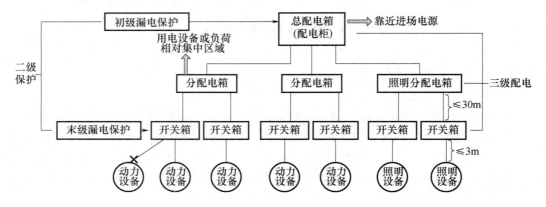

问题 2：事件二中，项目安全员还应对塔吊的哪些安全装置进行检查（至少列出四项）？

答案：

（1）起重量限制器；

（2）幅度限位装置；

（3）起升高度限位器；

（4）回转限位器；

（5）钢丝绳防脱装置；

（6）风速仪；

（7）缓冲器、止挡装置。

【解析】 本问需抓住题目背景中的关键词"固定式塔吊"，故针对轨道式塔吊和自升式塔吊的安全装置不能作为答案，如夹轨器等。另本题的答案在教材中无法找到，考核的是考生对规范的熟悉和掌握程度。

知识点引申

塔吊安全装置 《塔式起重机安全规程》G3 5144—2006

（1）起重量限制器；

（2）起重力矩限制器；

（3）行程限位装置：包括行走限位装置（仅针对轨道式塔机）、幅度限位装置、起升高度限位器和回转限位器；

（4）小车断绳保护装置；

（5）小车断轴保护装置；

（6）钢丝绳防脱装置；

（7）风速仪；

（8）夹轨器（仅针对轨道式塔机）；

（9）缓冲器、止挡装置；

（10）清轨板（仅针对轨道式塔机）；

（11）顶升横梁防脱功能（仅针对自升式塔机）。

问题 3：事件三中，按照《建筑施工安全检查标准》JGJ 59，确定该次安全检查评定等级，并说明理由。

答案：

本次安全检查评定等级：不合格。

理由：具备下列条件之一的，安全检查评定等级为不合格：

（1）任一分项检查评分表得分为0；

（2）汇总表得分小于70分。

问题 4：事件四中，指出纸面石膏板吊顶施工方案中的不妥之处，并给出正确做法。

答案：

不妥 1：吊杆长度 1.8m。

正确做法：吊杆长度大于 1.5m 时，应设置反向支撑。

不妥 2：纸面石膏板的长边沿横向主龙骨铺设。

正确做法：纸面石膏板的长边沿纵向次龙骨铺设。

不妥 3：纸面石膏板四角先固定在龙骨上，然后固定四边，最后固定中心。

理由：纸面石膏板与龙骨固定，应从一块板的中间向板的四边进行固定，不得多点同时作业。

案例 67　2016 年二建建筑案例真题三

关键词索引：混凝土运输单、钢筋进场抽检、节能验收、室内环境检测

背景资料

某学校活动中心工程，现浇钢筋混凝土框架结构，地上 6 层，地下 2 层，采用自然通风。

在施工过程中，发生了下列事件：

事件一：在基础底板混凝土浇筑前，监理工程师检查施工单位的技术管理工作，要求施工单位按规定检查混凝土运输单，并做好混凝土扩展度测定等工作。全部工作完成并确认无误后，方可浇筑混凝土。

事件二：主体结构施工过程中，施工单位对进场的钢筋按国家现行有关标准抽样检验了抗拉强度、屈服强度。结构施工至 4 层时，施工单位进场一批 72tϕ18 的螺纹钢筋，在此前因同厂家、同牌号的该规格钢筋已连续三次进场检验，均一次检验合格，施工单位对此批钢筋仅抽取一组试件送检，监理工程师认为取样组数不足。

事件三：建筑节能分部工程验收时，由施工单位项目经理主持、施工单位质量负责人以及相关专业的质量检查员参加，总监理工程师认为该验收主持及参加人员均不满足规定，要求重新组织验收。

事件四：该工程交付使用 7d 后，建设单位委托有资质的检验单位进行室内环境污染检测，在对室内环境的甲醛、苯、氨、TVOC 浓度进行检测时，检测人员将房间对外门窗关闭 30min 后进行检测；在对室内环境的氡浓度进行检测时，检测人员将房间对外门窗关闭 12h 后进行检测。

问题1：事件一中，除已列出的工作内容外，施工单位针对混凝土运输单还要做哪些技术管理与测定工作？

答案：

（1）核对混凝土配合比；

（2）确认混凝土强度等级；

（3）检查混凝土运输时间；

（4）测定混凝土坍落度。

知识点引申

混凝土浇筑前（《混凝土结构工程施工规范》GB 50666—2011）：

8.1.1 混凝土浇筑前应完成下列工作

1 隐蔽工程验收和技术复核；

2 对操作人员进行技术交底；

3 根据施工方案中的技术要求，检查并确认施工现场具备实施条件；

4 施工单位填报浇筑申请单，并经监理单位签认。

8.8.3 浇筑前应检查混凝土送料单，核对混凝土配合比，确认混凝土强度等级，检查混凝土运输时间，测定混凝土坍落度，必要时还应测定混凝土扩展度，确认无误后再将进行混凝土浇筑。

问题2：事件二中，施工单位还应增加哪些钢筋检测项目？通常情况下钢筋检验批量最大不宜超过多少吨？监理工程师的意见是否正确？并说明理由。

答案：

（1）还应检测：伸长率、弯曲性能、重量偏差。

（2）最大不宜超过60t。

（3）监理工程师的意见不正确。

理由：同厂家、同牌号、同规格的钢筋连续三次进场检验均一次检验合格时，其后的检验批量可扩大一倍，120t为一个批次，即72t可仅抽取一组试件送检。

本问的第2小问和第3小问，绝大多数考生都会答错，会误认为题目背景问的是成型钢筋，故按30t作为一个检验批来处理，这种做法是错误的。题目背景信息给的是螺纹钢筋，书面用语是热轧带肋钢筋，属于钢筋原材而不是成型钢筋，检测项目需参考《混凝土结构工程施工质量验收规范》GB 50204—2015 中的5.2.1条，检验批划分《钢筋混凝土用钢 第2部分：热轧带肋钢筋》GB/T 1499.2—2018。

知识点引申

钢筋进场抽样检测项目 《混凝土结构工程施工质量验收规范》GB 50204—2015：

5.2.1 钢筋进场时，应按国家现行相关标准的规定抽取试件作屈服强度、抗拉强度、伸长率、弯曲性能和重量偏差检验。

检验批划分：每批由同一牌号、同一炉罐号、同一规格的钢筋组成。每批重量通常不大于 60t，超过 60t 的部分，每增加 40t，增加一个拉伸试验试样和弯曲试验试样。

检验方法：检查质量证明文件和抽样复试报告。

5.2.2 成型钢筋进场时，抽取试件作屈服强度、抗拉强度、伸长率和重量偏差检验。

检验批划分：同一工程、同一类型、同一原材料来源、同一组生产设备生产的成型钢筋，检验批量不应大于 30t。

检验方法：检查质量证明文件和抽样复试报告。

问题 3：节能分部工程验收应由谁主持？还应有哪些人员参加？

答案：

（1）应由总监理工程师主持。

（2）还需参加节能验收的人有：

① 施工单位项目技术负责人和相关专业的负责人；

② 施工员；

③ 施工单位技术负责人；

④ 设计单位项目负责人及相关专业负责人；

⑤ 节能工程材料供应商；

⑥ 分包单位负责人（若有分包单位时）。

本问很多考生会按照一般分部工程验收的规定来答题，即按照《建筑工程施工质量验收统一标准》GB 50300—2013 来答题，此时会发现与题目背景参加的人员"相关专业的质量检查员参加"有矛盾，所以本问并不是考核此标准，而是考核《建筑节能工程施工质量验收规范》GB 50411—2007 中关于验收的规定。

目前，《建筑节能工程施工质量验收规范》GB 50411—2007 已经废止，为应对 2020 年备考，应按照《建筑节能工程施工质量验收标准》GB 50411—2019 来作答。

知识点引申

节能分部工程验收 《建筑节能工程施工质量验收标准》GB 50411—2019

节能分部工程验收应由总监理工程师组织并主持，施工单位项目负责人、项目技术负责人和相关专业的负责人、质量检查员、施工员参加；施工单位的质量、技术负责人应参加验收；设计单位项目负责人及相关专业负责人应参加验收；主要设备、材料供应商及分包单位负责人应参加验收。

问题 4：事件四中，有哪些不妥之处？并分别说明正确说法。

答案：

不妥 1：工程交付使用 7d 后进行室内环境污染检测。

正确做法：室内环境污染检测应在工程完工至少 7d 后，交付使用前进行。

不妥 2：甲醛、苯、氨、TVOC 浓度在房间对外门窗关闭 30min 后进行检测。

正确做法：甲醛、苯、氨、TVOC 浓度在房间对外门窗关闭 1h 后进行检测。

不妥 3：氡浓度在房间对外门窗关闭 12h 后进行检测。

正确做法：氡浓度在房间对外门窗关闭 24h 后进行检测。

案例 68　2016 年二建建筑案例真题四

关键词索引：工程总承包、违法分包、中标造价、措施项目费组成、风险管理流程

背景资料

某建设单位投资新建办公楼，建筑面积 3000m²，钢筋混凝土框架结构，地上 8 层。招标文件规定，本工程实行设计、采购、施工的总承包交钥匙方式。土建、水电、通风空调、内外装饰、消防、园林景观等工程全部由中标单位负责组织施工。经公开招投标，A 施工总承包单位中标，双方签订的工程总承包合同中约定：合同工期为 10 个月，质量目标为合格。

在合同履行过程中，发生了下列事件：

事件一：A 施工总承包单位中标后，按照"设计、采购、施工"的总承包方式开展相关工作。

事件二：A 施工总承包单位在项目管理过程中，与 F 劳务公司进行了主体结构劳务分包洽谈，约定将模板和脚手架费用计入承包总价，并签订了劳务分包合同。经建设单位同意，A 施工总承包单位将玻璃幕墙工程分包给 B 专业分包单位施工。A 施工总承包单位自行将通风空调工程分包给 C 专业分包单位施工。C 专业分包单位按照分包工程合同总价收取 8% 的管理费后分包给 D 专业分包单位。

事件三：A 施工总承包单位对工程中标造价进行分析，费用情况如下：分部分项工程费 4800 万元，措施项目费 576 万元，暂列金额 222 万元，风险费 260 万元，规费 64 万元，税金 218 万元。

事件四：A 施工总承包单位按照风险管理要求，重点对某风险的施工方案、工程机械等方面制定了专项策划，明确了分工、责任人及应对措施等管控流程。

问题 1：事件一中，A 施工总包单位应对工程的哪些管理目标全面负责？除交钥匙方式外，工程总承包方式还有哪些？

答案：

（1）工程总承包单位应对项目质量、安全、费用、进度、职业健康和环境保护目标负责。

（2）工程总承包方式还有：设计－施工总承包。

问题 2：事件二中，哪些分包行为属于违法分包？并分别说明理由。
答案：

违法分包一：A 与 F 劳务公司进行主体结构劳务分包，约定将模板和脚手架费用计入承包总价。

理由：劳务分包合同的合同价只能包括劳务费；如果合同价中包括机械费、材料费，则该劳务分包行为属于违法分包。

违法分包二：A 自行将通风空调工程分包给 C 专业分包单位施工。

理由：通风空调工程在合同中没有约定分包，又未征得建设单位同意下进行分包的属于违法分包。

违法分包三：C 专业分包单位按照分包工程合同总价收取 8% 的管理费后分包给 D 专业分包单位。

理由：专业分包单位将其承包的专业工程中非劳务作业部分再分包的属于违法分包。

问题 3：事件三中，A 施工总包单位的中标造价是多少万元？措施项目费通常包括哪些费用？

答案：

（1）中标造价：4800 + 576 + 222 + 64 + 218 = 5880 万元

（2）措施项目费包括：

① 安全文明施工费；

② 夜间施工增加费；

③ 二次搬运费；

④ 冬雨季施工增加费；

⑤ 已完工程及设备保护费；

⑥ 工程定位复测费；

⑦ 特殊地区施工增加费；

⑧ 大型机械设备进出场及安拆费；

⑨ 脚手架工程费。

解析 本问问的是措施项目费包括哪些费用？说明是考点是考工程造价按造价形成划分的措施项目费组成，而不是考核通用措施费项目。

问题 4：事件四中，A 施工总包单位进行的风险管理的内容属于施工风险的哪个类型？施工风险管理过程包括哪些方面？

答案：

（1）施工方案、工程机械的风险属于技术风险。

（2）施工风险管理过程包括风险识别、风险评估、风险应对、风险监控。

案例69　2015年二建建筑案例真题一（有改动和删减）

关键词索引：专项方案编制和审批、室内防水过程检查及蓄水试验、双代号时标网络、索赔

背景资料

某房屋建筑工程，建筑面积26800m²，地下2层，地上7层，钢筋混凝土框架结构，根据《建设工程施工合同（示范文本）》GF－2017－0201和《建设工程监理合同（示范文本）》GF－2012－0202，建设单位分别与中标的施工承包单位和监理单位签订了施工总承包合同和监理合同。

在合同履行过程中，发生了下列事件：

事件一：经项目监理机构审核和建设单位同意，施工总承包单位将深基坑工程分包给具有相应资质的某分包单位。深基坑工程开工后，分包单位项目技术负责人组织编写了深基坑工程专项施工方案。经该单位技术部门组织审核、技术负责人签字确认后，报项目监理机构审批。

事件二：室内卫生间楼板聚氨酯防水涂料施工完毕后，从下午5：00开始进行蓄水检验，次日上午8：30施工总承包单位要求项目监理机构进行验收，监理工程师对施工总承包单位的做法提出异议，不予验收。

事件三：在监理工程师要求的时间内，施工总承包单位提交了室内装饰装修工程的进度计划双代号时标网络图（如下图所示），经监理工程师确认后组织施工。

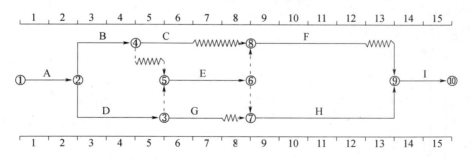

室内装饰装修工程进度计划网络图（时间单位：周）

事件四：在室内装饰装修工程施工过程中，因建设单位设计变更导致工作C的实际工作时间为35d。施工总承包单位以设计变更影响进度为由，向项目监理机构提出工期索赔21d的要求。

问题1：分别指出事件一中专项施工方案编制、审批程序的不妥之处，并写出正确做法。

答案：

不妥1：深基坑工程开工后编写深基坑工程专项施工方案。

正确做法：应当在深基坑工程开工前编写深基坑工程专项施工方案。

不妥2：分包单位项目技术负责人组织编写专项施工方案。

正确做法：应当由分包单位项目负责人组织编写专项施工方案。

不妥3：经该单位技术部门组织审核、技术负责人签字确认后，报项目监理机构审批。

正确做法：专项施工方案应当由总承包单位技术负责人及分包单位技术负责人共同审核签字并加盖单位公章后，方可报项目监理机构审批。

问题2：分别指出事件二中的不妥之处，并写出正确做法。室内防水施工过程中需检查哪些内容？

答案：

（1）不妥之处及正确做法

不妥1：蓄水检验从下午5：00到次日早8：30。

正确做法：蓄水检验至少需24h。

不妥2：次日早8：30要求项目监理机构进行验收。

正确做法：蓄水试验合格后，方可向项目监理机构申请验收。

（2）室内防水施工过程中检查内容包括：

① 基层状况（包括干燥、干净、坡度、平整度、转角圆弧等）；

② 涂膜的方向及顺序；

③ 附加层；

④ 涂膜厚度；

⑤ 防水的高度；

⑥ 管根处理；

⑦ 防水保护层；

⑧ 缺陷情况；

⑨ 隐蔽工程验收记录。

解析 厨房、厕浴间防水层完成后，应做24h蓄水试验，确认无渗漏时再做保护层和面层。设备和饰面层施工完后，还应在其上继续做第2次24h蓄水试验，达到最终无渗漏和排水畅通为合格后，方可进行正式验收。墙面间歇淋水试验应达到30min以上不渗漏。

问题3：针对事件三的进度计划网络图，写出其计算工期、关键线路（用工作表示），分别计算工作C与F的总时差和自由时差（单位：周）。

答案：

（1）计算工期：15周。

（2）关键线路：A→D→E→H→I。
（3）C工作：总时差为3周，自由时差为2周。
（4）F工作：总时差为1周，自由时差为1周。

问题4：事件四中，施工总承包单位提出的工期索赔天数是否成立？说明理由。
答案：
工期索赔天数不成立。
理由：尽管设计变更事件是建设单位应承担的责任事件，但C为非关键工作，其总时差为3周（21d），设计变更导致C工作的持续时间延长 35 – 14 = 21d，未超出其总时差，不影响工期。

案例70　2015年二建建筑案例真题二

关键词索引：泥浆护壁钻孔灌注桩、模板拆除、砌体砌筑、安全管理保证项目、脚手架剪刀撑、电梯井防护

背景资料

某办公楼工程，钢筋混凝土框架结构，地下1层，地上8层，层高4.5m，工程桩采用泥浆护壁钻孔灌注桩，墙体采用普通混凝土小砌块，工程外脚手架采用双排落地扣件式钢管脚手架。位于办公楼顶层的会议室，其框架柱间距为8m×8m。施工单位的项目部按照绿色施工要求，收集现场施工废水循环利用。

在施工过程中，发生了以下事件：

事件一：项目部完成泥浆循环清孔工作，随即放置钢筋笼、下导管及桩身混凝土灌注，混凝土浇筑至桩顶设计标高。

事件二：会议室顶板底模支撑拆除前，试验员从标准养护室取一组试件进行试验，试验强度达到设计强度的90%，项目部据此开始拆模。

事件三：因工期紧，砌块生产7d后运往工地进行砌筑，砌筑砂浆采用收集的循环水进行现场拌制。墙体一次砌筑至梁底以下200mm位置，留待14d后砌筑顶紧。监理工程师进行现场巡视后责令停工整改。

事件四：施工总承包单位对项目部进行专项安全检查时发现：①安全管理检查评分表内的保证项目仅对"安全生产责任制""施工组织设计及专项施工方案"两项进行了检查；②外架立面剪刀撑间距12m，由底至顶连续设置；③电梯井口处设置活动的防护栅门，电梯井内每隔四层设置一道安全平网进行防护。检查组下达了整改通知单。

问题1：分别指出事件一中的不妥之处，并写出正确做法。

答案：

不妥1：完成清孔工作，随即放置钢筋笼、下导管。

正确做法：完成清孔工作后需终孔验收，合格后方可放置钢筋笼、下导管。

不妥2：放置钢筋笼、下导管后，进行桩身混凝土灌注。

正确做法：放置钢筋笼、下导管之后应进行二次清孔方可浇筑桩身混凝土。

不妥3：混凝土浇筑至桩顶设计标高。

正确做法：混凝土浇筑高度应高于设计桩顶标高1m以上。

知识点引申

泥浆护壁钻孔灌注桩施工工艺流程

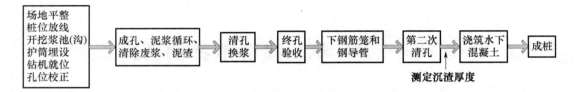

问题2：事件二中，项目部的做法是否正确？说明理由。当设计无规定时，通常情况下模板拆除顺序的原则是什么？

答案：

（1）项目部的做法：不正确。

理由：梁板底模及支架拆除应以同条件养护试块强度为依据，而不是标准养护试块强度。

（2）模板拆除顺序的原则：后支先拆、先支后拆；先拆除非承重部分，后拆除承重部分。

问题3：针对事件三中的不妥之处，分别写出相应的正确做法。

答案：

不妥1：砌块生产7d后运往工地进行砌筑。

正确做法：砌块应达到28d龄期才能砌筑。

不妥2：砌筑砂浆采用收集的循环水进行现场拌制。

正确做法：循环水经检测，符合砌筑砂浆拌制用水规定后才能用于砌筑砂浆的现场拌制。

不妥3：墙体一次砌筑至梁底以下200mm位置。

正确做法：砖砌体每日砌筑高度宜控制在1.5m或一步脚手架高度内，层高4.5m，至少3d才能完成砌筑。

问题4：事件四中，安全管理检查评分表的保证项目还应检查哪些？写出施工现场安全设置需整改项目的正确做法。

答案：

（1）安全管理保证项目还应包括：

① 安全技术交底；
② 安全检查；
③ 安全教育；
④ 应急救援。
（2）安全设置整改项目的正确做法：
① 剪刀撑应沿全高、全长连续设置；
② 电梯井应设置固定的防护栅门；
③ 电梯井内每隔2层且不大于10m设一道安全平网进行防护。

知识点引申

电梯井防护措施
（1）设高度不小于1.5m的防护门，防护门底部距地面高度不应大于50mm，并设置挡脚板。
（2）电梯施工前，电梯井道内应每隔2层且不大于10m加设一道安全平网。
（3）电梯井内的施工层上部，应设置隔离防护设施。

案例71　2015年二建建筑案例真题三

关键词索引：施工总进度计划内容、新技术质量验收、安全事故报告内容、工程档案移交

背景资料

某新建办公楼工程，总建筑面积18600m²，地下2层，地上4层，筏板基础，钢筋混凝土框架结构。

在施工过程中，发生了下列事件：

事件一：工程开工前，施工单位按规定向项目监理机构报审施工组织设计，监理工程师审核时，发现"施工进度计划"部分仅有"施工进度计划表"一项，该部分内容缺项较多，要求补充其他必要内容。

事件二：某分项工程采用新技术，现行验收规范中对该新技术的质量未作出相应规定。设计单位制定了"专项验收"标准。由于该专项验收标准涉及结构安全，建设单位要求施工单位就此验收标准组织专家论证。监理单位认为程序错误，提出异议。

事件三：雨季施工期间，由于预控措施不到位，基坑发生坍塌事故。施工单位在规定时间内，按事故报告要求的内容向有关单位及时进行了上报。

事件四：工程竣工验收后，建设单位指令设计、监理等参建单位将工程资料交施工单位汇总，施工单位把汇总资料提交给城建档案管理机构进行工程档案预验收。

问题 1：事件一中，还应补充的施工进度计划内容有哪些？
答案：
（1）编制说明；
（2）分期（分批）实施工程的开、竣工日期及工期一览表；
（3）资源需要量及供应平衡表。

问题 2：分别指出事件二中程序的不妥之处，并写出相应的正确做法。
答案：
不妥 1：设计单位制定了"专项验收"标准。
正确做法：应由建设单位组织监理、设计、施工等相关单位制定专项验收标准。
不妥 2：建设单位要求施工单位就此验收标准组织专家论证。
正确做法：涉及安全、节能、环保等项目的专项验收标准应由建设单位组织专家论证。

知识点引申
《建筑工程施工质量验收统一标准》GB 50300—2013
3.0.5 当专业验收规范对工程中的验收项目未作出相应规定时，应由建设单位组织监理、设计、施工等相关单位制定专项验收要求。涉及安全、节能、环境保护等项目的专项验收要求应由建设单位组织专家论证。

问题 3：写出事件三中事故报告要求的主要内容。
答案：
安全事故报告应包括如下内容：
（1）事故发生单位概况；
（2）事故发生的时间、地点以及事故现场情况；
（3）事故的简要经过；
（4）事故已经造成或者可能造成的伤亡人数（包括下落不明的人数）和初步估计的直接经济损失；
（5）已经采取的措施；
（6）其他应当报告的情况。

知识点引申
安全事故调查报告内容
（1）事故发生单位概况；
（2）事故发生经过和事故救援情况；
（3）事故造成的人员伤亡和直接经济损失；
（4）事故发生的原因和事故性质；
（5）事故责任的认定以及对事故责任者的处理建议；
（6）事故防范和整改措施。

问题 4：分别指出事件四中的不妥之处，并写出相应的正确做法。

答案：

不妥 1：工程竣工验收后，工程建设档案汇总。

正确做法：工程建设档案资料汇总在竣工验收前。

不妥 2：建设单位指令参建单位将工程建设档案资料交施工单位汇总。

正确做法：工程建设档案资料移交建设单位汇总。

不妥 3：施工单位把汇总资料提交给城建档案管理机构进行工程档案预验收。

正确做法：汇总资料由建设单位提交城建档案管理部门预验收。

知识点引申

施工资料组卷要求

（1）专业承包工程形成的施工资料应由专业承包单位负责，并应单独组卷。

（2）电梯应按不同型号每台电梯单独组卷。

（3）室外工程应按室外建筑环境、室外安装工程单独组卷。

（4）当施工资料中部分内容不能按一个单位工程分类组卷时，可按建设项目组卷。

（5）施工资料目录应与其对应的施工资料一起组卷。

（6）应按单位工程进行组卷。

案例 72　2014 年二建建筑案例真题一

关键词索引：施工组织设计、外墙节能施工及验收、双代号网络图、索赔

背景资料

某房屋建筑工程，建筑面积 $6800m^2$，结构体系为钢筋混凝土框架结构，节能体系为外墙外保温，根据《建设工程施工合同（示范文本）》和《建设工程监理合同（示范文本）》，建设单位分别与中标的施工单位和监理单位签订了施工合同和监理合同。

在合同履行过程中，发生了下列事件：

事件一：工程开工前，施工单位的项目技术负责人主持编制了施工组织设计，经项目负责人审核、施工单位技术负责人审批后，报项目监理机构审查。监理工程师认为该施工组织设计的编制、审核（批）手续不妥，要求改正；同时，要求补充建筑节能工程施工的内容。施工单位认为，在建筑节能工程施工前还要编制、报审建筑节能施工技术专项方案，施工组织设计中没有建筑节能工程施工内容并无不妥，不必补充。

事件二：建筑节能施工前，施工单位上报了建筑节能工程施工技术专项方案，其中包括如下内容：

（1）考虑到冬期施工气温较低，规定外墙外保温层只能在每日气温高于5℃的11：00－

17：00 之间进行施工，其他气温低于 5℃ 的时间段均不施工；

（2）工程竣工验收后，施工单位项目经理组织建筑节能分部工程验收。

事件三：施工单位提交了室内装饰装修工期进度计划网络图（见下图），经监理工程师确认后按此图组织施工。

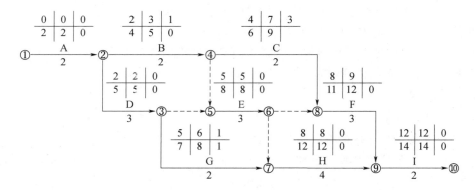

室内装饰装修工程进度计划网络图（时间单位：周）

事件四：在室内装饰装修工程施工过程中，因设计变更导致工作 C 的持续时间为 36d，施工单位以设计变更影响施工进度为由，提出 22d 的工期索赔。

问题1：分别指出事件一中施工组织设计编制、审批程序的不妥之处，并写出正确做法。施工单位关于建筑节能工程施工的说法是否正确？说明理由。

答案：

（1）不妥之处及正确做法：

不妥1：施工单位的项目技术负责人主持编制施工组织设计。

正确做法：施工组织设计应由项目负责人主持编制。

不妥2：施工组织设计由项目负责人审核。

正确做法：单位工程施工组织设计应由施工单位主管部门审核。

（2）施工单位关于建筑节能工程施工的说法：不正确。

理由：建筑节能工程作为单位工程中的一个分部工程，编制单位工程施工组织设计时，应包括建筑节能工程的施工内容。

知识点引申

《建筑节能工程施工质量验收标准》GB 50411—2019

3.1.3 建筑节能工程采用的新技术、新工艺、新材料、新设备，应按有关规定进行评审、鉴定。施工前应对新采用的施工工艺进行评价，并制定专项施工方案。

3.1.4 单位工程施工组织设计应包括建筑节能工程的施工内容。建筑节能工程施工前，施工单位应编制建筑节能工程专项施工方案。施工单位应对从事建筑节能工程施工作业的人员进行技术交底和必要的实际操作培训。

问题 2：分别指出事件二中建筑节能工程施工安排的不妥之处，并说明理由。

答案：

不妥 1：外墙外保温层只能在每日气温高于 5℃的 11：00 – 17：00 之间进行施工。

理由：建筑外墙外保温工程冬期施工最低温度不应低于 – 5℃，外墙外保温工程施工期间以及完工后 24h 内，基层及环境空气温度不应低于 5℃。

不妥 2：工程竣工验收后，组织节能分部工程验收。

理由：竣工验收（单位工程验收）应在所有分部工程验收合格基础上进行，即节能分部工程验收合格后方可组织竣工验收。

不妥 3：施工单位项目经理组织建筑节能分部工程验收。

理由：节能分部工程验收应由总监理工程师组织。

问题 3：针对事件三的进度计划网络图，列式计算工作 C 和工作 F 时间参数，并确定该网络图的计算工期（单位：周）和关键线路（用工作表示）。

答案：

（1）工作 C 和工作 F 时间参数

C 工作自由时差：$FF_C = 8 - 6 = 2$ 周

F 工作的总时差：$TF_F = 9 - 8 = 1$ 周（或 $TF_F = 12 - 11 = 1$ 周）

（2）计算工期：14 周

（3）关键线路：A→D→E→H→I

问题 4：事件四中，施工单位提出的工期索赔是否成立？说明理由。

答案：

施工单位提出的 22d 工期索赔：不成立。

理由：尽管设计变更是建设单位应承担的责任事件，但 C 工作总时差为 3 周（21d），其持续时间延长 $36 - 2 \times 7 = 22d$，只影响工期 $22 - 21 = 1d$，所以，只能索赔工期 1d。

案例73　2014 年二建建筑案例真题二（有改动）

关键词索引：锤击沉桩法终止沉桩、安全事故报告、专家论证、安全技术交底、脚手架拆除

背景资料

某新建工业厂区，地处大山脚下，总建筑面积 16000m²，其中包含一幢 6 层长方形办公楼工程，摩擦型预应力管桩，钢筋混凝土框架结构。

在施工过程中，发生下列事件：

事件一：在预应力管桩锤击沉桩施工过程中，某一根管桩在桩端标高接近设计标高时，难以下沉；此时，贯入度已达到设计要求，施工单位认为该桩承载力已经能够满足设计要求，提出终止沉桩。经组织勘察、设计、施工等各方参建人员和专家会商后同意终止沉桩，监理工程师签字认可。

事件二：连续大雨引发山体滑坡，材料库房垮塌，造成1人当场死亡，7人重伤，施工单位负责人接到事故报告后，立即组织相关人员召开紧急会议，要求迅速查明事故原因和责任，严格按照"四不放过"原则处理；4小时后向相关部门递交了1人死亡的事故报告，事故发生后第7d和第32d分别有1人在医院抢救无效死亡，其余5人康复出院。

事件三：办公楼一楼大厅支模高度为9m，施工单位编制了模架支撑工程专项施工方案并经审批后，及时进行了专家论证。论证会由总监理工程师组织，在行业专家库中抽出5名专家，其中1名专家是该工程设计单位的总工程师，建设单位没有参加论证会。

事件四：监理工程师对现场安全文明施工进行检查时，发现只有公司级、分公司级、项目级安全教育记录，开工前的安全技术交底记录中交底人为专职安全员。

事件五：施工结束后，办公楼外脚手架按东、南、西、北四个立面分片进行拆除，先拆除南北面积比较大的两个立面，再拆除东西两个立面。为了快速拆除架体，工人先将大部分连墙件挨个拆除后，再一起拆除架管。拆除的架管、脚手板传递到一定高度后直接顺着架体溜下后斜靠在墙根，等累积一定数量后一次性清运出场。

问题1：事件一中，监理工程师同意终止沉桩是否正确？请说明理由。预应力管桩的沉桩方法有哪几种？

答案：

（1）监理工程师同意终止沉桩的做法：不正确。

理由：贯入度达到设计要求而桩端标高未达到时，应继续锤击3阵，按每阵10击的贯入度不大于设计规定的数值予以确认。

（2）预应力管桩的沉桩方法有：锤击沉桩法、静力压桩法。

 本问难在终止沉桩是以桩端标高控制为主，还是以贯入度控制为主？需要注意题干背景信息"地处大山脚下"，说明地基部分土质为坚硬土，或者碎石，风化岩等，终止沉桩应以贯入度控制为主。

知识点引申

锤击桩终止沉桩标准：

（1）终止沉桩应以桩端标高控制为主，贯入度控制为辅。当桩终端达到坚硬的硬塑黏性土、中密以上粉土、砂土、碎石土及风化岩时，可以贯入度控制为主，桩端标高控制为辅。

（2）贯入度达到设计要求而桩端标高未达到时，应继续锤击3阵，按每阵10击的贯入度不大于设计规定的数值予以确认。

问题 2：事件二中，施工单位负责人报告事故的做法是否正确？应该补报死亡人数几人？事故处理的"四不放过原则"是什么？

答案：

（1）施工单位负责人报告事故的做法：不正确。

（2）应该补报死亡人数 1 人。

（3）事故处理的"四不放过原则"：

① 事故原因未查清不放过；

② 事故责任人未受到处理不放过；

③ 事故责任人和周围群众没有受到教育不放过；

④ 事故没有制定切实可行的整改措施不放过。

问题 3：分别指出事件三中的错误做法，并说明理由。

答案：

错误 1：论证会由总监理工程师组织。

理由：专家论证会应当由施工单位组织召开。

错误 2：其中 1 名专家是该工程设计单位的总工程师。

理由：本项目参建各方的人员不得以专家身份参加专家论证会。

错误 3：建设单位没有参加论证会。

理由：本项目参建各方都应该参加论证会。

知识点引申

专家论证会参会人员 《危险性较大的分部分项工程安全管理规定》建办质〔2018〕31 号

（1）专家；

（2）建设单位项目负责人；

（3）有关勘察、设计单位项目技术负责人及相关人员；

（4）总承包单位和分包单位技术负责人或授权委派的专业技术人员、项目负责人、项目技术负责人、专项施工方案编制人员、项目专职安全生产管理人员及相关人员；

（5）监理单位项目总监理工程师及专业监理工程师。

问题 4：分别指出事件四中的错误做法，并指出正确做法。

答案：

（1）错误 1：只有公司级、分公司级、项目级三级安全教育记录。

正确做法：应建立分级职业健康安全生产教育制度，实施公司、项目部和作业班组三级教育。

（2）错误 2：开工前的安全技术交底记录中交底人为专职安全员。

正确做法：工程开工前，应由施工负责人向有关人员进行安全技术交底。

知识点引申

安全技术交底

1 依据《建筑施工安全检查标准》JGJ 59—2011

（1）施工负责人在分配生产任务时，应对相关管理人员、施工作业人员进行书面安全技术交底。

（2）安全技术交底应按施工工序、施工部位、施工栋号分部分项进行。

（3）安全技术交底应结合施工作业场所状况、特点、工序，对危险因素、施工方案、规范标准、操作规程和应急措施进行交底。

（4）安全技术交底应由交底人、被交底人、专职安全员进行签字确认。

2 依据《建设工程安全生产管理条例》

第二十七条 建设工程施工前，施工单位负责项目管理的技术人员应当对有关安全施工的技术要求向施工作业班组、作业人员作出详细说明，并由双方签字确认。

问题5：脚手架拆除作业存在哪些不妥之处？并简述正确做法。

答案：

不妥1：分段拆除时，先拆南北立面，再拆东西立面。

正确做法：分段拆除高差不应大于2步。如高差大于2步，应增设连墙件加固。

不妥2：先将连墙件挨个拆除后，再一起拆除架管。

正确做法：连墙件必须随脚手架逐层拆除，严禁先将连墙件整层拆除后再拆脚手架。

不妥3：拆除的架管、脚手板直接顺着架体溜下后斜靠在墙根。

正确做法：拆下的构配件采用起重设备吊运或人工传递到地面，严禁抛掷。

知识点引申

脚手架拆除 《建筑施工脚手架安全技术统一标准》GB 51210—2016

9.0.8 脚手架的拆除作业必须符合下列规定：

1 架体的拆除应从上而下逐层进行，严禁上下同时作业。

2 同层杆件和构配件必须按先外后内的顺序拆除；剪刀撑、斜撑杆等加固杆件必须在拆卸至该部位杆件时再拆除。

3 作业脚手架连墙件必须随架体逐层拆除，严禁先将连墙件整层或数层拆除后再拆架体。拆除作业过程中，当架体的自由端高度超过2步时，必须加设临时拉结。

9.0.10 脚手架的拆除作业不得重锤击打、撬别。拆除的杆件、构配件应采用机械或人工运至地面，严禁抛掷。

案例74 2014年二建建筑案例真题三

关键词索引：高程测量、混凝土抗压强度标养试件和抗渗试件、钢筋冷拉调直、保修

> **背景资料**

某新建办公楼,地下 1 层,筏板基础,地上 12 层,框架剪力墙结构,筏板基础混凝土强度等级为 C30,抗渗等级为 P6,总方量 1980m³,由某商品混凝土搅拌站供应,一次性连续浇筑,在施工现场内设置了钢筋加工区。

在合同履行过程中,发生了下列事件:

事件一:由于建设单位提供的高程基准点 A 点(高程 H_A 为 75.141m)离基坑较远,项目技术负责人要求将高程控制点引测至临近基坑的 B 点。技术人员在两点间架设水准仪,A 点立尺读数 a 为 1.441m,B 点立尺度数 b 为 3.521m。

事件二:在筏板基础混凝土浇筑期间,试验人员随机选择了一辆正处于等候状态的混凝土运输车,进行放料取样,并留置了一组标准养护抗压试件(3 个)和一组标准养护抗渗试件(3 个)。

事件三:框架柱箍筋采用 ϕ8mm 盘圆钢筋冷拉调直后制作,经测算,其中 KZ1 的箍筋每套下料长度为 2350mm。

事件四:在工程竣工验收合格并交付使用一年后,屋面出现多处渗漏,建设单位通知施工单位立即进行免费维修。施工单位接到维修通知 24h 后,以已通过竣工验收为由不到现场,并拒绝免费维修。经鉴定,该渗漏问题因施工质量缺陷所致,建设单位另行委托其他单位进行修理。

问题 1:列式计算 B 点高程 H_B。
答案:
$H_A + a = H_B + b$
$75.141 + 1.441 = H_B + 3.521$
$H_B = 73.061m$

问题 2:分别指出事件二中的不妥之处,并写出正确做法。本工程筏板基础混凝土应至少留置多少组标准养护抗压试件?
答案:
(1)不妥之处及正确做法
不妥 1:试验人员在混凝土运输车中放料取样。
正确做法:应在混凝土浇筑地点随机取样。
不妥 2:留置一组标养抗压试件(3 个)和一组标养抗渗试件(3 个)。
正确做法:标养抗渗试件应为一组 6 个。
(2)应至少留置 10 组标养抗压试件。

<u>知识点引申</u>

一、抗压强度标准养护试件取样和留置规定 《混凝土结构工程施工质量验收规范》GB 50204—2015

7.4.1 混凝土的强度等级必须符合设计要求。用于检验混凝土强度的试件应在浇筑地点随机抽取。

检查数量：对同一配合比混凝土，取样与试件留置应符合下列规定：

1 每拌制 100 盘且不超过 100m³ 时，取样不得少于一次；

2 每工作班拌制不足 100 盘时，取样不得少于一次；

3 连续浇筑超过 1000m³ 时，每 200m³ 取样不得少于一次；

4 每一楼层取样不得少于一次；

5 每次取样应至少留置一组（3个）试件。

检验方法：检查施工记录及混凝土强度试验报告。

二、抗渗性能标准养护试件规定 《地下防水工程质量验收规范》GB 50208—2011

4.1.11 防水混凝土抗渗性能应采用标准条件下养护混凝土抗渗试件的试验结果评定，试件应在混凝土浇筑地点随机取样后制作，符合下列规定：

1 连续浇筑混凝土超过 500m³ 应留置一组 6 个抗渗试件，且每项工程不得少于两组；采用预拌混凝土的抗渗试件，留置组数应视结构的规模和要求而定。

2 抗渗性能试验应符合现行国家标准《普通混凝土长期性能和耐久性能试验方法标准》GB/T 50082 的有关规定。

问题 3：事件三中，在不考虑加工损耗和偏差的前提下，列式计算 100m 长 ϕ8mm 盘圆钢筋经冷拉调直后，最多能加工多少套 KZ1 的柱箍筋？

答案：

$100 \times (1+4\%)/(2350 \div 1000) = 44$ 套

【解析】 本问考核的是盘卷钢筋采用冷拉调直时的最大伸长率规定。盘卷钢筋采用冷拉调直时，HPB300 光圆钢筋的冷拉率不宜大于 4%，HRB335、HRB400、HRB500、HRBF400、HRBF500 及 RRB400 带肋钢筋的冷拉率不宜大于 1%。

问题 4：事件四中，施工单位做法是是否正确？说明理由。建设单位另行委托其他单位进行修理是否正确？说明理由。修理费应如何承担？

答案：

（1）施工单位做法：不正确。

理由：屋面防水工程的最低保修期限为 5 年。

（2）建设单位另行委托其他单位进行修理：正确。

理由：施工单位不按工程质量保修书约定保修的，建设单位可以另行委托其他单位保修。

（3）修理费由施工单位承担，可从保修金中直接扣除。

案例75 2013年二建建筑案例真题一(有增加)

关键词索引：填充墙砌筑、双代号时标网络计划、索赔

背景资料

某房屋建筑工程，建筑面积6000m²，钢筋混凝土独立基础，框架结构，填充墙采用蒸压加气混凝土砌块砌筑，根据《建设工程施工合同（示范文本）》和《建设工程监理合同（示范文本）》，建设单位分别与中标的施工总承包单位和监理单位签订了施工总承包合同和监理合同。

在合同履行中，发生了下列事件：

事件一：为控制成本，现场围墙分段设计，实施全封闭式管理。即东、南两面紧邻市区主要路段设计为1.8m高砖围墙，并按市容管理要求进行美化，西、北两面紧邻居民小区一般路段，设计为1.8m高普通钢围挡，部分围挡占据了交通路口。

事件二：监理工程师巡视第四层填充墙砌筑施工现场时，发现蒸压加气混凝土砌块填充墙直接从厨房、卫生间、浴室等处的结构楼面开始砌筑，砌筑到梁底并间歇2d后立即将其补砌挤紧。

事件三：施工总承包单位按要求向项目监理机构提交了室内装饰工程的时标网络计划图（见下图），经批准后按此组织实施。

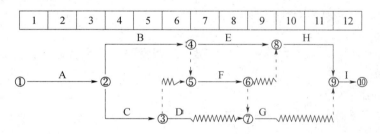

室内装饰工程时标网络计划图（时间单位：周）

事件四：在室内装饰工程施工过程中，因合同约定由建设单位采购供应的某装饰材料交付时间延误，导致工作F的结束时间拖延14d，为此，施工总承包单位以建设单位延误供料为由，向项目监理机构提出工期索赔14d的申请。

问题1：事件一中，分别说明现场砖围墙和普通钢围挡设计高度是否妥当？说明理由。交通路口占据道路的围挡还要采取哪些措施？

答案：
（1）围挡高度：

① 东、南两面紧邻市区主要路段设计为1.8m高砖围墙，不妥。
理由：市区主要路段的施工现场围挡高度不应小于2.5m。
② 西、北两面紧邻居民小区一般路段设计为1.8m高普通钢围挡，妥当。
理由：一般路段围挡高度不应小于1.8m。
（2）距离交通路口20m范围内占据道路施工设置的围挡，其0.8m以上部分应采用通透性围挡，并应采取交通疏导和警示措施。

问题2：根据《砌体结构工程施工质量验收规范》GB 50203—2011，指出事件二中填充墙砌筑过程中的错误做法，并分别写出正确做法。
答案：
错误1：蒸压加气混凝土砌块填充墙直接从厨房、卫生间、浴室等处的结构楼面开始砌筑。
正确做法：厨房、卫生间、浴室等处的墙体底部宜浇筑150mm高的混凝土坎台，再砌筑蒸压加气混凝土砌块填充墙。
错误2：砌筑到梁底并间歇2d后立即将其补砌挤。
正确做法：填充墙梁底最后3皮砖应在下部墙砌完至少14d后砌筑，并由中间开始向两边斜砌。

问题3：事件三中，室内装饰工程的工期为多少天？并写出该网络计划的关键线路（用节点表示）。
答案：
（1）工期：12×7=84d。
（2）关键线路：①→②→④→⑧→⑨→⑩。

问题4：事件四中，施工总承包单位提出的工期索赔14d是否成立，说明理由。
答案：
工期索赔14d不成立。
理由：F工作的总时差为1周，拖延14d只能索赔14−7=7d。

案例76　2013年二建建筑案例真题三（有改动）

关键词索引：基坑临边、施组修改、分部验收、室内环境检测

背景资料

某高校新建教学及科研楼工程，均为地下1层，地上6层，钢筋混凝土框架结构，采用

悬臂式钻孔灌注桩排桩作为基坑支护结构，科研楼电梯安装工程为建设单位指定分包，施工总承包单位按规定在土方开挖过程中实施桩顶位移监测并设定了监测预警值。

施工过程中，发生了下列事件：

事件一：土方开挖时，在支护桩顶设置了900mm高的基坑临边安全防护栏杆；在紧靠栏杆的地面上堆放了砌块、钢筋等建筑材料。挖土过程中，发现支护桩顶向坑内发生的位移超过预警值，现场立即停止挖土作业，并在坑壁增设锚杆以控制桩顶位移。

事件二：在主体结构施工前，与主体结构施工密切相关的某国家标准发生修改并已开始实施，现场监理机构要求修改施工组织设计，重新审批后才能组织实施，被施工单位拒绝。

事件三：电梯安装工程早于装饰装修工程完工，提前由总监理工程师组织验收，总承包单位未参加，验收后电梯安装单位将电梯工程相关资料移交建设单位。整体工程完成时，电梯安装单位已撤场，由建设单位组织，监理、设计、总承包单位参与进行了单位工程质量验收。

事件四：由于学校开学在即，建设单位要求施工总承包单位在完成室内装饰装修工程后立即进行室内环境质量验收，并邀请了具有相应检测资质的机构到现场进行检测，施工总承包单位对此做法提出异议。

问题1：分别指出事件一中错误之处，并写出正确做法。针对该事件中的桩顶位移问题，还可采取哪些应急措施？

答案：

（1）错误之处及正确做法

错误1：在支护桩顶设临边安全防护栏杆。

正确做法：防护栏杆在基坑四周固定时，钢管离基坑边口的距离不应小于50cm。

错误2：设置900mm高基坑临边安全防护栏杆。

正确做法：防护栏杆应设置1.2m高。

错误3：紧靠栏杆的地面上堆放砌块、钢筋等建筑材料。

正确做法：材料堆放在基坑边时，要距坑边1m以外。

（2）桩顶位移采取的应急措施还有：背后卸载、加快垫层施工、加大垫层厚度、加设支撑。

知识点引申

（1）防护栏杆由上、下两道横杆及栏杆柱组成，上杆距地面高度应为1.2m，下杆应在上杆和挡脚板中间设置。

（2）防护栏杆高度大于1.2m时，应增设横杆，横杆间距不应大于600mm。横杆长度大于2m时，必须加设栏杆柱。

（3）当栏杆在基坑四周固定时，可采用钢管打入地面50~70cm深，钢管离边口的距离不应小于50cm。当基坑周边采用板桩时，钢管可打在板桩外侧。

（4）防护栏杆必须自上而下用安全立网封闭，或在栏杆下边设置高度不低于18cm的挡脚板或40cm的挡脚笆，板与笆下边距离底面的空隙不应大于10mm。

问题2：施工单位拒绝修改施工组织设计的做法是否合理？哪些情况发生后需要修改施工组织设计并重新审批？

答案：

（1）施工单位拒绝修改施工组织设计：不合理。

（2）需要修改施工组织设计并重新审批的情况有：

① 工程设计有重大修改；

② 有关法律、法规、规范和标准实施、修订和废止；

③ 主要施工方法有重大调整；

④ 主要施工资源配置有重大调整；

⑤ 施工环境有重大改变。

问题3：事件三中存在哪些错误？正确的做法是什么？

答案：

错误1：总承包单位未参加电梯安装工程验收。

正确做法：总监理工程师组织电梯安装工程验收，总承包单位必须参加。

错误2：验收后电梯安装单位将电梯工程相关资料移交建设单位。

正确做法：验收后电梯安装单位将电梯工程相关资料移交总承包单位。

错误3：整体工程完成时，由建设单位组织，监理、设计、总承包单位参与进行了单位工程质量验收。

正确做法：勘察单位和电梯安装单位也应参加单位工程质量验收。

问题4：事件四中，施工总承包单位提出异议是否合理？并说明理由。根据《民用建筑工程室内环境污染控制规范》GB 50325，室内环境污染物浓度检测应包括哪些检测项目？

答案：

（1）施工总承包单位提出异议：合理。

理由：室内环境质量检测应在室内装饰装修完成7d后、工程交付使用前进行。

（2）室内环境污染物浓度检测项目包括：甲醛、氡、氨、苯、总挥发性有机物TVOC。

案例 77

关键词索引：网络图转化流水施工

> 背景资料

某办公楼工程，建筑面积6800m²，框架结构，基础工程分为两个流水施工段组织流水施工，根据工期要求编制了该基础工程的施工进度计划，并绘制了施工双代号网络计划图（时间单位：天），如下图所示：

问题1：指出基础工程网络计划的关键线路（用工作名称表示），写出该基础工程计划工期。

答案：

关键线路：A1→A2→B2→C2。

计划工期：3 + 9 + 12 + 3 = 27d。

问题2：按照双代号网络图绘制流水施工横道图。

答案：

（1）绘制流水节拍表

	施工段一	施工段二
施工过程 A	3	9
施工过程 B	7	12
施工过程 C	6	3

（2）施工过程时间累加

	施工段一	施工段二
施工过程 A 累加	3	12
施工过程 B 累加	7	19
施工过程 C 累加	6	9

（3）错位相减取大

K_{A-B}　3　12
　　　－　　7　19
　　　―――――――
　　　　3　5　－19

$K_{A-B} = 5d$

K_{B-C}　7　19
　　　－　　6　9
　　　―――――――
　　　　7　13　－9

$K_{B-C} = 13d$

(4) 绘制流水施工横道图

分项	2	4	6	8	10	12	14	16	18	20	22	24	26	28
A	①			②										
B				①				②						
C										①		②		

案例 78

关键词索引：报价浮动率

背景资料

某学校食堂装修改造项目采用工程量清单计价方式进行招投标，招标控制价为 530 万元，某施工单位报价 500 万元中标，合同约定实际完成工程量超过估计工程量 10% 以上时调整单价，调整后综合单价为原综合单价的 90%。合同约定厨房铺地砖工程量为 $5000m^2$，单价为 89 元/m^2，墙面瓷砖工程量为 $8000m^2$，单价为 98 元/m^2。施工中发包方以设计变更的形式通知承包方将公共走廊作为增加项目进行装修改造。走廊地面装修标准与厨房标准相同，工程量为 $1200m^2$，走廊墙面装修为高级乳胶漆，工程量为 $2800m^2$，工程量清单中无此项，乳胶漆的市场平均综合单价为 20 元/m^2。

问题：本工程厨房和走廊的地面、墙面结算工程款是多少？
答案：
（1）厨房地面及墙面装修结算工程款为：$5000 \times 89 + 8000 \times 98 = 1229000$ 元
（2）走廊地面瓷砖按原单价计算工程量为：$5000 \times 10\% = 500m^2$
走廊地面装修结算工程款为：$500 \times 89 + (1200 - 500) \times 89 \times 90\% = 100570$ 元
（3）走廊墙面装修结算
报价浮动率 $L = (1 - 500/530) \times 100\% = 5.66\%$
确认的综合单价应为：$20 \times (1 - 5.66\%) = 18.87$ 元/m^2
走廊墙面装修结算工程款：$2800 \times 18.87 = 52836$ 元

案例 79

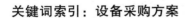

关键词索引：设备采购方案

背景资料

某工程需购置某设备一台，经市场调查有三种型号设备满足要求，相关参数如下表所示（采购当年贷款复利利率为8%）。

设备相关参数表（万元）

设备序号	售价	年使用费、维修费、保管费等	使用寿命	残值
A	2000	110	20	100
B	1700	120	16	100
C	1400	140	10	90

问题：列式计算比较，选出正确的设备采购方案。
答案：
设备年折算费用计算如下：

设备 $A = (2000 - 100) \times \dfrac{8\% \times (1+8\%)^{20}}{(1+8\%)^{20} - 1} + 100 \times 8\% + 110 = 311.61$ 万元

设备 $B = (1700 - 100) \times \dfrac{8\% \times (1+8\%)^{16}}{(1+8\%)^{16} - 1} + 100 \times 8\% + 120 = 308.8$ 万元

设备 $C = (1400 - 90) \times \dfrac{8\% \times (1+8\%)^{10}}{(1+8\%)^{10} - 1} + 90 \times 8\% + 140 = 342.39$ 万元

结论：选择购置设备 B。

案例 80

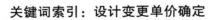

关键词索引：设计变更单价确定

背景资料

某工程采用工程量清单报价，投标人中标价2350万元，招标人招标控制价2500万元，部分工程项目发生设计变更，相应综合单价信息如下表所示：

项目名称	综合单价	
	施工图预算相应综合单价	填报单价
土方开挖	25 元/m³	30 元/m³
混凝土浇筑	400 元/m³	360 元/m³
饰面层施工	35 元/m²	26 元/m²

问题：变更项目结算的综合单价分别是多少？

答案：

项目报价浮动率：$L = (1 - 2350/2500) \times 100\% = 6\%$。

（1）土方开挖：$25 \text{ 元}/m^3 \times (1 + 15\%) = 28.75 \text{ 元}/m^3 < 30 \text{ 元}/m^3$

变更项目综合单价按 28.75 元/m³ 结算。

（2）混凝土浇筑：$400 \times (1 - 6\%) \times (1 - 15\%) = 319.6 \text{ 元}/m^3 < 360 \text{ 元}/m^3$

变更项目综合单价按 360 元/m³ 结算。

（3）饰面层施工：$35 \times (1 - 6\%) \times (1 - 15\%) = 27.97 \text{ 元}/m^2 > 26 \text{ 元}/m^2$

变更项目综合单价按 27.97 元/m³ 结算。

解析

本问考核的是工程设计变更项目单价的确定，当合同中未约定综合单价时，施工方填报单价过高或过低，本设计变更项目的综合单价如何确定的问题。

（1）如何判断填报价格过高，应按照施工图预算价（即业主方心理价）上浮15%来判断；

（2）如何判断填报价格过低，应按照施工预算价（即施工方的心理价）下浮15%来判断。

知识点引申

工程设计变更引起价格调整 《建设工程工程量清单计价规范》GB 50500—2013

1. 已标价工程量清单中有适用于变更工程项目的，采用该项目的单价。工程量偏差超过15%时，需调整综合单价，原则如下：

当工程量增加15%以上时，其增加部分的工程量的综合单价调低；当工程量减少15%以上时，减少后剩余部分的工程量的综合单价调高。

（1）当 $Q_1 > 1.15 Q_0$ 时：

$$S = 1.15 Q_0 \times P_0 + (Q_1 - 1.15 Q_0) \times P_1$$

（2）当 $Q_1 < 0.85 Q_0$ 时：

$$S = Q_1 \times P_1$$

式中 Q_1、Q_0——最终完成工程量、清单工程量；

P_1、P_0——调整后的综合单价、填报综合单价。

2. 已标价工程量清单中没有适用、但有类似于变更工程项目的，参照类似项目的单价。

3. 已标价工程量清单中没有适用也没有类似于变更工程项目的，由承包人提出单价（考虑承包人报价浮动率），发包人确认后调整。

招标工程：报价浮动率 $L=(1-中标价/招标控制价)\times 100\%$
非招标工程：报价浮动率 $L=(1-报价值/施工图预算)\times 100\%$

4. 如果设计变更出现承包人填报的综合单价 P_0 与招标控制价（或施工图预算价）相应综合单价偏差超过15%，则变更项目的综合单价按如下调整：

（1）当 $P_0 < P_1 \times (1-L) \times (1-15\%)$ 时，综合单价按 $P_1 \times (1-L) \times (1-15\%)$ 调整。

（2）当 $P_0 > P_1 \times (1+15\%)$，综合单价按 $P_1 \times (1+15\%)$ 调整。

案例 81

关键词索引：泥浆护壁钻孔灌注桩、坍孔、基坑监测

背景资料

某写字楼工程，地质条件复杂，基坑深度 12m，距离邻近建筑物 7m，支护结构采用地下连续墙且作为地下室外墙。工程桩为泥浆护壁钻孔灌注桩基础，桩径 1m，桩长 35m，混凝土强度等级 C30，共 400 根。

施工单位编制的桩基础施工方案中列明：导管法水下灌注 C30 混凝土，灌注时桩顶混凝土面超过设计标高 500mm，每根桩留置一组混凝土试件；完成第一次清孔工作后，随即下放钢筋笼及下导管，然后进行水下混凝土灌注。成桩后选择有代表性的桩进行验收检测，按总桩数 20% 对桩身完整性进行检验，并采用静载荷试验的方法对 3 根桩进行承载力检验。监理工程师认为方案存在错误，要求施工单位整改后重新上报。

施工过程中有一根灌注桩出现了孔壁坍塌后，采取了相应措施。

基坑工程施工后，施工单位委托具有相应资质的第三方对基坑工程进行现场监测，监测单位编制了监测方案，方案中明确对基坑及其支护结构变形等内容进行观测。经建设方、监理方认可后实施。

问题1：指出桩基础施工方案中的错误之处，并分别写出正确做法。检测桩身完整性方法包括哪些？

答案：

（1）施工方案的错误之处及正确做法：

错误1：水下灌注混凝土强度等级 C30。

正确做法：应灌注 C35 混凝土（强度等级提高一级）。

错误2：桩顶混凝土面超过设计标高 500mm。

正确做法：应超灌 1m 以上。

错误3：第一次清孔工作后，随即下放钢筋笼及下导管。

正确做法：第一次清孔后，应终孔验收后方可下放钢筋笼及导管。
错误4：下放钢筋笼及下导管后，进行水下混凝土灌注。
正确做法：应二次清孔后方可灌注水下混凝土。
错误5：对3根桩进行承载力检验。
正确做法：应对至少4根桩进行承载力检验（1%至少3根）。
（2）检测桩身完整性方法包括：钻芯法、低应变法、高应变法、声波透射法。

问题2：分析造成泥浆护壁灌注桩坍孔的原因可能有哪些？（至少写出3条）
答案：
泥浆护壁灌注桩坍孔原因：
（1）泥浆比重不够；
（2）孔内水头高度不够或出现承压水；
（3）护筒埋置太浅；
（4）进尺速度太快或空转时间太长，转速太快；
（5）冲击锥（抓）或掏渣筒倾倒，撞击孔壁；
（6）爆破处理孔内孤石、探头石时，炸药量过大。

问题3：本工程在基坑监测管理工作中有哪些不妥之处？并说明理由。
答案：
不妥1：基坑工程施工后委托监测单位。
理由：监测单位应在基坑工程施工前确认。
不妥2：施工方委托基坑监测单位。
理由：建设单位委托基坑监测单位。
不妥3：监测方案经建设方、监理方认可后实施。
理由：监测方案经建设方、监理方、设计方认可后实施。

案例82

关键词索引：基坑降水、基坑支护、变更估价程序、赢得值法、资料组卷

背景资料

某框架结构，基坑深度8.2m，地下水位较高，开挖深度范围内有一高层建筑，距基坑北边4m处地面以下3m埋设有一根燃气管道。地基土渗透系数$K=25m/d$，且含有大量碎石土。

事件一：施工单位编制基坑支护方案时，考虑渗透系数较大，降水深度较深，拟采用单级轻型井点降水，并在四周设置深层水泥土搅拌桩截水帷幕。基坑采用复合土钉墙支护方式。

事件二：外墙装饰阶段，甲方变更通知将外墙外保温材料由B1级的聚苯板改为A级的水泥复合保温板，施工难度明显加大，外墙施工的成本明显增加。在2个月之后的竣工结算时，乙方提出外墙外保温施工的综合单价由清单中的120元/m²改为180元/m²，但甲方收到后未予答复。

事件三：合同工程量清单报价中写明：外墙面瓷砖面积1000m²，综合单价为110元/m²。施工过程中，建设单位调换了瓷砖的规格型号，实际综合单价为150元/m²，该分项工程施工完成后，经监理工程师实测确认瓷砖粘贴面积为1200m²，但建设单位尚未确认该变更单价，施工单位用挣值法进行了成本分析。

事件四：完工后，项目部按要求进行了施工资料的组卷。其中：防水专业承包工程的施工资料由总包单位负责，并单独组卷；三台电梯按不同型号每台电梯单独组卷；室外工程将建筑环境、安装工程共同组卷。

问题1：事件一降水方式是否合理？说明理由。降水深度是多少？截水帷幕还有哪些方式？
答案：
（1）降水方式：不合理。

理由：本工程渗透系数比较大，适合采用管井降水。

（2）降水深度 = 8.2 + 0.5 = 8.7m。

（3）截水帷幕还有高压喷射注浆、地下连续墙、小齿口钢板桩。

知识点引申

1. 地下水控制方法选择　《建筑基坑支护技术规程》JGJ 120—2012

降水方法	真空井点	喷射井点	管井
土类	粉土、黏性土、砂土		粉土、砂土、碎石土
渗透系数	0.005~20（m/d）		0.1~200（m/d）
降水深度	单级<6m 多级<20m	<20m	不限
水文地质特征	上层滞水或水量不大的潜水		含水丰富的潜水、承压水

2. 降水深度自地面往下算至基坑底部以下0.5m。（依据教材）

问题2：基坑支护选择的依据是什么？本工程的支护方式是否合理？说明理由。
答案：
（1）基坑支护选择的依据有：基坑周边环境、开挖深度、工程地质与水文地质、施工作业设备和施工季节等。

（2）本工程支护方式：不合理。

理由：土钉墙支护适用于基坑侧壁安全等级为二、三级。本工程基坑开挖深度范围内有一高层建筑且地面下埋设有燃气管道，属于周边环境条件复杂的基坑工程，安全等级为一级。

知识点引申

深基坑工程施工安全等级 《建筑深基坑工程施工安全技术规范》JGJ 311—2013

施工安全等级	划分条件
一级	1 复杂地质条件及软土地区的二层及二层以上地下室的基坑工程 2 开挖深度大于 15m 的基坑工程 3 周边环境条件复杂 4 基坑采用支护结构与主体结构相结合的基坑工程 5 基坑工程设计使用年限超过 2 年 6 侧壁为填土或软土场地因开挖施工可能引起工程桩基发生倾斜、地基隆起等改变桩基、地铁隧道设计性能的工程 7 基坑侧壁受水浸湿可能性大或基坑工程降水深度大于 6m 或降水对周边环境有较大影响的工程 8 地基施工对基坑侧壁土体状态及地基产生挤土效应或超孔隙水压力较严重的工程 9 具有震动荷载作用且超载大于 50kPa 的工程 10 对支护结构变形控制要求严格的工程
二级	地基基础设计等级为乙级或丙级时

问题 3：事件二中，乙方变更价款是否生效？说明理由。
答案：
乙方变更价款：不能生效。

理由：该事件是由建设单位引起，按照规定，承包人应在收到变更指示 14d 内向监理人提交变更估价申请。监理人应在收到变更估价申请后 7d 内审查完毕并报送发包人；监理人对变更估价申请有异议，通知承包人修改后重新提交。发包人应在承包人提交变更估价申请 14d 内审批完毕，逾期未审批视为认可。本案例总包在竣工结算时（2 个月后）提出，距变更指示发出已超过 14d。

问题 4：事件三中，计算墙面瓷砖粘贴分项工程的 BCWS、BCWP、ACWP、CV，并分析成本状况。
答案：
（1） BCWS = 计划工作量 × 预算单价 = 1000m² × 110 元/m² = 11 万元
（2） BCWP = 已完工作量 × 预算单价 = 1200m² × 110 元/m² = 13.2 万元
（3） ACWP = 已完工作量 × 实际单价 = 1200m² × 150 元/m² = 18 万元
（4） CV = BCWP − ACWP = 13.2 − 18 = −4.8 万元
（5） 费用偏差为负值，表示费用超支

问题 5：事件四中，项目部的做法有哪些不妥？写出正确做法。
答案：
不妥 1：防水专业承包工程的施工资料由总包单位负责，并单独组卷。

正确做法：防水专业承包工程的施工资料由专业承包单位负责，并单独组卷。
不妥2：室外工程将建筑环境、安装工程共同组卷。
正确做法：室外工程将室外建筑环境、室外安装工程单独组卷。

案例 83

关键词索引：消火栓、单位工程施工平面图、临时用水、塔吊垂直度偏差

背景资料

某住宅小区工程基坑南北长400m，东西宽200m。沿基坑四周设置3.5m宽环形临时施工道路（兼临时消防车道），道路边离基坑边沿3m，并沿基坑支护体系上口设置6个临时消火栓。监理工程师认为不满足相关规范要求整改。

该工程中有一栋高层住宅，结构为28层全现浇钢筋混凝土结构，使用两台塔吊。工地不行道路一侧设临时用水、用电设施，现场不设工人住房和混凝土搅拌站。

塔吊安装阶段，发现总高度为135m的塔身，在无载荷情况下塔尖垂直度水平位移偏差675mm，监理工程师认为该塔吊不符合安全规定，要求对塔吊进行全面的整体技术检验和调整，经再次检验合格后方可投入使用。

问题1：指出监理工程师要求整改的具体错误之处，并分别说明理由。
答案：
不妥1：设置3.5m宽环形临时施工道路（兼临时消防车道）。
理由：现场临时道路单行道不小于4m，双车道不小于6m。
不妥2：临时消火栓离路边3m。
理由：消火栓离路边应不大于2m。
不妥3：消火栓布置在基坑支护上口。
理由：室外消火栓应沿消防车道或堆料场内交通道路的边缘布置。
不妥4：设置6个临时消火栓。
理由：临时消火栓间距不得大于120m，按基坑周长计算，周长为（400 + 200）×2 = 1200m，至少应布置10个。

问题2：进行高层住宅施工平面图设计时，以上设施布置的先后顺序是什么？
答案：
（1）确定起重机的位置；
（2）确定材料和构件堆场；

(3) 布置道路；

(4) 布置水电管线。

【解析】 本问解题难度较大，需注意关键词"高层住宅"，故指的是单位工程施工组织设计。施工平面图各设施布置步骤的第一步"设置大门，引入场外道路"应不考虑；题目背景信息中明确现场不设工人住房和混凝土搅拌站，故施工平面图各设施布置步骤的第四步"布置加工厂"和第六步"布置临时房屋"应不考虑。

备注：本问存在漏洞，但题目出得非常好。

知识点引申

施工平面图布置顺序

(1) 设置大门，引入场外道路；

(2) 布置大型机械设备；

(3) 布置仓库、堆场；

(4) 布置加工厂；

(5) 布置场内临时运输道路；

(6) 布置临时房屋；

(7) 布置临时水、电管网和其他动力设施。

问题3：设置供水系统需要考虑哪些用水环节？如果按消防用水的低限作为总用水量，流速为1.5m/s，管径如何选择？

答案：

(1) 需考虑用水环节：现场施工用水；施工机械用水；施工现场生活用水；消防用水；漏水损失。

(2) 管径计算

$$Q = q_5 = 10 \text{L/s}$$

$$d = \sqrt{\frac{4Q}{\pi \cdot v \cdot 1000}} = \sqrt{\frac{4 \times 10}{3.14 \times 1.5 \times 1000}} = 0.092\text{m} = 92\text{mm}$$

因此，选择DN100管径。

【解析】 现场供水系统不考虑"生活区生活用水"的原因是"现场不设工人用房"。

问题4：监理工程师要求塔吊重新检验是否正确？说明理由。

答案：

监理工程师的要求：正确。

理由：本塔身的垂直度偏差 = 675/(135×1000) = 5‰，规范要求塔身垂直度偏差不超过4‰。

案例 84

关键词索引：职业危害、职业病及其预防

背景资料

某超高层建筑工程，工期较紧，外幕墙与室内精装修同时进行施工，采用四台 SCD200/200G 型高速施工电梯运输人员及材料。电梯安装位置与各楼层搭设过桥连接，并设置相应的安全防护措施。电梯拆除后再进行相应位置的幕墙封闭。

装饰装修由某公司承包，业主要求必须按合同工期完工。施工过程中，该装饰公司临时紧急调集一批装饰普工增援油漆作业，由该项目油漆班组每人带一名普工组成一个小组，在施工现场一边操作一边简单培训后开始正式单独油漆施工。

施工期间，所有工人均未出现身体不适。工作完成后，该装饰公司将原定于检查身体的费用直接发放给施工人员，并将该批装饰普工退回原工作班组。

本工程拟创省级安全工地，施工现场建立了相应的制度，对作业人员实施相应的培训。对于施工现场产生的固体废弃物，也按相关要求编制了相应的处理方案。

问题1：施工现场主要职业危害有哪些？
答案：
（1）粉尘危害；
（2）噪声危害；
（3）高温危害；
（4）振动危害；
（5）密闭空间危害；
（6）化学毒物危害。

问题2：施工电梯与各楼层过桥安全防护措施应如何设置？
答案：
（1）两侧设置防护栏杆、挡脚板，并用密目式安全立网或工具式栏板封闭。
（2）停层平台口应设置高度不低于1.8m的楼层防护门，并应设置防外开装置。

问题3：指出本案例中职业卫生与防护管理方面的不妥之处，并简述正确做法。
答案：
不妥1：普工进行油漆作业。
正确做法：油漆工属于特殊工种，普工需取得特种作业操作资格证方可上岗。

不妥2：普工直接上岗。

正确做法：上岗前应书面告知劳动者工作场所或工作岗位所产生或者可能产生的职业病危害因素、危害后果和应采取的职业病防护措施。

不妥3：普工在施工现场一边操作一边简单培训。

正确做法：应对劳动者进行上岗前的职业卫生培训和在岗期间的定期职业卫生培训。

不妥4：普工油漆作业全过程均未进行职业健康检查。

正确做法：对从事接触职业病危害作业的劳动者，应当组织在上岗前、在岗期和离岗时的职业健康检查。

不妥5：将原定用于检查身体的费用直接发放给施工人员。

正确做法：用于预防和治理职业病危害、工作场所卫生检测、健康监护和职业卫生培训等的费用，按照国家有关规定，应在生产成本中据实列支，专款专用，不能发放给个人。

问题4：简述油漆作业易发哪些职业病？

答案：

（1）苯中毒；

（2）甲苯中毒；

（3）二甲苯中毒；

（4）苯致白血病。

知识点引申

电焊作业易发职业病：电焊尘肺、锰及其化学物中毒、氮氧化物中毒、一氧化碳中毒、电光性皮炎、电光性眼炎。

振捣作业易发职业病：手臂振动病、噪声致聋。

防水作业易发职业病：甲苯中毒、二甲苯中毒。

问题5：对于施工产生的固体废弃物，施工单位应如何处理？

答案：

（1）施工现场产生的固体废弃物应在所在地县级以上地方人民政府环卫部门申报登记，分类存放。

（2）建筑垃圾和生活垃圾应与所在地垃圾消纳中心签署环保协议，及时清运处置。

（3）有毒有害废弃物应运送到专门的有毒有害废弃物中心消纳。

案例 85

关键词索引：双代号网络图、赢得值法、工期压缩

背景资料

某工程承包商在工程开工前向监理工程师提交了如图所示的施工进度计划,并说明计划中各项工作均按最早开始时间安排作业。图中箭线下方数字为持续时间(单位:周),箭线上方括号外字母为工作名称,括号内数字为预算费用(单位:万元)。监理工程师审查后批准了该施工进度计划。

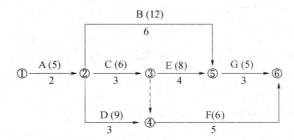

在工程施工到第 5 周末检查进度结果为:工作 A 全部完成;工作 B 完成 4 周的工程量;工作 C 完成 2 周的工程量;工作 D 完成 1 周的工程量。

问题 1:请指出该工程进度控制的关键工作有哪几项?计划工期是多少?
答案:
(1) 关键工作有 A、C、E、G 四项工作。
(2) 计划工期为 2 + 3 + 4 + 3 = 12 周。

问题 2:根据第 5 周末的检查结果,指出哪些工作产生了进度延误?延误时间是多少?如果后续工作不做调整,该工程的工期可能会延长多少时间?
答案:
(1) 工作 C、D 产生了进度延误。
(2) 工作 C 延误 1 周;工作 D 延误 2 周。
(3) 如果后续工作不做调整,本工程工期会延长 1 周。

问题 3:计算第 5 周末的计划完成工作预算成本(BCWS)、已完成工作预算成本(BCWP)。
答案:
(1) BCWS:$5 + 12 \times (3/6) + 6 + 9 = 26$ 万元;
(2) BCWP:$5 + 12 \times (4/6) + 6 \times (2/3) + 9 \times (1/3) = 5 + 8 + 4 + 3 = 20$ 万元。

问题 4:如果该工程施工到第 5 周末的实际成本支出(ACWP)为 24.5 万元,请计算该工程的成本偏差(CV)和进度偏差(SV),并说明费用和进度状况。
答案:
(1) 成本偏差 $CV = BCWP - ACWP = 20 - 24.5 = -4.5$ 万元;

成本偏差 CV<0，说明成本超支 4.5 万元。

（2）进度偏差 SV = BCWP − BCWS = 20 − 26 = −6 万元；

进度偏差 SV<0，说明进度滞后 6 万元。

问题 5：如果工期不允许拖延，可在后续的哪几项工作上采取加快施工的进度措施？
答案：
可以在工作 E、G 上采取加快进度的措施。

问题 6：如果要缩短工期，选择加快施工进度措施的关键工作时，应考虑哪些因素？
答案：
应考虑的因素有：
（1）缩短持续时间对质量和安全影响不大的工作；
（2）有备用资源的工作；
（3）缩短持续时间对所需增加的资源、费用最少的工作。

案例 86

关键词索引：双代号网络图、工期压缩

◆ 背景资料 ▶

某施工单位承担了一项矿井工程的地面土建施工任务。工程开工前，项目经理部编制了项目管理实施规划并报监理单位审批。监理工程师审批后，建议施工单位通过调整个别工序作业时间的方法，将选矿厂的施工进度计划（见下图）工期控制在 210d。

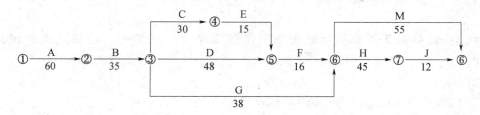

施工单位通过工序和成本分析，得出 C、D、H 三个工作的作业时间可通过增加投入的方法予以压缩，其余工序作业时间基本无压缩空间或赶工成本太高。其中 C 工序作业时间最多可压缩 4d，每压缩一天增加施工成本 6000 元；D 工序最多可压缩 6d，每压缩一天增加施工成本 4000 元；H 工序最多可压缩 8d，每压缩一天增加施工成本 5000 元。经调整，选矿厂房的施工进度计划满足了监理单位的工期要求。

施工过程中，由于建设单位负责采购的设备不到位，使 G 工序比原计划推迟了 25d 才开始施工。

工程进行到第 160d 时，监理单位根据建设单位的要求下达了赶工指令，要求施工单位将后续工期缩短 5d。施工单位改变了 M 工序的施工方案，使其作业时间压缩了 5d，由此增加施工成本 80000 元。

工程按监理单位要求工期完工。

问题 1：指出选矿厂房的初始进度计划的关键工序，并计算工期。
答案：
（1）关键工序：A、B、D、F、H、J。
（2）计算工期：60 + 35 + 48 + 16 + 45 + 12 = 216d。

问题 2：根据工期 - 成本优化原理，施工单位应如何调整进度计划使工期控制在 **210d**？调整工期所增加的最低成本为多少元？
答案：
（1）工期调整目标为 216 - 210 = 6d。
（2）压缩过程为：

首先，压缩 D 工作 3d，工期缩短 3d，增加的费用为 4000 × 3 = 12000 元。

其次，在压缩 D 工作 3d 的基础上，压缩 H 工作 2d，工期缩短 2d，增加的费用为 5000 × 2 = 10000 元。

最后，在压缩 D 工作 3d、压缩 H 工作 2d 的基础上，同时压缩 D 工作和 C 工作各 1d，工期缩短 1d，增加的费用为 4000 + 6000 = 10000 元。

（3）进度计划调整方案为：压缩 C 工作 1d，压缩 D 工作 4d，压缩 H 工作 2d。
（4）调整工期所增加的最低成本：12000 + 10000 + 10000 = 32000 元。

问题 3：对于 G 工序的延误，施工单位可提出多长时间的工期索赔？说明理由。
答案：
可以提出 3d 的工期索赔。

理由：因建设单位负责采购的设备不到位是建设单位应承担的责任，并且根据调整后的施工进度计划，G 工序 TF_G = 22d，推迟 25d，超过其总时差，影响工期 3d。

问题 4：监理单位下达赶工指令后，施工单位应如何调整后续三个工序的作业时间？
答案：
（1）M 工作压缩 5d；
（2）H 工作压缩 5d；
（3）J 工作无须压缩。

解析 根据调整后的施工进度计划及 G 工作延误后的 3d 索赔，F 工作结束时间为 158d，故第 160d 是 M 和 H 工作刚开始施工，J 工作还未开始。

为何选择压缩 H 工作而不是压缩 J 工作，需要注意背景信息"C、D、H 三个工作的作业时间可通过增加投入的方法予以压缩，其余工序作业时间基本无压缩空间或赶工成本太高。"

问题 5：针对监理单位的赶工指令，施工单位可提出多少费用索赔？
答案：
（1） M 工作可索赔费用 80000 元；
（2） H 工作可索赔费用 5000×5＝25000 元；
（3） 共计可以提出的费用索赔为 105000 元。

案例 87

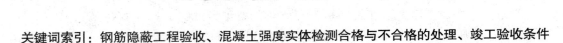

关键词索引：钢筋隐蔽工程验收、混凝土强度实体检测合格与不合格的处理、竣工验收条件

背景资料

某建筑公司承接了一项综合楼任务，建筑面积 100828m²，地下 3 层，地上 26 层，箱形基础，主体为框架剪力墙结构。该项目地处城市主要街道交叉路口，是该地区的标志性建筑。因此，施工单位在施工过程中加强了对工序质量的控制。

在第 5 层楼板钢筋隐蔽工程验收时发现整个楼板受力钢筋型号不对、位置放置错误，施工单位非常重视，及时进行了返工处理。

在第 10 层混凝土部分试件检测时发现强度达不到设计要求，但实体经有资质的检测单位检测鉴定，强度达到了设计要求。由于加强了预防和检查，没有再发生类似情况。该楼最终顺利完工，达到验收条件后，建设单位组织了竣工验收。

问题 1：简述第 5 层钢筋隐蔽工程验收的要点。
答案：
（1） 纵向受力钢筋的牌号、规格、数量、位置等；
（2） 钢筋的连接方式、接头位置、接头质量、接头面积百分率、搭接长度、锚固方式及锚固长度；
（3） 箍筋、横向钢筋的牌号、规格、数量、间距、位置，箍筋弯钩的弯折角度及平直段长度；
（4） 预埋件的规格、数量、位置等。

问题 2：第 10 层的质量问题是否需要处理？说明理由。
答案：
不需要处理。
理由：经有资质的检测单位鉴定，强度达到了设计要求，可予以验收。

知识点引申

混凝土结构子分部工程验收 《混凝土结构工程施工质量验收规范》GB 50204—2015
10.2.2 当混凝土结构施工质量不符合要求时，应按下列规定进行处理：
1 经返工、返修或更换构件、部件，应重新进行验收；
2 经有资质的检测机构按国家现行有关标准检测鉴定达到设计要求的，应予以验收；
3 经有资质的检测单位按国家现行有关标准检测鉴定达不到设计要求，但经原设计单位核算并确认仍可满足结构安全和使用功能的，可予以验收；
4 经返修或加固处理能够满足结构可靠性要求的，可根据技术处理方案和协商文件进行验收。

问题 3：如果第 10 层实体混凝土强度经检测达不到要求，施工单位应如何处理？
答案：
（1）如果是强度经检测达不到设计要求，施工单位应请原设计单位核算，能够满足结构安全和使用功能的可予以验收。
（2）如果是强度经检测达不到最低限度的安全储备和使用功能，则必须进行加固处理。经加固处理后，能满足安全及使用功能要求时，可按技术处理方案和协商文件的要求予以验收。

问题 4：该综合楼达到什么条件后方可竣工验收？
答案：
单位工程竣工验收应当具备下列条件：
（1）完成建设工程设计和合同约定的各项内容；
（2）有完整的技术档案和施工管理资料；
（3）有工程使用的主要建筑材料、建筑构配件和设备的进场试验报告；
（4）有勘察、设计、施工、工程监理等单位分别签署的质量合格文件；
（5）有施工单位签署的工程保修书。

案例 88

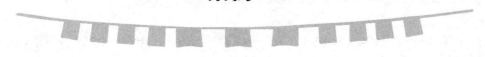

关键词索引：固定总价合同、综合单价、装配式混凝土结构、信息管理、资料管理、调值公式

背景资料

某装配式混凝土建筑，采用施工总承包模式，工期1年，图纸完备，采用工程量清单计价，双方按照约定签订固定总价合同。合同中约定电梯工程为甲方指定分包，投标截止时间为2018年4月2日，合同履行过程中出现如下情况。

总承包单位土方开挖报价情况：土方清单工程量500m^3，按照施工方案计算的工程量为650m^3。土方开挖定额单价人工费8.40元/m^3，材料费为1.60元/m^3，机械费为12.00元/m^3，企业管理费率为15%，利润率为5%，规费费率6.8%，增值税率9%。

总承包单位在施工前编制了装配式混凝土结构施工的专项方案，内容包括工程概况、编制依据、进度计划、绿色施工和安全管理。预制构件进场后堆放情况为：外墙板采用平卧式堆放，预制楼板采用8层叠层平卧，上下层之间设垫块，垂直方向位置错开500mm。

总承包人开展了施工项目的信息管理并进行资料归档整理，节能工程资料与电梯工程资料混合组卷，电梯工程分包人完工后将电梯资料移交给建设单位。

合同约定，可针对人工费、材料费价格变化对竣工结算进行调价，各部分费用占总费用的百分比、价格指数见下表。8月份完成工程量价款为1200万元（未考虑动态调整部分）。

费用占比及价格指数表

名称	费用占比	2月份	3月份	4月份	7月份	8月份
人工费	20%	60	65	70	70	80
钢材	30%	4000	4200	4500	4500	4500
水泥	15%	400	390	410	400	380
木材	10%	2800	2850	3000	3050	3100

问题1：该工程采用固定总价合同是否合理，请说明理由。
答案：
该工程采用固定总价合同：合理。

理由：固定总价合同适用于规模小、技术难度小、工期短（一般在一年以内）的工程项目。本项目为装配式混凝土建筑，技术难度比较小，同时工期为1年，满足固定总价合同的适用条件。

问题2：总承包人应填报的土方开挖综合单价为多少元/m^3？
答案：
（1）土方开挖总价 =（8.40 + 1.60 + 12.00）×（1 + 15%）×（1 + 5%）× 650 = 17267.25元

（2）应填报的土方开挖综合单价 = 17267.25 ÷ 500 = 34.53元/m^3

问题 3：装配式混凝土结构施工的专项方案还应包括哪些内容？预制构件的堆放有何不妥？写出正确做法。外墙板围护系统应进行哪些隐蔽项目的现场验收？

答案：

（1）装配式混凝土结构施工的专项方案还应包括：施工场地布置、预制构件运输与存放、安装与连接施工、质量管理、信息化管理、应急预案等。

（2）预制构件堆放的不妥之处及正确做法：

不妥 1：外墙板采用平卧式堆放。

正确做法：预制外墙板宜采用专用支架直立存放。

不妥 2：预制楼板采用 8 层叠层平卧。

正确做法：预制楼板叠放层数不宜超过 6 层。

不妥 3：预制楼板上下层之间垫块垂直方向位置错开 500mm。

正确做法：每层构件间的垫块应上下对齐。

（3）外墙板围护系统隐蔽项目的现场验收包括：预埋件、与主体结构的连接节点、与主体结构之间的封堵构造节点、变形缝及墙面转角处的构造节点、防雷装置、防火构造。

问题 4：施工单位项目信息管理内容包括哪些？资料管理中有何不妥？写出正确做法。

答案：

（1）施工单位项目信息管理内容：信息计划管理、信息过程管理、信息安全管理、文件与档案管理、信息技术应用管理。

（2）资料管理中的不妥之处及正确做法：

不妥 1：节能工程资料与电梯工程资料混合组卷。

正确做法：节能工程资料单独组卷，电梯工程资料按不同型号每台电梯单独组卷。

不妥 2：电梯工程分包人完工后将电梯资料移交给建设单位。

正确做法：分包单位应将工程资料移交给总承包单位。

问题 5：物价动态调整后的结算价款为多少万元？（保留两位小数）

答案：

（1）固定系数 $a_0 = 1 - (20\% + 30\% + 15\% + 10\%) = 25\%$

（2）结算价款

$$1200 \times \left[0.25 + 0.20 \times \frac{80}{65} + 0.30 \times \frac{4500}{4200} + 0.15 \times \frac{380}{390} + 0.1 \times \frac{3100}{2850}\right] = 1286.40 \text{ 万元}$$

知识点引申

基准日期 《建设工程施工合同（示范文本）》GF-2017-0201

1.1.4.6 基准日期：招标发包的工程以投标截止日前 28d 的日期为基准日期，直接发包的工程以合同签订日前 28d 的日期为基准日期。

案例 89

关键词索引：施工机械、劳务用工档案、职业危害、主体结构验收、竣工结算支付申请、拖欠款利息

背景资料

某施工单位中标某框架结构办公大楼，工期 360 日历天，双方按照《建设工程施工合同（示范文本）》GF-2017-0201 签订固定总价合同。合同实施过程中，发生如下事件：

事件一：基坑开挖深度 6.5m，施工单位通过市场租赁方式获得挖土机械。土方工程量 $5000m^3$，机械的产量定额为 $200m^3/$台班，施工机械利用系数为 0.8，每天工作 2 个台班，计划土方工期为 9d。

事件二：当地劳动监察部门在现场抽查时发现，有部分农民工未签订劳动合同，经查是试用期未满。总包单位责令劳务分包企业立即整改。

事件三：施工单位针对现场环境，制定了粉尘危害、噪声危害等主要职业危害的应对措施。

事件四：主体工程完工后，施工单位项目负责人组织项目技术负责人及设计单位项目负责人进行主体工程验收。在验收过程中检查主体结构的相关工程资料，包括施工单位提交的质量自评报告、设计单位的认可文件、施工许可证、规划许可证、中标通知书。最终各方没有形成统一的验收意见，经协商后通过主体结构验收。

事件五：竣工验收通过后，施工单位于 2019 年 6 月 2 号提交竣工结算支付申请，建设单位在收到申请后一直未予答复。之后施工单位与建设单位多次协调未果，在提交竣工报告后的 90d 时向人民法院提请优先受偿权利。

问题 1：施工机械的供应渠道还有哪些？计算需要挖土机械的数量（结果取整数）。
答案：
（1）施工机械的供应渠道还有：
① 企业自有设备调配
② 专门购置机械设备
③ 专业分包队伍自带设备
（2）计算挖土机械的数量：
$5000/(200 \times 9 \times 2 \times 0.8) = 1.74$ 台，需要 2 台挖土机械。

问题2：劳务分包企业与农民工应什么时间签订劳动合同？劳务用工档案应包括哪些资料？

答案：

（1）自用工之日起签订书面劳动合同。

（2）劳务用工档案应包括：

① 劳动合同；

② 考勤表；

③ 施工作业工作量完成登记表；

④ 工资发放表；

⑤ 班组工资结清证明。

问题3：建筑工程施工主要职业危害还有哪些？

答案：

（1）高温危害；

（2）振动危害；

（3）密闭空间危害；

（4）化学毒物危害。

问题4：事件四有哪些不妥？写出正确做法。需检查的工程资料还应该包括哪些？

答案：

（1）不妥之处及正确做法：

不妥1：施工单位项目负责人组织主体结构验收。

正确做法：应由总监理工程师或建设单位项目负责人组织主体结构验收。

不妥2：仅施工单位项目技术负责人和设计单位项目负责人参加主体结构验收。

正确做法：施工单位技术、质量部门负责人也应该参加主体结构验收。

不妥3：验收过程中检查主体结构的相关工程资料。

正确做法：工程资料为主体结构验收所需条件，应在主体结构验收前检查。

不妥4：验收意见不一致，经协商后通过主体结构验收。

正确做法：验收意见不一致，经协商后应重新组织主体结构验收。

（2）需检查的工程资料还应包括：

① 监理单位提交的主体工程质量评估报告；

② 完整的主体结构工程档案资料，见证试验档案，监理资料，施工质量保证资料，管理资料和评定资料；

③ 主体工程验收通知书；

④ 混凝土结构子分部工程结构实体混凝土强度验收记录；

⑤ 混凝土结构子分部工程结构实体钢筋保护层厚度验收记录。

问题 5：竣工结算支付申请的内容包括哪些？施工单位行使优先受偿权利是否合理？根据《建设工程施工合同（示范文本）》GF－2017－0201，应从 6 月 2 日后多少天开始计算利息？

答案：

（1）竣工结算支付申请的内容包括：

① 竣工结算总额；

② 已支付的合同价款；

③ 应扣留的质量保证金；

④ 应支付的竣工付款金额。

（2）施工单位行使优先受偿权利：合理。

（3）应从 6 月 2 日后第 90d 开始计算利息。

知识点引申

竣工结算审核 《建设工程施工合同（示范文本）》GF－2017－0201

（1）除专用合同条款另有约定外，监理人应在收到竣工结算申请单后 14d 内完成核查并报送发包人。发包人应在收到监理人提交的经审核的竣工结算申请单后 14d 内完成审批，并由监理人向承包人签发经发包人签认的竣工付款证书。监理人或发包人对竣工结算申请单有异议的，有权要求承包人进行修正和提供补充资料，承包人应提交修正后的竣工结算申请单。

发包人在收到承包人提交竣工结算申请书后 28d 内未完成审批且未提出异议的，视为发包人认可承包人提交的竣工结算申请单，并自发包人收到承包人提交的竣工结算申请单后第 29d 起视为已签发竣工付款证书。

（3）除专用合同条款另有约定外，发包人应在签发竣工付款证书后的 14 d 内，完成对承包人的竣工付款。发包人逾期支付的，按照中国人民银行发布的同期同类贷款基准利率支付违约金；逾期支付超过 56d 的，按照中国人民银行发布的同期同类贷款基准利率的两倍支付违约金。

拖欠款的应付利息处理原则：

1 合同有约定的利息，利息应自应付工程价款之日计付。如：工程预付款的应付时间是开工前 7d，因此拖欠预付款的利息起算时间是开工前第 6d。

2 合同没有约定或约定不明的，利息应付之日如下：

（1）建设工程已实际交付的，为交付之日。

（2）建设工程没有交付的，为提交竣工结算文件之日。

（3）建设工程未交付，工程价款也未结算的，为当事人起诉之日起。

案例 90

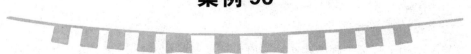

关键词索引：起拱、底模拆除构件强度、箍筋加密区钢筋接头、粗骨料最大粒径、分部工程验收合格标准

背景资料

某抗震设防烈度为7度的建筑工程,建筑面积25000m²,地上10层,地下2层(地下水位-2.0m)。主体结构为现浇钢筋混凝土框架-剪力墙结构,柱网尺寸9m×9m(局部柱网为6m×6m),梁底模施工单位按经验起拱高度分别是20mm、12mm。梁、柱受力钢筋为HRB335,接头连接方式为搭接。地下室外墙采用P8防水混凝土浇筑,外墙厚250mm,钢筋净距60mm。主体结构一、二层柱混凝土强度等级为C40,以上各层柱强度等级为C30。

施工过程中发生了如下事件:

事件一:监理工程师在检查钢筋连接情况时,发现梁、柱钢筋的搭接接头有位于梁、柱端箍筋加密区的情况。

事件二:地下室外墙防水混凝土浇筑过程中,现场对粗骨料最大粒径进行检测,检测结果为50mm。

事件三:该工程混凝土结构子分部工程完工后,项目经理部提前进行了自检。

问题1:该工程梁模板的起拱高度是否正确?说明理由。梁底模拆除时,混凝土强度应满足什么要求?

答案:

(1) 该工程梁模板的起拱高度:正确。

理由:对跨度大于4m的现浇混凝土梁、板,模板应按设计要求起拱;设计无具体要求时,起拱高度应为跨度的1‰~3‰。

针对9m跨度的梁,底模起拱高度应为9~27mm,题目背景起拱高度20mm是合理的。

针对6m跨度的梁,底模起拱高度应为6~18mm,题目背景起拱高度12mm是合理的。

(2) 拆除跨度为9m的梁底模,混凝土强度应达到设计强度标准值的100%。

拆除跨度为6m的梁底模,混凝土强度应达到设计强度标准值的75%。

问题2:事件一中,梁、柱端箍筋加密区出现搭接接头是否妥当?说明理由。如梁、柱端箍筋加密区的接头不可避免,应如何处理?

答案:

(1) 梁、柱端箍筋加密区出现搭接接头不妥。

理由:接头不宜设置在有抗震要求的框架梁端、柱端的箍筋加密区。

(2) 当无法避开时,对等强度高质量机械连接接头,不应超过50%。

知识点引申

钢筋连接

(1) 钢筋接头位置宜设置在受力较小处。同一纵向受力钢筋不宜设置两个或两个以上的接头。接头末端至钢筋弯起点的距离不应小于钢筋直径的10倍。

(2) 有抗震设防要求的结构中,梁端、柱端箍筋加密区范围内钢筋不应进行搭接。《混凝土结构工程施工质量验收规范》GB 50204—2015。

(3) 同一连接区段内,纵向受力钢筋的接头面积百分率应符合下列规定:《混凝土结构工程施工规范》GB 50666—2011。

1 在受拉区不宜超过50%，但装配式混凝土结构构件连接处可根据实际情况适当放宽；受压接头可不受限制。

2 接头不宜设置在有抗震要求的框架梁端、柱端的箍筋加密区；当无法避开时，对等强度高质量机械连接接头，不应超过50%。

3 直接承受动力荷载的结构构件中，不宜采用焊接接头；当采用机械连接接头时，不应超过50%。

问题3： 事件二中，混凝土粗骨料最大粒径控制是否正确？请从地下室外墙的截面尺寸、钢筋净距和防水混凝土的设计原则三方面分别分析本工程防水混凝土粗骨料最大粒径。本工程的粗骨料最大粒径应为多少？

答案：

（1）混凝土粗骨料最大粒径控制：不正确。

（2）本工程防水混凝土粗骨料最大粒径应为：

① 从外墙截面尺寸角度：不得超过构件截面最小尺寸的1/4，即250mm×1/4 = 62.5mm。

② 从钢筋净距角度：不得大于钢筋最小净距的3/4，即60mm×3/4 = 45mm。

③ 从地下防水混凝土角度：粗骨料粒径宜为5~40mm，即最大粒径为40mm。

（3）本工程的粗骨料最大粒径应为40mm。

问题4： 事件三中，混凝土结构子分部工程施工质量合格标准是什么？

答案：

（1）所含分项工程的质量均应验收合格。

（2）质量控制资料应完整。

（3）有关安全、节能、环境保护和主要使用功能的抽样检验结果应符合相应规定。

（4）观感质量验收应符合要求。

案例 91

关键词索引： 混凝土施工工艺流程、排桩及桩间土护面处理、结构实体检验、节地

背景资料

某办公楼工程，钢筋混凝土框架结构，地下1层，地上10层，层高4.8m。墙体采用普通混凝土小砌块，工程外脚手架采用双排落地扣件式钢管脚手架。位于办公楼顶层的会议

室，其框架柱间距为8m×8m，项目部按照绿色施工要求，采取了合理的"四节一环保"措施。

施工过程中，发生了下列事件：

事件一：项目部编制的混凝土工程施工方案，明确了混凝土运输、泵送与布料，混凝土搅拌，混凝土养护，混凝土浇筑、振捣和表面抹压的施工顺序。监理工程师认为该施工顺序存在问题，要求整改。

事件二：基坑支护工程单位提出采用悬臂式排桩进行支护，并在桩顶设冠梁，冠梁水平宽度为500mm。排桩与桩顶冠梁的混凝土强度等级分别为C25、C20，并对桩间土进行护面处理。

事件三：项目经理组织项目部进行的结构实体检验，检验内容包括混凝土强度、钢筋保护层厚度。其中结构实体混凝土强度检验采用标准养护试件方法。

事件四：施工总承包单位按照绿色施工的要求，在节地与施工用地方面采取了有效措施。

问题1：写出事件一中混凝土工程正确的工艺流程。

答案：

混凝土工程正确的工艺流程为：

（1）混凝土搅拌；

（2）混凝土运输、泵送与布料；

（3）混凝土浇筑、振捣和表面抹压；

（4）混凝土养护。

问题2：事件二中存在哪些不妥？说明理由。桩间土的护面处理方法有哪些？

答案：

（1）不妥之处及理由：

不妥1：排桩桩顶冠梁水平宽度为500mm。

理由：悬臂式排桩结构桩径不宜小于600mm，同时冠梁宽度水平方向不宜小于桩径，故冠梁宽度水平方向也不宜小于600mm。

不妥2：排桩与桩顶冠梁的混凝土强度等级分别为C25、C20。

理由：排桩与桩顶冠梁的混凝土强度等级宜大于C25。

（2）桩间土的护面处理方法有：钢丝网混凝土护面、砖砌等。

问题3：指出事件三中的不妥之处，写出正确做法。

答案：

不妥1：项目经理组织进行结构实体检验。

正确做法：结构实体检验应由监理单位组织施工单位实施。

不妥2：结构实体检验内容包括混凝土强度、钢筋保护层厚度。

正确做法：结构实体检验内容包括混凝土强度、钢筋保护层厚度、结构位置与尺寸偏差以及合同约定的项目。

不妥 3：结构实体混凝土强度检验采用标准养护试件方法。

正确做法：结构实体混凝土强度检验应采用同条件养护试件方法。

问题 4：事件四中，写出绿色施工节地与施工用地保护的技术要点。

答案：

（1）临时设施的占地面积应按用地指标所需的最低面积设计，尽可能减少废弃地和死角，临时设施占地面积有效利用率大于 90%。

（2）优化深基坑施工方案，减少土方开挖和回填量，最大限度减少对土地的扰动，保护周边自然生态环境。

（3）红线外临时占地尽量使用荒地、废地，少占用农田和耕地。利用和保护施工用地范围内原有的绿色植被。

（4）施工总平面布置应做到科学、合理，充分利用原有建筑物、构筑物、道路、管线为施工服务。

（5）施工现场道路按照永久道路和临时道路相结合的原则布置。施工现场内形成环形通路，减少道路占用土地。

案例 92

关键词索引：预付款、起扣点、单价确定、进度款计算、合同管理程序、重点部位防火要求

背景资料

某工程项目招标控制价为 2000 万元，中标价格为 1900 万元，其中暂列金额 90 万元，安全文明施工费 200 万元。工期 10 个月，部分合同条款约定如下：

（1）预付款比率为合同价款的 20%，主材所占比重为 40%。

（2）工程预付款从未完施工工程尚需的主要材料及构件的价值相当于工程预付款数额时起扣，从每次中间结算工程价款中按材料及构件比重抵扣预付款，直至全部扣清。

（3）施工过程中，业主方设计变更新增土方回填工程量 $4000m^3$，施工方在规定时间内上报土方回填单价为 20 元/m^3。当地土方回填指导价为 28 元/m^3。

（4）工程保修金为合同总价的 3%，在最后两次支付进度款时平均扣除。保修期为正常使用条件下建筑工程法定的最低保修期限。

施工过程中有如下事件发生：

事件一：经监理工程师确认的承包商实际完成建安工作量价款（前五个月）如下表

所示。

施工月份	1月	2月	3月	4月	5月
实际完成工作量（万元）	100	200	400	200	100

事件二：承包人按规定编制了合同管理的相关文件内容。

事件三：施工现场安全检查时发现，木材库房的建筑面积为 $50m^2$，易燃易爆危险品仓库的建筑面积为 $25m^2$，房门净宽度为 $0.75m$，现场油漆间按照每 $100m^2$ 配置 4 只灭火器。

问题1：本工程预付款和起扣点分别是多少万元？（保留两位小数）

答案：

（1）预付款 =（1900 - 90）×20% = 362.00 万元

（2）起扣点 = 合同总价 - 预付款/主材比重 =（1900 - 90）- 362/40% = 905.00 万元

解析　计算预付款或起扣点时，需注意合同总价需扣除不属于承包商的相关费用，如暂列金额等。

问题2：新增土方回填结算价是多少？（列式计算）

答案：

（1）报价浮动率 $L = 1 - 1900/2000 = 5\%$

（2）确定土方综合单价

$28 ×（1 - 5\%）×（1 - 15\%）= 22.61$ 元$/m^3 > 20$ 元$/m^3$

土方回填综合单价确定为 22.61 元$/m^3$

（3）土方结算价 = 4000 × 22.61 = 90440 元

问题3：事件一中，前5个月监理工程师应签发的工程款各是多少万元？（列出计算过程）

答案：

（1）确定预付款起扣时间

前四个月实际完成工作量累加为 900 万元 < 905 万元；前五个月实际完成工作量累加为 1000 万元 > 905 万元，所以预付款从 5 月份开始扣回。

（2）监理工程师应签发的工程款

1 月份应签发工程款：100 万元

2 月份应签发工程款：200 万元

3 月份应签发工程款：400 万元

4 月份应签发工程款：200 万元

5 月份

应扣回预付款：（1000 - 905）× 40% = 38 万元

应签发工程款：100 - 38 = 62 万元

本问的干扰信息为质保金是否需要在4月份和5月份分别扣除?请注意题目中关键信息"保修金在最后两次支付进度款时平均扣除",由于工期是10个月,所以保修金应该在第9个月和第10个月时才扣除,前5个月工程款支付不涉及质保金的扣除。

问题4:事件二中,承包人合同管理应该遵循的程序有哪些?
答案:
承包人合同管理应该遵循的程序:
(1) 合同评审;
(2) 合同订立;
(3) 合同实施计划;
(4) 合同实施控制;
(5) 合同管理总结。

问题5:指出事件三中的不妥之处,并说明理由。
答案:
不妥1:木材库房的建筑面积为50m²。
理由:可燃材料库房单个房间的建筑面积不应超过30m²。
不妥2:易燃易爆危险品库房的建筑面积为25m²。
理由:易燃易爆危险品库房单个房间的建筑面积不应超过20m²。
不妥3:房门净宽度均为0.75m。
理由:房门净宽度不应小于0.8m。
不妥4:现场油漆间按照每100m²配备4只灭火器。
理由:临时木料间、油漆间、木工机具间等,每25m²配备一只灭火器。

案例93

关键词索引:灌注桩排桩、变形观测、土方开挖、塌方原因、后浇带

背景资料

某建筑工程公司承包一办公楼工程,总建筑面积27683m²。主体为框架-剪力墙结构,箱型基础,基坑深度6.5m,地下水位位于地表以下3m。施工过程中发生如下事件:
事件一:基坑采用灌注桩排桩支护,灌注桩排桩采取间隔成桩的施工顺序,已完成浇筑混凝土的桩与邻桩间距为3倍桩径,且桩顶充分泛浆,高度为300mm。桩身混凝土强度等

级按设计要求配置。

事件二：对基坑支护结构进行变形观测，变形观测精度等级为一等，观测基准点设置3个。围护墙顶部变形观测点沿基坑周边布置，观测点间距为20～50m，每侧边不少于1个观测点。

事件三：施工单位依据基础形式、工程规模、现场和机具设备条件以及土方机械的特点，选择了挖土机、推土机、自卸汽车等土方施工机械，编制了土方施工方案后组织施工。在基坑北侧坑边大约1m处堆置了3m高的土方。土方开挖分为两段，一段人工开挖，开挖时工人间操作间距约为2m；一段机械开挖，挖土机间距约为8m。挖土时由坡角向上逆坡开挖。施工过程中发生了边坡塌方事故。

事件四：该工程箱型基础长度50m，故需设置贯通的后浇带，后浇带宽1m。

问题1：指出事件一中的不妥之处，并说明理由。
答案：
不妥1：已完成浇筑混凝土的桩与邻桩间距为3倍桩径。
理由：已完成浇筑混凝土的桩与邻桩间距应大于4倍桩径。
不妥2：灌注桩顶泛浆高度为300mm。
理由：灌注桩顶泛浆高度不应小于500mm。
不妥3：桩身混凝土强度等级按设计要求配置。
理由：由于地下水位较高，水下灌注混凝土时混凝土强度应比设计强度提高一个等级配置。

问题2：指出事件二中基坑支护变形观测的错误之处，并说明理由。
答案：
错误1：基坑支护结构变形观测基准点设置3个。
理由：变形观测精度等级为一等时，变形观测基准点不应少于4个。
错误2：围护墙顶部变形观测点间距为20～50m。
理由：围护墙顶部变形观测点间距不应大于20m。
错误3：每侧边不少于1个观测点。
理由：每侧边不宜少于3个观测点。

知识点引申

1. 变形观测的基准点：分为沉降基准点和位移基准点。
（1）沉降观测基准点，在特等、一等沉降观测时，不应少于4个；其他等级沉降观测时不应少于3个。基准之间应形成闭合环。
（2）变形观测基准点，对水平位移观测、基坑监测和边坡监测，在特等、一等沉降观测时，不应少于4；其他等级时不应少于3个。

2. 基坑变形观测分为基坑支护结构变形观测和基坑回弹观测。
（1）基坑围护墙或基坑边坡顶部变形观测点沿基坑周边布置，周边中部、阳角处、受力变形较大处设点；观测点间距不应大于20m，且每侧边不宜少于3个；水平和垂直观测点宜共用同一点。

(2) 基坑围护墙或土体深层水平位移监测点宜布置在围护墙的中间部位、阳角处，点间距 20～50m，每侧边不应少于 1 个。

问题 3：指出事件三中的不妥之处，并说明理由。挖土机械选择的依据还有哪些？
答案：
(1) 不妥之处和理由
不妥 1：编制了土方施工方案后组织施工。
理由：土方施工方案编制后需按相关规定进行审批或专家论证方可实施。
不妥 2：在基坑北侧坑边大约 1m 处堆置了 3m 高的土方。
理由：基坑边堆放土方，要距坑边 1m 以外，堆放高度不能超过 1.5m。
不妥 3：开挖时工人间操作间距约为 2m。
理由：基坑开挖时，工人操作间距应大于 2.5m。
不妥 4：开挖时挖土机间距约为 8m。
理由：基坑开挖时，挖土机间距应大于 10m。
不妥 5：挖土时由坡角向上逆坡开挖。
理由：挖土应由上而下，逐层进行，严禁先挖坡脚或逆坡挖土。
(2) 挖土机械选择的依据还有：开挖深度、地质、地下水情况、土方量、运距、工期要求。

问题 4：基坑边坡塌方的原因有哪些？
答案：
(1) 基坑开挖坡度不够，或通过不同土层时，没有根据土的特性分别放成不同坡度，致使边坡失稳而塌方。
(2) 在有地表水、地下水作用的土层开挖时，未采取有效的降排水措施，造成涌砂、涌泥、涌水，内聚力降低，进而引起塌方。
(3) 边坡顶部堆载过大，或受外力振动影响，使边坡内剪切应力增大，边坡土体承载力不足，土体失稳而塌方。
(4) 土质松软，开挖次序、方法不当而造成塌方。

问题 5：箱型基础后浇带施工要点有哪些？
答案：
(1) 后浇带应采用补偿收缩混凝土浇筑，抗渗和抗压强度等级不应低于两侧混凝土。
(2) 后浇带混凝土施工前，后浇带部位和外贴式止水带应防止落入杂物和损伤外贴止水带。
(3) 采用膨胀剂拌制补偿收缩混凝土时，应按配合比准确计量。
(4) 后浇带混凝土应一次浇筑，不得留设施工缝；混凝土浇筑后应及时养护，养护时间不少于 28d。

（5）后浇带需超前止水时，后浇带部位的混凝土应局部加厚，并应增设外贴式或中埋式止水带。

案例 94

关键词索引：新上岗操作工人安全教育培训、安全防护措施验收资料、落地式操作平台、项目经理安全生产职责、安全检查评分表

◆ 背景资料

某大型高档办公楼工程，建筑面积66000m²，地上20层，地下2层，框架-剪力墙结构，主梁跨度8.1m，采用预拌商品混凝土浇筑。某施工总承包单位中标后组建了项目部。

项目开工一个月后，施工总承包单位对项目进行安全检查，针对建筑施工劳动密集、人员流动性大的特点，此次对新职工岗前安全教育落实情况及应急救援预案完善情况进行重点检查。

检查人员发现现场安全防护设施验收资料只有施工方案和安全防护设施验收记录。现场使用一落地式操作平台施工作业，平台从底层第一步水平杆起每隔两层设置连墙件，平台临边设置1.15m高防护栏杆，平台上堆放1m高多层模板，平台搭设所用钢管和扣件均有产品合格证。

在询问项目经理有关安全生产职责履行情况时，项目经理认为在项目部建立安全生产责任制、制定了项目安全生产规章制度和操作规程，已经尽到了安全生产职责；在对专职安全员进行考核时，当问到《安全管理检查评分表》保证项目有哪几项时，安全员只答出"安全生产责任制"和"施工组织设计及专项施工方案"两项。

安全检查评分汇总表如下所示，表中已填有部分数据，该工程的安全管理检查评分表中有一保证项目（10分）缺项，保证项目实得分33分，合计为72分；文明施工、高处作业实得分分别为80、85分；扣件式脚手架实得分为70分，附着式脚手架实得分为80分。

总计得分（满分100）	项目名称及分值									
	安全管理(10)	文明施工(15)	脚手架(10)	基坑工程(10)	模板支架(10)	高处作业(10)	施工用电(10)	物料提升机与施工升降机(10)	塔式起重机与起重吊装(10)	施工机具(10)
				8.2	8.8		8.4	8.3	8.6	3.8

问题1：建筑工程施工企业新上岗操作工人安全教育培训应包括哪些内容？
答案：
（1）安全生产法律法规和规章制度；

(2) 安全操作规程；
(3) 针对性的安全防护措施；
(4) 违章指挥、违章作业、违反劳动纪律产生的后果；
(5) 预防、减少安全风险以及紧急情况下应急救援的基本知识、方法和措施。

问题2：项目安全防护设施验收资料还应包括哪些？落地式操作平台搭设及使用有哪些不妥之处？写出正确做法。落地式操作平台检查验收的内容包括哪些？

答案：
(1) 项目安全防护设施验收资料还应包括：
① 安全防护用具用品、材料和设备产品合格证明；
② 预埋件隐蔽验收记录；
③ 安全防护设施变更记录。
(2) 落地式操作平台不妥之处及正确做法：
不妥1：每隔两层设置连墙件。
正确做法：应逐层设置连墙件，且间距不应大于4m。
不妥2：平台临边设置1.15m高防护栏杆。
正确做法：安全防护栏杆高度应不低于1.2m。
不妥3：平台上堆放1m高多层模板。
正确做法：平台上临时堆放的模板不宜超过3层。
(3) 落地式操作平台检查验收的内容包括：
① 搭设前对基础进行检查验收；
② 搭设中随施工进度按结构层对操作平台进行检查验收；
③ 遇6级以上大风、雷雨、大雪等恶劣天气及停用超过1个月，恢复使用前进行检查验收。

问题3：项目经理对自己应负的安全生产责任认识是否全面？项目经理的安全生产职责还应包括哪些？专职安全员关于《安全管理检查评分表》中保证项目的回答还应包括哪几项？

答案：
(1) 项目经理对自己应负的安全生产责任认识：不全面。
(2) 项目经理的安全生产职责还应包括：
① 组织制定并实施项目安全生产教育和培训计划；
② 保证项目安全生产投入的有效实施；
③ 督促检查项目的安全生产工作，及时消除生产安全事故隐患；
④ 组织制定并实施项目的生产安全事故应急救援预案；
⑤ 及时如实报告项目生产安全事故。
(3)《安全管理检查评分表》中保证项目还应包括：安全技术交底、安全检查、安全教育和应急救援。

问题 4：计算各分项检查分值，填入汇总表，并计算本工程总计得分。本次安全检查评定结果属于哪个等级？说明理由。

答案：

（1）计算各分项检查分值及总分

① 安全管理：

保证项目缺一项，实得分为 33 分，调整后应得分值为（33/50）×60 = 39.6 分 < 40 分。所以该分项检查评分表得 0 分。

理由：保证项目小计得分不足 40 分，该分项检查评分表不应得分。

② 文明施工汇总表得分：80 × 15/100 = 12 分。

③ 高处作业汇总表得分：85 × 10/100 = 8.5 分。

④ 脚手架实得分 =（70 + 80）/2 = 75 分。

脚手架汇总表得分 = 75 × 10/100 = 7.5 分。

汇总表总分为：0 + 12 + 7.5 + 8.2 + 8.8 + 8.5 + 8.4 + 8.3 + 8.6 + 3.8 = 74.1 分。

总计得分（满分100）	项目名称及分值									
	安全管理(10)	文明施工(15)	脚手架(10)	基坑工程(10)	模板支架(10)	高处作业(10)	施工用电(10)	物料提升机与施工升降机(10)	塔式起重机与起重吊装(10)	施工机具(10)
74.1	0	12	7.5	8.2	8.8	8.5	8.4	8.3	8.6	3.8

（2）本次安全检查评定结果：不合格。

理由：具备下列条件之一的安全检查等级为不合格：① 有一分项检查评分表为 0 分；② 汇总表得分不足 70 分。本工程汇总表得分虽然为 74.1 分，但《安全管理检查评分表》为 0 分，故安全检查评定结果为不合格。

案例 95

关键词索引：示范文本组成、地下连续墙、因素分析法、施工成本和完全成本、保修期、提出索赔的期限

背景资料

某市中心写字楼工程，由某施工总承包单位中标，双方按照《建设工程施工合同（示范文本）》GF-2017-0201 签订施工总承包合同。建设单位的招标控制价为 10 亿，中标价为 9 亿。

事件一：基坑支护采用地下连续墙结构。施工时先设置现浇钢筋混凝土导墙，混凝土强度等级为C20；导墙厚度150mm，高度1m，顶面高出地面80mm；导墙内净距和地下连续墙厚度相同。地下连续墙采用分段成槽，槽段长度为8m。水下浇筑混凝土时，导管水平布置距离4m，距槽段端部距离2m，混凝土坍落度100mm。混凝土达到设计强度后进行墙底注浆，注浆管下端伸到槽底部，注浆总量达到设计要求，压力达到2MPa终止注浆。

事件二：项目经理部对A分项工程采用因素分析法进行成本分析，其中砌筑量、单价、损耗率等因素的变动对实际成本影响程度如下表所示。

项目	单位	目标	实际	差额
砌筑量	千块	970	985	+15
单价	元/千块	310	332	+22
损耗率	%	1.5	2	+0.5
成本	元	305210.50	333560.40	28349.90

事件三：经测算B分项工程的人工费为45万元，材料费为60万元，机械费为55万元，现场管理费为10万元，施工措施费为15万元，总部管理费为5万元，利润20万元，规费7万元，税金10万元。

事件四：工程竣工后，双方结算一致确认工程欠款650万元（含利息30万元），并签订保修合同，约定屋面防水工程保修期为6年，主体工程保修期50年，后因建设单位拖欠工程款，施工单位提起诉讼，要求建设单位支付工程欠款，并支付工程施工期间停工损失45万元，同时提出工程价款优先受偿。

问题1：《建设工程施工合同（示范文本）》GF-2017-0201由哪些组成？
答案：
由协议书、通用合同条款和专用合同条款三部分组成。

问题2：事件一中存在哪些不妥，说明理由。
答案：
不妥1：导墙厚度150mm，高度1m，顶面高出地面80mm。
理由：导墙厚度不应小于200mm，高度不应小于1.2m，顶面应高出地面100mm。
不妥2：导墙内净距和地下连续墙厚度相同。
理由：导墙内净距应比地下连续墙设计厚度加宽40mm。
不妥3：槽段长度为8m。
理由：地下连续墙槽段长度宜为4~6m。
不妥4：导管水平布置距离4m，距槽段端部距离2m，混凝土坍落度100mm。
理由：导管水平布置距离不应大于3m，距槽段端部距离不应大于1.5m，混凝土坍落度(200±20)mm。
不妥5：注浆管下端伸到槽底部。
理由：注浆管下端应伸到槽底部200~500mm。

问题 3：事件二中，施工成本分析的基本方法还有哪些？采用因素分析法分析成本增加的原因。

答案：

（1）施工成本分析的基本方法还有比较法、差额计算法和比率法。

（2）因素分析法分析成本增加的原因如下：

顺序	计算过程	差异（元）	因素分析
目标数	970×310×1.015=305210.50		
第一次替代	985×310×1.015=309930.25	4719.75	砌筑量增加使成本增加
第二次替代	985×332×1.015=331925.30	21995.05	单价提高使成本增加
第三次替代	985×332×1.02=333560.40	1635.10	损耗率增加使成本增加
总计	4719.75+21995.05+1635.10	28349.90	

问题 4：事件三中，B 分项工程的施工成本和完全成本分别是多少？

答案：

施工成本 = 人工费 + 材料费 + 机械费 + 施工措施费 + 现场管理费 = 45 + 60 + 55 + 15 + 10 = 185 万元

完全成本 = 施工成本 + 规费 + 总部管理费 = 185 + 7 + 5 = 197 万元

问题 5：事件四中，双方关于保修期的约定是否符合规定？并说明理由。施工单位各项诉讼主张是否成立？说明理由。

答案：

（1）保修期是否符合规定及理由

① 屋面防水工程保修期为 6 年：符合规定。

理由：防水工程最低保修期限为 5 年，双方约定保修 6 年符合规定。

② 主体工程保修期 50 年：不符合规定。

理由：主体工程最低保修期限为设计合理使用年限，而设计合理使用年限并不一定为 50 年。

（2）诉讼主张是否成立及理由

诉讼主张 1：要求建设单位支付工程欠款，成立。

理由：工程欠款是经双方结算一致认可。

诉讼主张 2：工程施工期间停工损失 45 万元，不成立。

理由：双方按合同约定办理竣工结算后，应被视为承包人已无权提出竣工结算前所发生的任何索赔。

知识点引申

提出索赔的期限 《建设工程施工合同（示范文本）》GF - 2017 - 0201

（1）承包人按约定接收竣工付款证书后，应被视为已无权再提出在工程接收证书颁发前所发生的任何索赔。

（2）承包人按约定提交的最终结清申请单中，只限于提出工程接收证书颁发后发生的索赔。提出索赔的期限自接受最终结清证书时终止。

案例 96

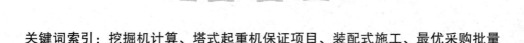

关键词索引：挖掘机计算、塔式起重机保证项目、装配式施工、最优采购批量

背景资料

某办公综合楼，占地面积 76314.60m²，地下 2 层，地上 15 层，建筑高度 62.5m，预制装配整体式结构，预制装配率 45%。建设单位依法进行公开招标，最终确定施工总承包单位 A 中标，双方签订建筑工程施工总承包合同。合同实施过程中发生如下事件：

事件一：基础土方开挖量为 264000m³，采用反铲挖掘机进行大开挖，其台班产量为 330m³，一天安排 2 个台班（每天挖掘机数量不变），要求 5 个月完成开挖工作。

事件二：主体结构剪力墙采用预制夹心保温剪力墙结构，施工单位制定了专项施工方案。方案要求墙板吊运及安装主要由塔式起重机完成，施工中对塔式起重机进行了安全检查。

事件三：装配式混凝土构件安装时，预制柱按照边柱、角柱、中柱顺序进行安装。预制梁和叠合梁、板按照先次梁、后主梁，先高后低的原则安装。预制构件钢筋采用套筒灌浆连接，灌浆时采用压浆法从上口灌注，从下口流出后及时封堵，灌浆拌合物制备后 60min 内用完，每工作班应制作 1 组且每层不应少于 3 组边长为 70.7mm 的立方体试件，标养 28d 后进行抗折强度试验。

事件四：工程施工中，该项目年度需要甲种材料总量为 24000t，材料单价为 180 元/t，一次采购费用为 60 元，仓库年保管费率为 3.35%。

问题 1：事件一中，需配置多少台该型号的挖掘机？（每月按 **30d** 计算）
答案：
需配置挖掘机数量：$264000/(330 \times 2 \times 5 \times 30) = 2.67$ 台，取整数 3 台。

问题 2：建筑施工安全检查时，"塔式起重机"检查评定保证项目应包括哪些？
答案：
（1）载荷限制装置；
（2）行程限位装置；
（3）保护装置；
（4）吊钩；

(5) 滑轮;
(6) 卷筒与钢丝绳;
(7) 多塔作业;
(8) 安拆、验收与使用。

问题3：事件三中，分别指出装配式混凝土施工中的不妥之处，并写出正确做法。
答案：
不妥1：预制柱按照边柱、角柱、中柱顺序进行安装。
正确做法：预制柱按照角柱、边柱、中柱顺序进行安装。
不妥2：预制梁和叠合梁、板按照先次梁、后主梁，先高后低的原则安装。
正确做法：预制梁和叠合梁、板按照先主梁、后次梁，先低后高的原则安装。
不妥3：采用压浆法从上口灌注，从下口流出后及时封堵。
正确做法：采用压浆法从下口灌注，从上口流出后及时封堵。
不妥4：灌浆拌合物制备后60min内用完。
正确做法：灌浆拌合物制备后30min内用完。
不妥5：每工作班应制作1组且每层不应少于3组边长为70.7mm的立方体试件，标养28d后进行抗折强度试验。
正确做法：每工作班应制作1组且每层不应少于3组40mm×40mm×160mm的长方体试件，标养28d后进行抗压强度试验。

问题4：事件四中，甲种材料的经济采购批量为多少？
答案：
$$Q_0 = \sqrt{2SC/PA} = \sqrt{2 \times 24000 \times 60/(180 \times 3.35\%)} = 691.09t$$

案例97

关键词索引：物料提升机、起重吊装保证项目、基坑检查评分表、三定原则、安全检查方法、移动式操作平台、安全防护设施验收内容

◆ 背景资料

某公司中标一栋24层住宅楼，建筑面积35000m²，基坑深度8.20m，采用排桩+锚杆的组合支护方式，部分填充墙采用轻骨料混凝土小砌块。甲乙双方按照《建设工程施工合同（示范文本）》GF-2017-0201签订施工承包合同，采用工程量清单计价。合同履行过程中发生如下事件：

事件一：现场采用物料提升机进行小型材料吊运，提升机钢丝绳采用绳卡固定，设置2个绳卡，绳卡滑鞍正反交错设置。监理工程师巡视时发现吊运时容器内物品过满、工作场地昏暗时吊运。

事件二：基坑工程施工期间，相关部门根据《建筑施工安全检查标准》JGJ 59—2011规定，进行现场安全检查，基坑保证项目安全检查表打分情况如下，最终汇总表得分为78分（由于地下水位较低，本项目不需降水）。

基坑工程安全检查评分表

保证项目	施工方案	基坑支护	降排水	坑边荷载	基坑开挖	安全防护
满分	10	10	10	10	10	10
实际得分	7	5	—	6	7	7

事件三：监理单位根据"三定"原则针对现场的高处作业展开了安全隐患整改情况复查，通过"量、测"手段复查移动式操作平台，发现平台高度为6m，要求施工单位立即整改。

问题1：物料提升机设置有哪些不妥？说明理由。起重吊装保证项目有哪些？
答案：
（1）不妥之处及理由：
不妥1：物料提升机钢丝绳采用2个绳卡固定。
理由：物料提升机固定采用绳卡时，数量不得少于3个且间距不小于钢丝绳直径的6倍。
不妥2：绳卡滑鞍正反交错设置。
理由：绳卡滑鞍放在受力绳的一侧，不得正反交错设置绳卡。
（2）起重吊装的保证项目有：施工方案、起重机械、钢丝绳与地锚、索具、作业环境、作业人员。

问题2：基坑保证项目得分是多少？基坑工程分项检查表应得分值为多少？说明理由。本次安全检查评为哪个等级？
答案：
（1）基坑保证项目得分：
基坑保证项目实际得分：7＋5＋6＋7＋7＝32分。
考虑缺项后，基坑保证项目应得分为32/50×60＝38.4分。
（2）基坑工程分项检查表应得分值：0分。
理由：分项检查评分表评分时，保证项目中有一项未得分或保证项目小计得分不足40分，此分项检查评分表不应得分。
（3）本次安全检查评定为不合格。

问题 3：什么是"三定"原则？安全检查的方法还有哪些？移动式操作平台的安全防范措施有哪些？

答案：

（1）"三定"原则是指：定人、定期限、定措施。

（2）安全检查的方法还有：听、问、看、运转试验。

（3）移动式操作平台的安全防范措施包括：

① 平台面积不宜大于 $10m^2$，高度不宜大于 5m，高宽比不应大于 2∶1，施工荷载不应大于 $1.5kN/m^2$。

② 轮子与平台架体连接应牢固，立柱底端离地面不得大于 80mm，行走轮和导向轮应配有制动器或刹车闸等制动措施。

③ 架体应保持垂直，制动器除在移动情况外均应保持制动状态。

④ 移动时平台上不得站人。

问题 4：高处作业前应对安全防护设施进行验收，应包括哪些内容？

答案：

（1）防护栏杆的设置与搭设；

（2）攀登与悬空作业的用具与设施搭设；

（3）操作平台及平台防护设施的搭设；

（4）防护棚的搭设；

（5）安全网的设置；

（6）安全防护设施、设备的性能与质量、所用的材料、配件的规格；

（7）设施的节点构造，材料配件的规格、材质及其与建筑物的固定、连接状况。

案例 98

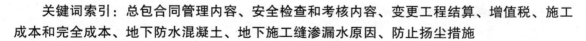

关键词索引：总包合同管理内容、安全检查和考核内容、变更工程结算、增值税、施工成本和完全成本、地下防水混凝土、地下施工缝渗漏水原因、防止扬尘措施

背景资料

某框架结构工程，地下 2 层，地上 24 层，采用预应力混凝土管桩加 1.2m 厚 C40P8 筏板基础。采用工程量清单计价，合同工期 360 日历天，招标控制价为 9400 万元。采用公开招标确定施工总承包单位，最终由 A 公司中标，中标价格为 9100 万元。根据合同约定，A 公司将幕墙工程分包给具有相应资质的分包人 B 施工。施工过程中发生如下事件：

事件一：为了确保按期完工，A 公司在施工前按照依法履行、诚实信用的原则开展合同管理工作，并重点对分包人 B 的安全生产进行检查和考核。

事件二：在某分部分项工程量清单中，由于设计变更新增混凝土工程量 $300m^3$，投标人填报的综合单价为 400 元$/m^3$，招标人在招标控制价中计算的综合单价为 500 元$/m^3$。

事件三：7 月份，A 公司对现场的成本进行核算，当月合同收入 4200 万元（含 150 万元销项税额），发生人工费 500 万元（含 20 万元进项税额），材料费 2000 万元（含 100 万元进项税额），机械费 800 万元，施工措施费 300 万元，现场管理费 100 万元，总部管理费 50 万元，规费 50 万元。

事件四：施工单位按照设计抗渗等级试配混凝土，并选用矿渣硅酸盐水泥配制混凝土。地下室外墙施工时在基础底板顶面留置水平施工缝，监理工程师检查时发现不合理，要求施工单位整改，并发现部分施工缝处有渗漏水现象。

事件五：现场施工期间，尘土飞扬，周边居民向当地环卫部门举报，环卫部门向项目部下发处罚通知书，要求限期整改。

问题 1：事件一中，总承包单位合同管理的内容有哪些？总包单位对分包单位的安全检查和考核内容包括哪些？

答案：

（1）总承包单位合同管理的内容包括：合同订立、合同备案、合同交底、合同履行、合同变更、争议与诉讼、合同分析与总结。

（2）总包单位对分包单位的安全检查和考核内容包括：

① 分包单位安全生产管理机构的设置、人员配备及资格情况；

② 分包单位违约、违章情况；

③ 分包单位安全生产绩效。

问题 2：事件二中，混凝土分项工程的实际结算价。

答案：

（1）承包人报价浮动率 $L = 1 - 9100/9400 = 3.19\%$

（2）确定综合单价

$500 \times (1 - 3.19\%) \times (1 - 15\%) = 411.44$ 元$/m^3 > 400$ 元$/m^3$，设计变更新增混凝土综合单价按 411.44 元$/m^3$ 确定。

（3）实际结算价：$300m^3 \times 411.44$ 元$/m^3 = 123432$ 元

问题 3：事件三中，施工单位 7 月份应缴纳的增值税是多少？施工项目成本为多少？完全成本是多少？

答案：

（1）7 月份应缴纳的增值税 = 销项税额 − 进项税额 = $150 - (20 + 100) = 30$ 万元

（2）施工项目成本 = 人工费 + 材料费 + 机械费 + 施工措施费 + 现场管理费
$= (500 - 20) + (2000 - 100) + 800 + 300 + 100 = 3580$ 万元

（3）完全成本 = 施工项目成本 + 规费 + 总部管理费 = $3580 + 50 + 50 = 3680$ 万元

问题 4：事件四中，地下防水工程施工做法中有哪些不妥？说明理由。分析施工缝隙漏水的原因。

答案：

（1）不妥之处及理由

不妥 1：按照设计抗渗等级试配混凝土。

理由：防水混凝土试配抗渗等级应比设计要求提高 0.2MPa。

不妥 2：选用矿渣硅酸盐水泥配制混凝土。

理由：宜采用硅酸盐水泥或普通水泥配制防水混凝土，采用其他水泥时应经过试验确定。

不妥 3：地下室外墙水平施工缝留置在基础底板顶面。

理由：地下室外墙水平施工缝应留在高出底板表面不小于 300mm 的墙体上。

（2）施工缝隙漏水的原因有：

① 施工缝留的位置不当。

② 施工缝处杂物没有清除，形成夹层。

③ 未按规定处理施工缝，接触面粘结不实。

④ 钢筋过密，混凝土浇捣困难。

⑤ 下料方法不当，骨料集中于施工缝处。

⑥ 新老接槎部位产生收缩裂缝。

问题 5：项目部应采取哪些防止扬尘的具体措施？（至少写 5 条）

答案：

（1）施工现场主要道路进行硬化处理，土方集中堆放。

（2）裸露的场地和集中堆放的土方采取覆盖、固化或绿化等措施。

（3）建筑物内施工垃圾的清运，必须采用专用的容器或管道运输，严禁凌空抛掷。

（4）水泥和其他易飞扬细颗粒建筑材料应密闭存放或采取覆盖等措施。

（5）混凝土搅拌场所应采取封闭、降尘措施。

（6）施工现场道路应定期洒水清扫，避免扬尘。

（7）现场出入口处设置洗车池。

案例 99

关键词索引：施工检测试验、钢筋代换、箍筋弯钩、钢结构焊接、预制墙板现场试验与测试、BIM 模型、绿色建造计划

背景资料

某8度抗震设防地区一框架-剪力墙结构建筑物,基坑开挖深度8.2m,室外自然地坪标高为-0.6m,地下水位位于地表以下1.8m,屋顶结构为钢结构网架结构体系,外墙采用预制夹心复合墙板体系。施工过程中采用BIM技术进行建模,模拟屋顶网架结构的拼装施工,该工程施工被选为项目所在地绿色建造项目。施工期间发生如下事件:

事件一:施工前,施工单位项目负责人组织相关技术人员编制了针对土方回填、钢筋连接、混凝土等检测试验项目的统一施工检测试验计划,其主要内容有:检测试验项目名称、检测试验参数等。

事件二:二层梁板钢筋绑扎完毕后,施工单位自检合格,向监理机构提出隐蔽工程验收。验收过程中发现:部分钢筋有私自代换现象;部分箍筋弯钩为45°,平直段长度为8d(d为钢筋直径)。

事件三:钢结构网架构件加工前,施工单位进行了施工图详图设计、审查施工图纸等工作;监理工程师检查发现焊工已经脱岗8个月未办理任何手续就进行施焊,并发现部分焊缝有焊瘤形状缺陷,随即要求施工单位整改。

事件四:预制墙板施工前进行了饰面砖粘结强度和接缝处的现场淋水试验。

事件五:项目部编制绿色建造计划,内容有绿色建造范围和管理职责分工、绿色建造目标和控制指标等。

问题1:事件一中,指出施工单位做法的不妥之处。写出正确做法。混凝土工程的检测试验项目及参数有哪些?施工检测试验计划的内容还有哪些?

答案:

(1)不妥之处及正确做法

不妥1:施工单位项目负责人组织编制施工检测试验计划。

正确做法:应由施工单位项目技术负责人组织编制施工检测试验计划。

不妥2:编制统一的施工检测试验计划。

正确做法:应按检测试验项目分别编制。

(2)混凝土工程的试验项目及参数:

试验项目1:配合比设计,参数包括工作性,强度等级。

试验项目2:混凝土性能,参数包括标准养护试件强度、同条件试件强度、同条件转标养强度、抗渗性能。

(3)施工检测试验计划的内容还有:试样规格、代表批量、施工部位、计划检测试验时间。

问题2:事件二中,有哪些不妥之处?写出正确做法。

答案:

不妥1:钢筋有私自代换现象。

正确做法:钢筋代换应征得设计单位的同意,并办理设计变更手续。

不妥 2：部分箍筋弯钩为 45°，平直段长度为 8d。
正确做法：箍筋弯钩的弯折角度不应小于 135°，平直段长度不应小于箍筋直径的 10 倍。

知识点引申

箍筋弯钩及平直段长度
箍筋末端按设计要求做弯钩，并应符合下列规定：
（1）一般结构构件，箍筋弯钩的弯折角度不应小于 90°，弯折后平直段长度不应小于箍筋直径的 5 倍。
（2）有抗震设防要求或设计有专门要求的结构构件，箍筋弯钩的弯折角度不应小于 135°，弯折后平直段长度不应小于箍筋直径的 10 倍。

问题 3：事件三中，钢结构网架构件加工前应进行的工作还有哪些？焊工直接上岗施焊是否妥当？说明理由。焊缝还有哪些常见的形状缺陷？
答案：
（1）加工前应进行的工作还有：提料、备料、工艺试验和工艺规程的编制、技术交底。
（2）焊工直接上岗施焊不妥。
理由：焊工属于特种作业人员，离岗超过 6 个月需重新进行实际操作考核，考核合格后方可上岗作业。
（3）常见的形状缺陷还有：咬边、下榻、根部收缩、错边、角度偏差、焊缝超高、表面不规则。

问题 4：事件四中，预制墙板还应进行哪些项目的现场试验与测试？外墙板接缝的淋水试验如何进行？
答案：
（1）预制墙板还应进行的现场试验与测试包括：
① 外门窗安装部位的现场淋水试验
② 现场隔声测试
③ 现场传热系数测试
（2）外墙板接缝的淋水试验：每 1000m² 外墙（含窗）面积应划分为一个检验批，不足 1000m² 时也应划分为一个检验批；每个检验批应至少抽查一处，抽查部位应为相邻两层 4 块墙板形成的水平和竖向十字接缝区域，面积不得少于 10m²，进行现场淋水试验。

问题 5：采用 BIM 技术进行建模时，质量控制措施有哪些？
答案：
（1）模型与工程项目的符合性检查；
（2）不同模型元素之间的相互关系检查；
（3）模型与相应标准规定的符合性检查；
（4）模型信息的准确性和完整性检查。

知识点引申

BIM 模型包括深化设计模型、施工过程模型和竣工验收模型。

问题 6：事件五中，绿色建造计划还应该包括哪些内容？
答案：
（1）重要环境因素控制计划及相应方案；
（2）节能减排及污染物控制的主要技术措施；
（3）绿色建造所需的资源和费用。

案例 100

关键词索引：灌注桩排桩、合同变更管理、合同争议处理、现场重点部位防火、食堂

◆ 背景资料

某民用建筑工程，建筑面积 70000m²，地下 2 层，筏形基础；地上 23 层，抗震设防烈度为 7 度。建设单位依法选择了施工单位，签订了施工承包合同。

基坑支护采用灌注桩排桩支护结构，监理工程师在审查《灌注桩排桩支护方案》时发现：

（1）灌注桩排桩采取间隔成桩的施工顺序，已完成浇筑混凝土的桩与邻桩间距大于 3 倍桩径，或间隔施工时间大于 36h。

（2）灌注桩顶充分泛浆，高度控制在 300~500mm；水下灌注混凝土时混凝土强度比设计桩身强度提高两个强度等级配置。

（3）灌注桩外截水帷幕采用三轴水泥土搅拌桩，截水帷幕与灌注桩排桩间的净距为 250mm。

监理工程师认为存在诸多不妥，要求整改。

项目部在合同管理过程中，严格执行公司对项目部的授权管理，对实施过程中的合同变更进行了书面签认，并按规定程序进行了合同的争议处理。

现场重点部位的防火布置如下：现场焊、割作业点与氧气瓶、乙炔瓶等危险物品的距离为 8m，与易燃易爆物品的距离为 25m。可燃材料库房和易燃易爆危险品库房单个房间的建筑面积均为 30m²，房间内任一点至最近疏散门的距离为 15m，房门的净宽为 0.8m。易燃材料露天仓库四周有宽度 4m 的平坦空地作为消防通道。

现场食堂靠近垃圾站，食堂的制作间和储藏间共用一个房间，燃气罐存放在杂物间，制作间灶台周边铺贴瓷砖高度为 1m，储藏室的粮食存放台距墙和地面 0.1m。现场食堂按规定办理了卫生许可证，炊事人员在项目当地聘请相关人员即上岗。

问题1：指出《灌注桩排桩支护方案》的不妥之处，写出正确做法。
答案：
不妥1：已完成浇筑混凝土的桩与邻桩间距大于3倍桩径。
正确做法：已完成浇筑混凝土的桩与邻桩间距大于4倍桩径。
不妥2：灌注桩顶泛浆高度控制在300～500mm。
正确做法：灌注桩顶泛浆高度不应小于500mm。
不妥3：截水帷幕与灌注桩排桩间的净距为250mm。
正确做法：截水帷幕与灌注桩排桩间的净距宜小于200mm。

问题2：项目部合同变更管理的程序有哪些？项目部进行合同争议处理的程序有哪些？
（1）项目部合同变更管理的程序：
① 合同变更申请。
② 报项目经理审查、批准。必要时，经企业合同管理部门负责人签认，重大合同变更报企业负责人签认。
③ 业主签认，形成书面文件。
④ 组织实施。
（2）项目部进行合同争议处理的程序：
① 准备并提供合同争议事件的证据和详细报告。
② 通过"和解"或"调解"达成协议，解决争端。
③ 当"和解"或"调解"无效时，报请企业负责人同意后，按合同约定提交仲裁或诉讼处理。
④ 当事人应接受并执行最终裁定或判决的结果。

问题3：现场重点部位的防火布置存在哪些不妥？分别写出正确做法。
答案：
不妥1：现场焊、割作业点与氧气瓶、乙炔瓶等危险物品的距离为8m。
正确做法：现场焊、割作业点与氧气瓶、乙炔瓶等危险物品的距离不得少于10m。
不妥2：现场焊、割作业点与易燃易爆物品的距离为25m。
正确做法：现场焊、割作业点与易燃易爆物品的距离不得少于30m。
不妥3：易燃易爆危险品库房单个房间的建筑面积为30m²。
正确做法：易燃易爆危险品库房单个房间的建筑面积不应超过20m²。
不妥4：房间任一点至最近疏散门的距离为15m。
正确做法：房间任一点至最近疏散门的距离不应大于10m。
不妥5：易燃材料露天仓库四周有宽度4m的平坦空地作为消防通道。
正确做法：易燃材料露天仓库四周有宽度不小于6m的平坦空地作为消防通道。

问题 4：针对食堂的不妥之处，写出正确做法。

答案：

正确做法一：现场食堂应设置在远离厕所、垃圾站、有毒有害场所等污染源的地方。

正确做法二：现场食堂应设置独立的制作间、储藏间。

正确做法三：燃气罐应单独设置存放间。

正确做法四：制作间灶台周边铺贴瓷砖高度不宜小于 1.5m。

正确做法五：储藏室的粮食存放台距墙和地面应大于 0.2m。

正确做法六：炊事人员必须持身体健康证上岗。

案例 101

关键词索引：项目部建立步骤、施工组织设计、施工现场平面布置、临时用电、预制桩

◆ 背景资料

某新建 T 形写字楼，建筑面积 $52100m^2$，南北方向总长 28m，东西方向总长 32m。地下 2 层，地上 23 层，预制桩基础，钢筋混凝土框架-核心筒结构。建设单位与某施工单位签订的施工总承包合同，依据相关步骤建立了项目经理部。

项目技术负责人主持编制 T 形写字楼施工组织设计时，根据项目的总体部署，绘制了施工总平面布置图（如下图所示），经项目负责人审核批准后实施。其中，施工现场入口设置企业标志，明显处设置五牌一图；塔吊设置如下图所示，起重半径为 16m；施工场地内设置 5m 宽环形载重双车道主干道（兼作消防车道），并进行硬化，载重车辆转弯半径 12m。

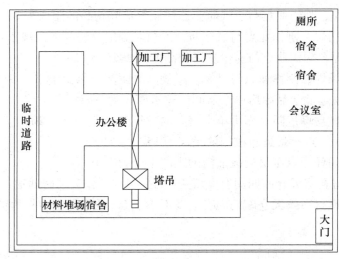

施工现场有1台塔吊、1台物料提升机、2台钢筋切断机、1台搅拌机、2台弯曲机,项目经理安排土建技术人员仅编制安全用电和电气防火措施,经相关部门审核、项目技术负责人批准、总监理工程师签认,并组织施工等单位的相关部门和人员共同验收后投入使用。

问题1:项目管理机构建立包括哪些步骤?
答案:
(1)根据项目管理规划大纲、项目管理目标责任书及合同要求明确管理任务;
(2)根据管理任务分解和归类,明确组织结构;
(3)根据组织结构,确定岗位职责、权限以及人员配置;
(4)制定工作程序和管理制度;
(5)由组织管理层审核认定。

问题2:T形写字楼施工组织设计编制和审批存在哪些不妥之处?说明理由。
答案:
不妥1:项目技术负责人组织编制T形写字楼施工组织设计。
理由:应由项目负责人主持编制T形写字楼施工组织设计。
不妥2:经项目负责人审核批准后实施。
理由:T形写字楼施工组织设计属于单位工程施工组织设计,应由施工单位技术负责人或技术负责人授权的技术人员审批。

问题3:指出施工平面布置图绘制中的不妥之处。施工总平面图的设计内容有哪些?
答案:
(1)施工平面布置图不妥之处
不妥1:现场大门未设置门卫岗亭。
不妥2:现场仅设置一个大门,宜考虑设置两个以上大门。
不妥3:办公生活区与施工区未采取隔离措施。
不妥4:现场双车道宽度仅5m,按规定应不小于6m。
不妥5:载重车辆转弯半径12m,按规定不宜小于15m。
不妥6:塔吊起重半径不能满足施工要求。
不妥7:宿舍放在材料堆场旁边(或在施工区设置有宿舍)。
(2)施工总平面图的设计内容有:
① 项目施工用地范围内的地形状况;
② 全部拟建的建筑物和其他基础设施的位置;
③ 项目施工用地范围内的加工、运输、存储、供电、供水供热、排水排污设施以及临时施工道路和办公、生活用房等;
④ 施工现场必备的安全、消防、保卫和环保设施;
⑤ 相邻的地上、地下既有建筑物及相关环境。

问题 4：指出现场用电安全不妥之处，并写出正确做法。临时用电工程投入使用前，哪些部门和单位应参加验收？

答案：

（1）现场用电安全不妥之处及正确做法：

不妥 1：仅编制安全用电和电气防火措施。

正确做法：现场用电设备共 7 台，应编制用电组织设计。

不妥 2：由土建技术人员编制。

正确做法：应由电气工程技术人员编制。

不妥 3：由项目技术负责人批准。

正确做法：应由具有法人资格企业的技术负责人批准。

（2）临时用电工程投入使用前，必须经编制、审核、批准部门和使用单位共同验收。

问题 5：根据《建筑地基基础工程施工质量验收规范》GB 50202—2018，钢筋混凝土预制桩基础施工前、过程中和结束后分别检查内容有哪些？

答案：

施工前检查：成品桩构造尺寸、外观质量。

施工中检查：接桩质量、锤击及静压的技术指标、垂直度、桩顶标高

施工后检查：承载力、桩身完整性。

案例 102

关键词索引：实际进度前锋线、索赔、玻璃幕墙

背景资料

某试验楼工程，地下 1 层，地上 8 层，总建筑面积 11000m²，钢筋混凝土框架-剪力墙结构。建设单位与施工总承包单位按照约定签订了施工总承包合同。合同履行过程中发生如下事件：

事件一：在第 4 个月末，施工单位对现场实际进度进行检查，并在时标网络图中绘制了实际进度前锋线，如下图所示：（单位：月）

事件二：施工单位针对 4 月末的进度情况，按程序上报了相应的工期索赔资料。经监理工程师核实，工序 A 的进度偏差是因为建设单位供应材料晚到，工序 B 的进度偏差是因为施工单位租赁机械故障所致。

事件三：在基坑开挖时正值雨季，连续降雨半个月导致工期拖后了 20d，并且增加用工 20 个工日，增加机械台班 10 个。主体结构即将完工时，建设单位又进行了设计变更，导致总工期拖延了 10d，每天新增用工 10 个工日。一个月后发生了罕见台风，导致全部停工 5d，

工人窝工20个工日,租赁机械闲置5d。施工单位针对上述情况,按照程序申请的索赔,相关单价信息如下表所示。

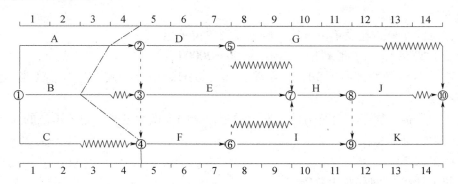

人工	工日单价200元/工日	窝工费单价100元/工日
机械	台班费500元/台班	租赁费300元/d,折旧费130元/d

事件四:单元式玻璃组件采用之江牌硅酮结构密封胶。安装过程中金属扣件采用白云牌硅酮耐候密封胶,层间防火封堵采用白云牌硅酮耐候密封胶,避雷接地每4层做均压环与连接主体接地体做有效连接。

事件五:竣工结算完成后,施工单位发现两个月前因建设单位供应的材料不合格引起的返工费用2万元和窝工费1万元忘记索赔,立即补充了一份索赔报告。

问题1:事件一中,写出实际进度前锋线所涉及各工序的实际进度偏差情况以及对总工期的影响。
答案:
(1)工序A:实际进度拖后1个月,影响总工期1个月。
(2)工序B:实际进度拖后2个月,影响总工期1个月。
(3)工序C:实际进度与原计划一致,不影响总工期。

问题2:事件二中,各项工期索赔是否成立?分别说明理由。
答案:
(1)工序A:索赔成立。
理由:建设单位供应材料晚到属于建设单位责任,并且工序A是关键工作,影响总工期。
(2)工序B:索赔不成立。
理由:施工单位租赁机械故障是施工单位应该承担的责任。

问题3:事件三中,各索赔是否成立?分别说明理由,计算可索赔的工期和费用总额。
答案:
(1)索赔是否成立及理由
① 雨季期间连续降雨半个月导致工期拖后了20d,工期和费用索赔均不成立。

理由：雨季连续降雨是一个有经验的承包商可以预见到的风险，应由施工单位承担。

② 建设单位进行设计变更，导致总工期拖延 10d，每天新增用工 10 个工日，工期和费用索赔均成立。

理由：设计变更是建设单位责任，应由建设单位承担。

可索赔工期 10d，可索赔费用 10×10×200＝20000 元。

③ 罕见台风导致全部停工 5d，工人窝工 20 个工日，租赁机械闲置 5d，工期索赔成立，费用索赔不成立。

理由：罕见台风属于不可抗力，工期可顺延，合同未做约定时，施工单位的人员窝工和机械窝工应由自己承担。

可索赔工期 5d。

（2）可索赔的工期和费用总额

可索赔的工期总额：10＋5＝15d

可索赔的费用总额：20000 元

问题 4：事件四中，幕墙施工做法有何不妥？说明理由。
答案：

不妥 1：单元式玻璃组件采用之江牌硅酮结构密封胶，金属扣件采用白云牌硅酮耐候密封胶。

理由：同一幕墙工程应采用同一品牌的硅酮结构密封胶和硅酮耐候密封胶配套使用，防止不同品牌的胶接触可能产生化学反应，失去原胶的性能而产生安全隐患。

不妥 2：层间防火封堵采用白云牌硅酮耐候密封胶。

理由：层间防火封堵应采用防火密封胶。

不妥 3：避雷接地每 4 层做均压环与连接主体接地体做有效连接。

理由：避雷接地应每 3 层做均压环与连接主体接地体做有效连接。

问题 5：事件五中，施工单位能够获得的索赔费用是多少？说明理由。
答案：

施工单位能够获得的索赔费用是 0 元。

理由：双方按合同约定办理竣工结算后，应被视为承包人已无权提出竣工结算前所发生的任何索赔。

案例 103

关键词索引：施工电梯、安全事故分类及上报、安全事故调查组、水平洞口防护

背景资料

某商用公共建筑，建筑高度110m，35层，框架核心筒结构。建设单位通过招投标与一家具有资质的施工单位签订施工总承包合同。

项目采用SC200/200V型高速施工电梯运输人员及材料，在进行设备设施安全验收检查时发现，施工电梯底部周围2.2m范围内设置了防护棚，防护棚高2.5m，距离防护棚2m处放有两罐乙炔瓶。建筑物每个停层平台已设置相应的防护措施。塔吊信号工兼职施工电梯操作司机，且只有信号工证，项目经理认为存在多处安全隐患，要求尽快整改。

施工至13层时，一名搬运工失足落入一个尺寸为1.2m水平落地洞口，当场死亡。现场相关人员立即向建设单位负责人报告，建设单位迅速组织人员保护好事故现场，做好危险区域人员的撤离，事故逐级上报至县级安全监督管理部门。随后县级人民政府组织展开事故调查，公安机关和安全生产监督管理部门等参与事故调查，调查发现洞口盖板未盖牢，也未设置警示牌。事故调查组于事故发生后第78d提交了事故调查报告。

问题1：指出关于施工电梯的不妥之处，写出正确做法。
答案：
不妥1：施工电梯底部周围2.2m范围内设置防护棚。
正确做法：施工电梯2.5m范围内应搭设防护棚。
不妥2：防护棚高2.5m。
正确做法：当安全防护棚为非机动车辆通行时，棚底至地面高度不应小于3m；当安全防护棚为机动车辆通行时，棚底至地面高度不应小于4m。
不妥3：距离施工电梯防护棚2m处放有两罐乙炔瓶。
正确做法：施工电梯周围5m内，不得堆放易燃、易爆物品及其他杂物。
不妥4：塔吊信号工兼职施工电梯操作司机。
正确做法：施工机械应实行定机、定人、定岗位职责的"三定"制度，即塔吊信号工不得兼职施工电梯操作司机。
不妥5：施工电梯操作司机持信号工证上岗。
正确做法：施工电梯司机需取得机械操作合格证后方可上岗作业。

问题2：施工电梯停层平台应如何防护？
答案：
（1）停层平台两侧边应设置防护栏杆、挡脚板，并应采用密目式安全立网或工具式栏板封闭。
（2）停层平台口应设置高度不低于1.8m的楼层防护门，并应设置防外开装置。

问题3：请分析本工程的安全事故为哪个等级？指出安全事故上报及调查的不妥之处，并说明理由。

答案：

（1）本工程的安全事故为：一般事故。

（2）安全事故上报及调查的不妥之处及理由：

不妥1：现场相关人员立即向建设单位负责人报告。

理由：安全事故应立即向施工单位负责人报告。

不妥2：事故逐级上报至县级安全监督管理部门。

理由：一般事故应逐级上报至市级人民政府安全生产监督管理部门和负有安全生产监督管理职责的有关部门。

不妥3：事故调查组于事故发生后第78d提交了事故调查报告。

理由：事故调查组应于事故发生之日起60d内提交事故调查报告，如需延期，必须征得批准。

问题4：参加安全事故调查的部门还应该包括哪些？

答案：

（1）负有安全生产监督管理职责的有关部门；

（2）监察机关；

（3）工会；

（4）人民检察院。

【解析】 本问答案不应把"专家"写上去。调查组可聘请专家参与事故调查，但不是必须聘请专家参与事故调查。

问题5：针对题目背景中的水平洞口，应该如何进行防护？

答案：

尺寸为1.2m水平落地洞口，应采用盖板覆盖或防护栏杆等措施，并应固定牢靠。

案例104

关键词索引：变形测量、灌注桩检测、基坑工程、支护结构位移、土方专项施工方案

背景资料

某综合楼工程，总建筑面积58200m²，地下2层，地上16层，地基土变形明显，灌注桩筏板基础，桩径1m，桩长38m，共320根，现浇钢筋混凝土框架剪力墙结构，施工过程

期间对该建筑进行变形测量。由于周边有大量既有建筑物，建设单位委托具有资质的第三方对基坑进行重点监测，其中基坑围护结构顶部变形观测点布置图如下图所示，施工期间发现支护结构位移超过设计值。

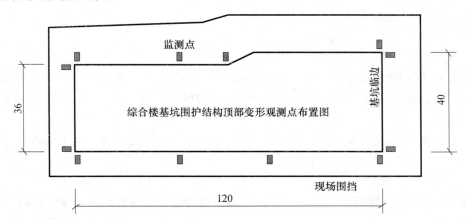

土方开挖过程中施工单位编制了土方专项施工方案，监理单位审核时发现，内容只包含放坡要求、开挖时间、开挖顺序、机械选择，监理单位认为内容不全，要求施工方补充完整。

在基坑工程专项安全检查，检查中发现，保证项目仅包含施工方案、基坑开挖两项，监理工程师认为检查项目不全，要求按照《建筑施工安全检查标准》JGJ 59—2011 予以补充。

问题1：针对变形测量，施工期间哪些建筑需要进行变形测量？（至少写4条）
答案：
（1）地基基础设计等级为甲级的建筑；
（2）软弱地基上的地基基础设计等级为乙级的建筑；
（3）加层、扩建或处理地基上的建筑；
（4）受邻近施工影响或受场地地下水等环境因素变化影响的建筑；
（5）采用新型基础或新型结构的建筑；
（6）大型城市基础设施；
（7）体型狭长且地基土变化明显的建筑。

问题2：针对本工程灌注桩需进行哪些检测？检测先后顺序是什么？该工程灌注桩需要留几组几块混凝土试块？
答案：
（1）灌注桩需进行单桩承载力检测和桩身完整性检测。
（2）检测先后顺序：先进行桩身完整性检测，后进行单桩承载力检测。
（3）该工程灌注桩需要留320组960块混凝土试块。

知识点引申
灌注桩混凝土强度检验的试件应在施工现场随机抽取。来自同一搅拌站的混凝土，每浇筑50m³必须至少留置一组试件；当混凝土浇筑量不足50m³时，每连续浇筑12h必须至少留置一组试件。对于单柱单桩，每根桩应至少留置一组试件。

问题3：基坑围护结构顶部变形观测点布置是否妥当？并说明理由。基坑重点做好哪些监测内容？

答案：

（1）基坑围护结构顶部变形观测点布置：不妥当。

理由：基坑围护墙或基坑边坡顶部变形观测点沿基坑周边布置，周边中部、阳角处、受力变形较大处设点；观测点间距不应大于20m，且每侧边不宜少于3个；水平和垂直观测点宜共用同一点。

（2）基坑重点监测内容包括：支护结构水平位移、周边建筑物、地下管线变形、地下水位。

问题4：针对施工期间发现支护结构位移超过设计值，应采取哪些措施？（至少写4条）

答案：

（1）加设支撑；

（2）加设锚杆；

（3）支护墙背卸土；

（4）加快垫层浇筑；

（5）加厚垫层。

知识点引申

（1）支护结构施工期间发生墙背土体沉陷，可采取的措施有：增设坑外回灌井、坑底加固、垫层随挖随浇、加厚垫层或采取配筋垫层、设置坑底支撑等。

（2）基坑施工期间发生管涌，在支护结构前再打设一排钢板桩，在钢板桩与支护墙间进行注浆。

问题5：土方专项施工方案还应包括哪些内容？基坑工程保证项目还有哪些内容？

答案：

（1）土方专项施工方案还应包括：支护结构设计、分层开挖深度、坡道位置、车辆进出道路、降水措施及监测要求。

（2）基坑工程保证项目还有：基坑支护、降排水、坑边荷载、安全防护。

案例105

关键词索引：特种作业操作资格证、安全防护装置、塔吊试吊、十不吊、安全检查评分

背景资料

某住宅工程位于市中心地带,建筑面积共 36800m²,地上 27 层,地下 2 层,框架-剪力墙结构。垂直运输机具为塔吊、施工电梯以及物料提升机;3 层以下采用落地式钢管脚手架,从 4 层开始使用悬挑式脚手架。现场监理机构要求施工机械、设备使用及操作相关人员应具备相应的资质,同时现场应加强对塔吊、施工电梯、物料提升机安全防护装置的日常检查。

施工现场所用塔吊实际额定起重荷载标准值为 80kN。某日在起吊钢筋时,塔吊信号工在钢筋吊离地面 1m 时发现钢筋捆绑不平衡而引起滑动,随即指示停止吊装作业。次日,在吊装一捆荷载值为 75kN、数量为 60 根、直径为 28mm、长度为 5m 的钢筋时,将钢筋吊起离地面 18cm 处,进行安全检查,确认能够满足稳定性后才继续起吊。

针对该建筑安装工程检查评分汇总表,已填入汇总表的项目及分值如下表所示。未填入的分项表与分值如下:"塔式起重机与起重吊装检查评分表""物料提升机与外用电梯"两项表的实得分分别为 81 分、86 分。该工程使用了多种脚手架,落地式脚手架实得分为 80 分,悬挑式脚手架实得分为 82 分。

单位工程名称	建筑面积(m²)	结构类型	总计得分(满分100分)	安全管理(满分10分)	文明施工(满分15分)	脚手架(满分10分)	基坑工程(满分10分)	模板工程(满分10分)	高处作业(满分10分)	施工用电(满分10分)	物料提升机与外用电梯(满分10分)	塔吊与起重吊装(满分10分)	施工机具(满分5分)
××住宅	36800	框剪		8.2	12		8.4	8.3	8.2	8.1			4
评语:													
检查单位			负责人			受检项目				项目经理			

问题 1:本工程所用垂直运输机具的哪些人员需具备操作资格证书后方可上岗?
答案:
(1) 塔吊:起重机械安装拆卸工、起重司机、信号工、司索工。
(2) 施工电梯:司机(即操作工)。
(3) 物料提升机:操作工。

问题 2:塔吊、物料提升机与施工电梯的安全防护装置有哪些?(至少写 5 项)
答案:
(1) 塔吊安全防护装置:动臂变幅限制器、行走限位器、力矩限制器、吊钩高度限制器、行程限位开关。
(2) 施工电梯安全防护装置:限位安全装置、楼层站台、防护门、上限位、前后门限位。
(3) 物料提升机安全防护装置:安全停靠装置、断绳保护装置、楼层口停靠栏杆(门)、吊篮安全门、上料口防护棚、上极限限位器、下极限限位器、紧急断点开关、信号装置、缓冲器、超载限制器、通信装置。

问题 3：塔吊在钢筋吊起 18cm 时进行安全检查是否合理？说明理由，写出具体检查内容。

答案：

（1）钢筋吊起 18cm 时进行安全检查：不合理。

理由：钢筋起吊荷载值 75kN，已经达到额定荷载值的 90%（80kN）及以上，按规定应将重物吊起离地面 20～50cm 时进行安全检查。

（2）安全检查的内容包括：机械状况、制动性能、物件绑扎情况。

问题 4：除本工程出现"捆绑、吊挂不牢或不平衡，可能引起滑动时不吊"情况外，还有哪些属于现场塔吊"十不吊"的相关内容？

答案：

（1）超载或被吊物质量不清不吊；

（2）指挥信号不明确不吊；

（3）被吊物上有人或浮置物时不吊；

（4）结构或零部件有影响安全工作的缺陷或损伤时不吊；

（5）遇有拉力不清的埋置物件时不吊；

（6）工作场地昏暗，无法看清场地、被吊物和指挥信号时不吊；

（7）被吊物棱角处与捆绑钢丝绳间未加衬垫时不吊；

（8）歪拉斜吊重物时不吊；

（9）容器内装的物品过满时不吊。

问题 5：计算未填入汇总表的各分项检查分值，并计算本工程总计得分。

答案：

（1）"塔式起重机与起重吊装"分项检查分值：10×81/100＝8.1 分

（2）"物料提升机与外用电梯"分项检查分值：10×86/100＝8.6 分

（3）"脚手架"

"脚手架"实得分：（80＋82）/2＝81 分

"脚手架"分项检查分值：10×81/100＝8.1 分

（4）本工程总计得分：8.2＋12＋8.1＋8.4＋8.3＋8.2＋8.1＋8.6＋8.1＋4＝82 分

案例 106

关键词索引：防水、地下室施工缝、混凝土养护时间

背景资料

某行政办公楼，建筑面积 38940.4m^2，局部 2 层地下室、筏板基础，地上 4 层，框架结构。地下室筏板和外墙混凝土均为 C30P6。地下结构施工过程中，发生如下事件：

事件一：地下室底板外防水设计为两道，为 2mm+2mm 高聚物改性沥青卷材外防水。施工单位拟采用热熔法、均满粘施工，监理工程师认为施工方法存在不妥，不予确认。

事件二：地下室单层面积较大，由于设备所需空间要求，地下 2 层层高达 6.6m，不便于一次施工，故底板、竖向墙体及顶板分次浇筑。监理要求提前上报施工缝留置位置。

事件三：底板施工完浇水养护 10d 后监理工程师提出应继续浇水，施工单位认为采用普通硅酸盐水泥拌制的混凝土，其养护时间不少于 7d 即可，现养护 10d 已完全满足规范。

事件四：地下室防水保护层做法：顶板与底板一致，机械碾压采用 50mm 厚细石混凝土；侧墙为聚苯乙烯泡沫塑料。室内厕浴间防水做法：采用卷材防水，先施工地面，然后施工墙面。监理对此做法提出诸多不同意见。

问题 1：指出事件一中的不妥之处，分别写出理由。
答案：
不妥 1：采用热熔法施工。
理由：改性沥青防水卷材厚度小于 3mm 时，严禁采用热熔法，易烧穿卷材，影响防水效果。
不妥 2：采用满粘法施工。
理由：底板垫层混凝土部位的卷材宜采用空铺法或点粘法施工。

问题 2：事件二中，地下 2 层墙体与底板、顶板的施工缝应分别留置在什么位置？
答案：
墙体与底板：水平施工缝应留在高出底板表面不小于 300mm 的墙体上。
墙体与顶板水平施工缝：应留在板与墙接缝线以下 150～300mm 处。

问题 3：事件三中，施工单位说法是否正确？说明理由。
答案：
施工单位的说法：不正确。
理由：对采用硅酸盐水泥、普通硅酸盐水泥或矿渣硅酸盐水泥拌制的混凝土，其养护时间不得小于 7d，是指针对主体结构（±0 以上部位）的普通混凝土。地下结构底板混凝土，有抗渗要求，其养护时间不得小于 14d。

问题 4：指出事件四中做法的不妥之处，并分别给出正确做法。
答案：

不妥 1：地下室顶板采用机械碾压回填时，用 50mm 厚细石混凝土作防水保护层。

正确做法：顶板细石混凝土防水保护层，机械回填时不宜小于 70mm，人工回填时不宜小于 50mm。

不妥 2：厕浴间卷材防水先施工地面，后施工墙面。

正确做法：室内防水卷材施工宜先铺墙面，后铺地面。

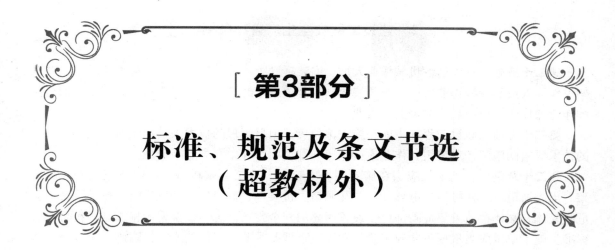

1 建设工程质量管理条例

第十六条 建设单位收到建设工程竣工报告后，应当组织设计、施工、工程监理等有关单位进行竣工验收。建设工程竣工验收应当具备下列条件：

（一）完成建设工程设计和合同约定的各项内容；

（二）有完整的技术档案和施工管理资料；

（三）有工程使用的主要建筑材料、建筑构配件和设备的进场试验报告；

（四）有勘察、设计、施工、工程监理等单位分别签署的质量合格文件；

（五）有施工单位签署的工程保修书。建设工程经验收合格的，方可交付使用。

第二十六条 施工单位对建设工程的施工质量负责。施工单位应当建立质量责任制，确定工程项目的项目经理、技术负责人和施工管理负责人。建设工程实行总承包的，总承包单位应当对全部建设工程质量负责；建设工程勘察、设计、施工、设备采购的一项或者多项实行总承包的，总承包单位应当对其承包的建设工程或者采购的设备的质量负责。

第五十七条 违反本条例规定，建设单位未取得施工许可证或者开工报告未经批准，擅自施工的，责令停止施工，限期改正，处工程合同价款1%以上2%以下的罚款。

第五十八条 违反本条例规定，建设单位有下列行为之一的，责令改正，处工程合同价款2%以上4%以下的罚款；造成损失的，依法承担赔偿责任：

（一）未组织竣工验收，擅自交付使用的；

（二）验收不合格，擅自交付使用的；

（三）对不合格的建设工程按照合格工程验收的。

第五十九条 违反本条例规定，建设工程竣工验收后，建设单位未向建设行政主管部门或者其他有关部门移交建设项目档案的，责令改正，处1万元以上10万元以下的罚款。

2　建设工程安全生产管理条例

第二十五条　垂直运输机械作业人员、安装拆卸工、爆破作业人员、起重信号工、登高架设作业人员等特种作业人员，必须按照国家有关规定经过专门的安全作业培训，并取得特种作业操作资格证书后，方可上岗作业。

第二十七条　建设工程施工前，施工单位负责项目管理的技术人员应当对有关安全施工的技术要求向施工作业班组、作业人员作出详细说明，并由双方签字确认。

第二十八条　施工单位应当在施工现场入口处、施工起重机械、临时用电设施、脚手架、出入通道口、楼梯口、电梯井口、孔洞口、桥梁口、隧道口、基坑边沿、爆破物及有害危险气体和液体存放处等危险部位，设置明显的安全警示标志。安全警示标志必须符合国家标准。施工单位应当根据不同施工阶段和周围环境及季节、气候的变化，在施工现场采取相应的安全施工措施。施工现场暂时停止施工的，施工单位应当做好现场防护，所需费用由责任方承担，或者按照合同约定执行。

第二十九条　施工单位应当将施工现场的办公、生活区与作业区分开设置，并保持安全距离；办公、生活区的选址应当符合安全性要求。职工的膳食、饮水、休息场所等应当符合卫生标准。施工单位不得在尚未竣工的建筑物内设置员工集体宿舍。施工现场临时搭建的建筑物应当符合安全使用要求。施工现场使用的装配式活动房屋应当具有产品合格证。

第四十八条　施工单位应当制定本单位生产安全事故应急救援预案，建立应急救援组织或者配备应急救援人员，配备必要的应急救援器材、设备，并定期组织演练。

3　危险性较大的分部分项工程安全管理规定

——住房城乡建设部第 37 号（2018 年 6 月 1 日施行）

第七条　建设单位应当组织勘察、设计等单位在施工招标文件中列出危大工程清单，要求施工单位在投标时补充完善危大工程清单并明确相应的安全管理措施。

第九条　建设单位在申请办理安全监督手续时，应当提交危大工程清单及其安全管理措施等资料。

第十条　施工单位应当在危大工程施工前组织工程技术人员编制专项施工方案。

实行施工总承包的，专项施工方案应当由施工总承包单位组织编制。危大工程实行分包的，专项施工方案可以由相关专业分包单位组织编制。

第十一条　专项施工方案应当由施工单位技术负责人审核签字、加盖单位公章，并由总监理工程师审查签字、加盖执业印章后方可实施。

危大工程实行分包并由分包单位编制专项施工方案的，专项施工方案应当由总承包单位技术负责人及分包单位技术负责人共同审核签字并加盖单位公章。

第十二条　对于超过一定规模的危大工程，施工单位应当组织召开专家论证会对专项施工方案进行论证。实行施工总承包的，由施工总承包单位组织召开专家论证会。专家论证前专项施工方案应当通过施工单位审核和总监理工程师审查。

专家应当从地方人民政府住房城乡建设主管部门建立的专家库中选取，符合专业要求且人数不得少于 5 名。与本工程有利害关系的人员不得以专家身份参加专家论证会。

第十三条　专家论证会后，应当形成论证报告，对专项施工方案提出通过、修改后通过或者不通过的一致意见。专家对论证报告负责并签字确认。

专项施工方案经论证需修改后通过的，施工单位应当根据论证报告修改完善后，重新履行本规定第十一条的程序。

专项施工方案经论证不通过的，施工单位修改后应当按照本规定的要求重新组织专家论证。

第十五条　专项施工方案实施前，编制人员或者项目技术负责人应当向施工现场管理人员进行方案交底。

施工现场管理人员应当向作业人员进行安全技术交底，并由双方和项目专职安全生产管理人员共同签字确认。

4　住房城乡建设部办公厅关于实施《危险性较大的分部分项工程安全管理规定》有关问题的通知

——建办质〔2018〕31 号（2018 年 6 月 1 日施行）

二、关于专项施工方案内容

危大工程专项施工方案的主要内容应当包括：

（一）工程概况：危大工程概况和特点、施工平面布置、施工要求和技术保证条件；

（二）编制依据：相关法律、法规、规范性文件、标准、规范及施工图设计文件、施工组织设计等；

（三）施工计划：包括施工进度计划、材料与设备计划；

（四）施工工艺技术：技术参数、工艺流程、施工方法、操作要求、检查要求等；

（五）施工安全保证措施：组织保障措施、技术措施、监测监控措施等；

（六）施工管理及作业人员配备和分工：施工管理人员、专职安全生产管理人员、特种作业人员、其他作业人员等；

（七）验收要求：验收标准、验收程序、验收内容、验收人员等；

（八）应急处置措施；

（九）计算书及相关施工图纸。

三、关于专家论证会参会人员

超过一定规模的危大工程专项施工方案专家论证会的参会人员应当包括：

（一）专家；

（二）建设单位项目负责人；

（三）有关勘察、设计单位项目技术负责人及相关人员；

（四）总承包单位和分包单位技术负责人或授权委派的专业技术人员、项目负责人、项目技术负责人、专项施工方案编制人员、项目专职安全生产管理人员及相关人员；

（五）监理单位项目总监理工程师及专业监理工程师。

六、关于监测方案内容

进行第三方监测的危大工程监测方案的主要内容应当包括工程概况、监测依据、监测内容、监测方法、人员及设备、测点布置与保护、监测频次、预警标准及监测成果报送等。

七、关于验收人员

危大工程验收人员应当包括：

（一）总承包单位和分包单位技术负责人或授权委派的专业技术人员、项目负责人、项目技术负责人、专项施工方案编制人员、项目专职安全生产管理人员及相关人员；

（二）监理单位项目总监理工程师及专业监理工程师；

（三）有关勘察、设计和监测单位项目技术负责人。

5 《建筑施工模板安全技术规范》JGJ 162—2008

6.1.2 模板安装构造应遵守下列规定：

1. 模板安装应按设计与施工说明书顺序拼装。木杆、钢管、门架及碗扣式等支架立柱不得混用。

2. 竖向模板和支架立柱支撑部分安装在基土上时，应加设垫板，垫板应有足够强度和支承面积，且应中心承载。

4. 模板及其支架在安装过程中，必须设置有效防倾覆的临时固定设施。

6. 现浇多层或高层房屋和构筑物，安装上层模板及其支架应符合下列规定：

1）下层楼板应具有承受上层施工荷载的承载能力，否则应加设支撑支架；

2）上层支架立柱应对准下层支架立柱，并应在立柱底铺设垫板；

7. 当层间高度大于 5m 时，应选用桁架支模或钢管立柱支模。当层间高度小于或等于 5m 时，可采用木立柱支模。

6.1.9 支撑梁、板的支架立柱构造与安装应符合下列规定：

1. 梁和板的立柱，其纵横间应相等或成倍数。

2. 木立柱底部应设垫木，顶部应设支撑头。钢管立柱底部应设垫木和底座，顶部应设可调支托，U 形支托与楞梁两侧间如有间隙，必须楔紧，其螺杆伸出钢管顶部不得大于 200mm，螺杆外径与立柱钢管内径的间隙不得大于 3mm，安装时应保证上下同心。

3. 在立柱底距地面 200mm 高处，沿纵横水平方向应按纵下横上的程序设扫地杆。可调顶托底部的立柱顶端应沿纵横向设置一道水平拉杆。扫地杆与顶部水平拉杆之间的间距，在满足模板设计所确定的水平拉杆步距要求条件下，进行平均分配确定步距后，在每一步距纵横向应各设一道水平拉杆。当层高在 8～20m 时，在最顶步距两水平拉杆中间应加设一道水平拉杆；当层高大于 20m 时，在最顶步距水平拉杆中间分别增加一道水平拉杆。所有水平拉杆的端部均应与四周建筑物紧密顶牢。无处可顶时，应在水平拉杆端部和中部沿竖向设置连续式剪刀撑。

4. 木立柱的扫地杆、水平拉杆、剪刀撑应采用 40mm×50mm 木条或 25mm×80mm 的木条与木立柱钉牢。钢管立柱的扫地杆、水平拉杆、剪刀撑应采用 $\phi48\times3.5$mm 钢管，用扣件与钢管立柱扣牢。木扫地杆、水平拉杆、剪刀撑应采用搭接，并应用钉子钉牢。钢管扫地杆、水平拉杆应采用对接，剪刀撑应采用搭接，搭接长度不得小于500mm，并应采用2个旋转扣件分别在离杆端不小于100mm处进行固定。

6.2.4 当采用扣件式钢管作立柱支撑时，其安装构造应符合下列规定：

1. 钢管规格、间距、扣件应符合设计要求。每根立柱底部应设置底座及垫板，垫板厚度不得小于50mm。

2. 钢管支架立柱间距、扫地杆、水平拉杆、剪刀撑的设置应符合本规范第6.1.9条的规定。当立柱底部不在同一高度时，高处的纵向扫地杆应向低处延长不少于两跨，高低差不得大于1m，立柱距边坡上方边缘不得小于0.5m。

3. 立柱接长严禁搭接，必须采用对接扣件连接，相邻两立柱的对接接头不得在同步内，且对接接头沿竖向错开的距离不宜小于500mm，各接头中心距主节点不宜大于步距的1/3。

4. 严禁将上段的钢管立柱与下段钢管立柱错开固定于水平拉杆上。

5. 满堂模板和共享空间模板支架立柱，在外侧周圈应设由下至上的竖向连续式剪刀撑；中间在纵横向应每隔10m左右设由下至上的竖向连续式的剪刀撑，其宽度宜为4~6m，并在剪刀撑部位的顶部、扫地杆处设置水平剪刀撑。剪刀撑杆件的底端应与地面顶紧，夹角宜为45°~60°。当建筑层高在8~20m时，除应满足上述规定外，还应在纵横向相邻的两竖向连续式剪刀撑之间增加之字斜撑，在有水平剪刀撑的部位，应在每个剪刀撑中间处增加一道水平剪刀撑。当建筑层高超过20m时，在满足以上规定的基础上，应将所有之字斜撑全部改为连续式剪刀撑。

6 《大体积混凝土施工标准》GB 50496—2018

3.0.1 大体积混凝土施工应编制施工组织设计或施工技术方案，并应有环境保护和安全施工的技术措施。

3.0.2 大体积混凝土施工应符合下列规定：

1 大体积混凝土的设计强度等级宜为C25~C50，并可采用混凝土60d或90d的强度作为混凝土配合比设计、混凝土强度评定及工程验收的依据。

2 大体积混凝土的结构配筋除应满足结构承载力和构造要求外，还应结合大体积混凝土的施工方法配置控制温度和收缩的构造钢筋。

3.0.4 大体积混凝土施工温控指标应符合下列规定：

1 混凝土浇筑体在入模温度基础上的温升值不宜大于50℃；

2 混凝土浇筑体里表温差（不含混凝土收缩当量温度）不宜大于25℃；

3 混凝土浇筑体降温速率不宜大于2.0℃/d；

4 拆除保温覆盖时混凝土浇筑体表面与大气温差不应大于20℃。

4.2.2 用于大体积混凝土的水泥进场时，应检查水泥品种、代号、强度等级、包装或散装编号、出厂日期等，并应对水泥的强度、安定性、凝结时间、水化热进行检验。

5.1.5 当大体积混凝土施工设置水平施工缝时，位置和间歇时间应根据设计规定、温度裂缝控制规定、混凝土供应能力、钢筋工程施工、预埋管件安装等因素确定。

5.1.7 混凝土入模温度宜控制在5~30℃。

5.3.3 对后浇带或跳仓法留置的竖向施工缝,宜采用钢板网、铁丝网或快易收口网等材料支挡;后浇带竖向支架系统宜与其他部位分开。

5.4.1 大体积混凝土浇筑应符合下列规定:

1 混凝土浇筑层厚度应根据所用振捣器作用深度及混凝土的和易性确定,整体连续浇筑时宜为 300~500mm,振捣时应避免过振和漏振。

2 整体分层连续浇筑或推移式连续浇筑,应缩短间歇时间,并应在前层混凝土初凝之前将次层混凝土浇筑完毕。层间间歇时间不应大于混凝土初凝时间。

4 混凝土宜采用泵送方式和二次振捣工艺。

6.0.2 大体积混凝土浇筑体内监测点布置,应反映混凝土浇筑体内最高温升、里表温差、降温速率及环境温度,可采用下列布置方式:

1 测试区可选混凝土浇筑体平面对称轴线的半条轴线,测试区内监测点应按平面分层布置;

3 在每条测试轴线上,监测点位不宜少于4处,应根据结构的平面尺寸布置;

4 沿混凝土浇筑体厚度方向,应至少布置表层、底层和中心温度测点,测点间距不宜大于500mm。

6 混凝土浇筑体表层温度,宜为混凝土浇筑体表面以内50mm处的温度。

7 混凝土浇筑体底层温度,宜为混凝土浇筑体底面以上50mm处的温度。

7 《建筑节能工程施工质量验收标准》GB 50411—2019

3.1.2 当工程设计变更时,建筑节能性能不得降低,且不得低于国家现行有关建筑节能设计标准的规定。

3.1.3 建筑节能工程采用新技术、新工艺、新材料、新设备,应按照有关规定进行评审、鉴定。施工前应对新采用的施工工艺进行评价,并制定专项施工方案。

3.1.4 单位工程施工组织设计应包括建筑节能工程的施工内容。建筑节能工程施工前,施工单位应编制建筑节能工程专项施工方案。施工单位应对从事建筑节能工程施工作业的人员进行技术交底和必要的实际操作培训。

3.4.1 建筑节能工程为单位工程的一个分部工程。建筑节能工程可按照分项工程进行验收,当分项工程的工程量较大时,可将分项工程划分为若干个检验批进行验收。

4.1.3 墙体节能工程应对下列部位或内容进行隐蔽工程验收,并应有详细的文字记录和必要的图像资料:

1 保温层附着的基层及其表面处理;

2 保温板粘结或固定;

3 被封闭的保温材料厚度;

4 锚固件及锚固节点做法;

5 增强网铺设;

6 抹面层厚度;

7 墙体热桥部位处理;

8 保温装饰板、预置保温板或预制保温墙板的位置、界面处理、板缝、构造节点及固定方式；

9 现场喷涂或浇筑有机类保温材料的界面；

10 保温隔热砌块墙体；

11 各种变形缝处的节能施工做法。

4.2.2 墙体节能工程使用的材料、产品进场时，应对其下列性能进行复验，复验应为见证取样检验：

1 保温隔热材料的导热系数或热阻、密度、压缩强度或抗压强度、垂直于板面方向的抗拉强度、吸水率、燃烧性能（不燃材料除外）；

2 复合保温板等墙体节能定型产品的传热系数或热阻、单位面积质量、拉伸粘结强度、燃烧性能（不燃材料除外）；

3 保温砌块等墙体节能定型产品的传热系数或热阻、抗压强度、吸水率；

4 反射隔热材料的太阳光反射比、半球发射率；

5 粘结材料的拉伸粘结强度；

6 抹面材料的拉伸粘结强度、压折比；

7 增强网的力学性能、抗腐蚀性能。

4.2.3 外墙外保温工程应采用预制构件、定型产品或成套技术，并应由同一供应商提供配套的组成材料和型式检验报告。型式检验报告中应包括耐候性和抗风压性能检验项目以及配套组成材料的名称、生产单位、规格型号及主要性能参数。

4.2.7 墙体节能工程的施工质量，必须符合下列规定：

1 保温隔热材料的厚度不得低于设计要求。

2 保温板材与基层之间及各构造层之间的粘结或连接必须牢固。保温板材与基层的连接方式、拉伸粘结强度和粘结面积比应符合设计要求。保温板材与基层之间的拉伸粘结强度应进行现场拉拔试验，且不得在界面破坏。粘结面积比应进行剥离检验。

3 当采用保温浆料做外保温时，厚度大于20mm的保温浆料应分层施工。保温浆料与基层之间及各层之间的粘结必须牢固，不应脱层、空鼓和开裂。

4 当保温层采用锚固件固定时，锚固件数量、位置、锚固深度、胶结材料性能和锚固力应符合设计和施工方案的要求；保温装饰板的锚固件应使其装饰面板可靠固定；锚固力做现场拉拔试验。

17.1.1 建筑围护结构节能工程施工完成后，应对围护结构的外墙节能构造和外窗气密性能进行现场实体检验。

17.1.2 建筑外墙节能构造的现场实体检验应包括墙体保温材料的种类、保温层厚度和保温构造做法。当条件具备时，也可直接进行外墙传热系数或热阻检验。

18.0.1 建筑节能分部工程的质量验收，应在施工单位自检合格，且检验批、分项工程全部验收合格的基础上，进行外墙节能构造、外窗气密性能现场实体检验和设备系统节能性能检测，确认建筑节能工程质量达到验收条件后方可进行。

18.0.2 参加建筑节能工程验收的各方人员应具备相应的资格，其程序和组织应符合下列规定：

1 节能工程检验批验收和隐蔽工程验收应由专业监理工程师组织并主持,施工单位相关专业的质量检查员与施工员参加验收。

2 节能分项工程验收应由专业监理工程师组织并主持,施工单位项目技术负责人和相关专业的质量检查员、施工员参加验收;必要时可邀请主要设备、材料供应商及分包单位、设计单位相关专业的人员参加。

3 节能分部工程验收应由总监理工程师组织并主持,施工单位项目负责人、项目技术负责人和相关专业的负责人、质量检查员、施工员参加;施工单位的质量、技术负责人应参加验收;设计单位项目负责人及相关专业负责人应参加验收;主要设备、材料供应商及分包单位负责人应参加验收。

18.0.5 建筑节能分部工程质量验收合格,应符合下列规定:

1 分项工程应全部合格;

2 质量控制资料应完整;

3 外墙节能构造现场实体检验结果应符合设计要求;

4 建筑外窗气密性能现场实体检验结果应符合设计要求;

5 建筑设备系统节能性能检测结果应合格。

8 《砌体结构工程施工质量验收规范》GB 50203—2011

4.0.12 砌筑砂浆试块强度验收时其强度合格标准应符合下列规定:

1 同一验收批砂浆试块强度平均值应大于或等于设计强度等级值的1.10倍。

2 同一验收批砂浆试块抗压强度的最小一组平均值应大于或等于设计强度等级值的85%。

注:1 砌筑砂浆的验收批,同一类型、强度等级的砂浆试块不应少于3组;同一验收批砂浆只有1组或2组试块时,每组试块抗压强度平均值应大于或等于设计强度等级值的1.10倍;对于建筑结构的安全等级为一级或设计使用年限为50年及以上的房屋,同一验收批砂浆试块的数量不得少于3组。

2 砂浆强度应以标准养护、28d龄期的试块抗压强度为准。

3 制作砂浆试块的砂浆稠度应与配合比设计一致。

抽检数量:每一检验批且不超过250m^3砌体的各类、各强度等级的普通砌筑砂浆,每台搅拌机应至少抽检一次。验收批的预拌砂浆、蒸压加气混凝土砌块专用砂浆,抽检可为3组。

检验方法:在砂浆搅拌机出料口或在砂浆的储存容器出料口随机取样制作砂浆试块(现场拌制的砂浆,同盘砂浆只应作1组试块),试块标养28d后作强度试验。预拌砂浆中的湿拌砂浆稠度应在进场时取样检验。

6.1.8 承重墙体使用的小砌块应完整、无破损、无裂缝。

6.1.15 芯柱混凝土宜选用专用小砌块灌孔混凝土。浇筑芯柱混凝土应符合下列规定:

1 每次连续浇筑的高度宜为半个楼层,但不应大于1.8m;

2 浇筑芯柱混凝土时,砌筑砂浆强度应大于1MPa;

3 清除孔内掉落的砂浆等杂物,并用水冲淋孔壁;
4 浇筑芯柱混凝土前,应先注入适量与芯柱混凝土成分相同的去石砂浆;
5 每浇筑400~500mm高度捣实一次,或边浇筑边捣实。

9.2.3 填充墙与承重墙、柱、梁的连接钢筋,当采用化学植筋的连接方式时,应进行实体检验。锚固钢筋拉拔试验的轴向受拉非破不承载力检验值应为6.0kN。抽检钢筋在检验值作用下应基材无裂缝,钢筋无滑移宏观裂损现象;持荷2min期间荷载值降低不大于5%。检验批验收通过正常检验一次,二次抽样才能判定。

9 《混凝土结构工程施工质量验收规范》GB 50204—2015

4.1.1 模板工程应编制施工方案。爬升式模板工程、工具式模板工程及高大模板支架工程的施工方案,应进行技术论证。

4.2.7 模板的起拱应符合现行国家标准《混凝土结构工程施工规范》GB 50666 的规定,并应符合设计及施工方案的要求。

检查数量:在同一检验批内,对梁,跨度大于18m时应全数检查,跨度不大于18m时应抽查构件数量的10%,且不少于3件;对板,应按有代表性的自然间抽查10%,且不少于3间;对大空间结构,板可按纵、横轴线划分检查面,抽查10%,且不少于3面。

检验方法:水准仪或尺量。

5.1.2 钢筋、成型钢筋进场检验,当满足下列条件之一时,其检验批容量可扩大一倍:
1 获得认证符的钢筋、成型钢筋;
2 同一厂家、同一牌号、同一规格的钢筋,连续三批均一次检验合格;
3 同一厂家、同一类型、同一钢筋来源的成型钢筋,连续三批均一次检验合格。

5.2.1 钢筋进场时,应按国家现行相关标准的规定抽取试件作屈服强度、抗拉强度、伸长率、弯曲性能和重量偏差检验,检验结果应符合相关标准的规定。

检查数量:按进场批次和产品的抽样检验方案确定。

检验方法:检查质量证明文件和抽样检验报告。

5.2.2 成型钢筋进场时,应抽取试件作屈服强度、抗拉强度、伸长率和重量偏差检验,检验结果应符合国家现行有关标准的规定。

对由热轧钢筋制成的成型钢筋,当有施工单位或监理单位的代表驻场监督生产过程,并提供原材钢筋力学性能第三方检验报告时,可仅进行重量偏差检验。

检查数量:同一厂家、同一类型、同一钢筋来源的成型钢筋,不超过30t为一批,每批中每种钢筋牌号、规格均应至少抽取1个钢筋试件,总数不应少于3个。

检验方法:检查质量证明文件和抽样检验报告。

5.2.3 对按一、二、三级抗震等级设计的框架和斜撑构件(含梯段)中的纵向受力普通钢筋应采用HRB335E、HRB400E、HRB500E、HRBF335E、HRBF400E或HRBF500E钢筋,其强度和最大力下总伸长率的实测值应符合下列规定:
1 抗拉强度实测值与屈服强度实测值的比值不应小于1.25;
2 屈服强度实测值与屈服强度标准值的比值不应大于1.30;

3 最大力下总伸长率不应小于9%。

5.3.1 钢筋弯折的弯弧内直径应符合下列规定：

1 光圆钢筋，不应小于钢筋直径的2.5倍；

2 335MPa级、400MPa级带肋钢筋，不应小于钢筋直径的4倍；

3 500MPa级带肋钢筋，当直径为28mm以下时不应小于钢筋直径的6倍；当直径为28mm及以上时不应小于钢筋直径的7倍；

4 箍筋弯折处尚不应小于纵向受力钢筋直径。

检查数量：同一设备加工的同一类型钢筋、每工作班抽查不应少于3件。

检验方法：尺量。

5.3.4 盘卷钢筋调直后应进行力学性能和重量偏差检验，其强度应符合国家现行有关标准的规定，其断后伸长率、重量偏差应符合下表规定。力学性能和重量偏差检验应符合下列规定：

1 应对3个试件先进行重量偏差检验，再取其中2个试件进行力学性能检验。

2 重量偏差应按下式计算

$$\Delta = \frac{W_d - W_0}{W_0} \times 100$$

式中 Δ——重量偏差（%）；

W_d——3个调直钢筋试件的实际重量之和（kg）；

W_0——钢筋理论重量（kg），取每米理论重量（kg/m）与3个调直钢筋试件长度之和（m）的乘积。

3 检查重量偏差时，试件切口应平滑并与长度方向垂直，其长度不应小于500mm；长度和重量的量测精度分别不应低于1mm和1g。

采用无延伸功能的机械设备调直的钢筋，可不进行本条规定的检验。

检查数量：同一设备加工的同一牌号、同一规格的调直钢筋，重量不大于30t为1批，每批见证抽取3个试件。

检验方法：检查抽样检验报告。

盘卷钢筋调直后的断后伸长率、重量偏差要求

钢筋牌号	断后伸长率（A）%	重量偏差（%）	
		直径6~12mm	直径14~16mm
HPB300	≥21	≥-10	—
HRB335、HRBF335	≥16	≥-8	≥-6
HRB400、HRBF400	≥15		
RRB400	≥13		
HRB500、HRBF500	≥14		

注：断后伸长率A的量测标距为5倍钢筋直径。

5.4.6 当纵向受力钢筋采用机械连接接头或焊接接头时，同一连接区段内纵向受力钢筋的接头面积百分率应符合设计要求；当设计无具体要求时，应符合下列规定：

1 受拉接头，不宜大于50%；受压接头，可不受限制；

2 直接承受动力荷载的结构构件中，不宜采用焊接；当采用机械连接时，不应超过50%。

7.4.1 混凝土的强度等级必须符合设计要求。用于检验混凝土强度的试件应在浇筑地点随机抽取。

检查数量：对同一配合比混凝土，取样与试件留置应符合下列规定：

1 每拌制100盘且不超过100m³时，取样不得少于一次；

2 每工作班拌制不足100盘时，取样不得少于一次；

3 连续浇筑超过1000m³时，每200m³取样不得少于一次；

4 每一楼层取样不得少于一次；

5 每次取样应至少留置一组（3个）试件。

检验方法：检查施工记录及混凝土强度试验报告。

9.1.1 装配式结构连接部位及叠合构件浇筑混凝土之前，应进行隐蔽工程验收。隐蔽工程验收应包括下列主要内容：

1 混凝土粗糙面的质量，键槽的尺寸、数量、位置；

2 钢筋的牌号、规格、数量、位置、间距，箍筋弯钩的弯折角度及平直段长度；

3 钢筋的连接方式、接头位置、接头数量、接头面积百分率、搭接长度、锚固方式及锚固长度；

4 预埋件、预留管线的规格、数量、位置。

9.2.2 专业企业生产的预制构件进场时，预制构件结构性能检验应符合下列规定：

1 梁板类简支受弯预制构件进场时应进行结构性能检验，并应符合下列规定：

2) 钢筋混凝土构件和允许出现裂缝的预应力混凝土构件应进行承载力、挠度和裂缝宽度检验；不允许出现裂缝的预应力混凝土构件应进行承载力、挠度和抗裂检验。

3) 对大型构件及有可靠应用经验的构件，可只进行裂缝宽度、抗裂和挠度检验。

4) 对使用数量较少的构件，当能提供可靠依据时，可不进行结构性能检验。

2 对其他预制构件，除设计有专门要求外，进场时可不做结构性能检验。

3 对进场时不做结构性能检验的预制构件，应采取下列措施：

1) 施工单位或监理单位代表应驻厂监督生产过程。

2) 当无驻厂监督时，预制构件进场时应对其主要受力钢筋数量、规格、间距、保护层厚度及混凝土强度等进行实体检验。

检验数量：同一类型预制构件不超过1000个为一批，每批随机抽取1个构件进行结构性能检验。

检验方法：检查结构性能检验报告或实体检验报告。

10.1.1 对涉及混凝土结构安全的有代表性的部位应进行结构实体检验。结构实体检验应包括混凝土强度、钢筋保护层厚度、结构位置与尺寸偏差以及合同约定的项目；必要时可检验其他项目。

结构实体检验应由监理单位组织施工单位实施，并见证实施过程。施工单位应制定结构实体检验专项方案，并经监理单位审核批准后实施。除结构位置与尺寸偏差外的结构实体检验项目,应由具有相应资质的检测机构完成。

10.1.2 结构实体混凝土强度应按不同强度等级分别检验,检验方法宜采用同条件养护试件方法;当未取得同条件养护试件强度或同条件养护试件强度不符合要求时,可采用回弹-取芯法进行检验。

1 结构实体混凝土强度采用同条件养护试件时:对同一强度等级的同条件养护试件,其强度值应除以0.88后按现行国家标准《混凝土强度检验评定标准》GB/T 50107等有关规定进行评定,评定结果符合要求时可判结构实体混凝土强度合格。(C.0.3)

2 结构实体混凝土强度采用回弹-取芯法时:对同一强度等级的混凝土,当符合下列规定时,结构实体混凝土强度可判为合格:① 三个芯样的抗压强度算术平均值不小于设计要求的混凝土强度等级值的88%;② 三个芯样抗压强度的最小值不小于设计要求的混凝土强度等级值的80%。(D.0.7)

10 《混凝土结构工程施工规范》GB 50666—2011

4.1.2 对模板及支架,应进行设计。模板及支架应具有足够的承载力、刚度和稳定性,应能可靠地承受施工过程中所产生的各类荷载。

4.3.3 模板及支架设计应包括下列内容:
1 模板及支架的选型及构造设计;
2 模板及支架上的荷载及其效应计算;
3 模板及支架的承载力、刚度和稳定性验算;
4 绘制模板及支架施工图。

4.4.7 采用扣件式钢管作高大模板支架的立杆时,支架搭设应完整,并应符合下列规定:
1 钢管规格、间距和扣件应符合设计要求;
2 立杆上应每步设置双向水平杆,水平杆应与立杆扣接;
3 立杆底部应设置垫板。

4.4.8 采用扣件式钢管作高大模板支架的立杆时,除应符合本规范第4.4.7条的规定外,还应符合下列规定:
1 对大尺寸混凝土构件下的支架,其立杆顶部应插入可调托座。可调托座距顶部水平杆的高度不应大于600mm,可调托座螺杆外径不应小于36mm,插入深度不应小于180mm。
2 立杆的纵、横向间距应满足设计要求,立杆的步距不应大于1.8m;顶层立杆步距应适当减小,且不应大于1.5m;支架立杆的搭设垂直偏差不宜大于5/1000,且不应大于100mm。
3 在立杆底部的水平方向上应按纵下横上的次序设置扫地杆。
4 承受模板荷载的水平杆与支架立杆连接的扣件,其拧紧力矩不应小于40N·m,且不应大于65 N·m。

5.1.3 当需要进行钢筋代换时,应办理设计变更文件。

5.2.4 当发现钢筋脆断、焊接性能不良或力学性能显著不正常等现象时,应停止使用该批钢筋，并对该批钢筋进行化学成分检验或其他专项检验。

5.4.3 钢筋的接头宜设置在受力较小处。同一纵向受力钢筋不宜设置2个或2个以上的接头。接头末端至钢筋弯起点的距离不应小于钢筋公称直径的10倍。

5.4.6 当纵向受力钢筋采用机械连接接头或焊接接头时，设置在同一构件内的接头宜相互错开。每层柱第一个钢筋接头位置距楼地面高度不宜小于500mm、柱高的1/6及柱截面长边（或直径）的较大值；连续梁、板的上部钢筋接头位置宜设置在跨中1/3跨度范围内，下部钢筋接头位置宜设置在梁端1/3跨度范围内。

纵向受力钢筋机械连接接头及焊接接头连接区段的长度应为35d（d为纵向受力钢筋的较大直径）且不应小于500mm，凡接头中点位于该连接区段长度内的接头均应属于同一连接区段。同一连接区段内，纵向受力钢筋接头面积百分率为该区段内有接头的纵向受力钢筋截面面积与全部纵向受力钢筋截面面积的比值。

同一连接区段内，纵向受力钢筋的接头面积百分率应符合下列规定：

1 在受拉区不宜超过50%，但装配式混凝土结构构件连接处可根据实际情况适当放宽；受压接头可不受限制。

2 接头不宜设置在有抗震要求的框架梁端、柱端的箍筋加密区；当无法避开时，对等强度高质量机械连接接头，不应超过50%。

3 直接承受动力荷载的结构构件中，不宜采用焊接接头；当采用机械连接接头时，不应超过50%。

5.5.1 钢筋进场时应按下列规定检查性能及重量：

1 应检查生产企业的生产许可证证书及钢筋的质量证明书。

2 应按国家现行有关标准的规定抽样检验屈服强度、抗拉强度、伸长率及单位长度重量偏差，单位长度重量偏差应符合下表的规定。

钢筋单位长度重量偏差要求

公称直径（mm）	实际重量与理论重量的偏差
≤12	±7%
14~20	±5%
≥22	±4%

3 经产品认证符合要求的钢筋，其检验批量可扩大一倍。在同一工程项目中，同一厂家、同一牌号、同一规格的钢筋连续三次进场检验均合格时，其后的检验批量可扩大一倍。

4 钢筋的表面质量应符合国家现行有关标准的规定。

5 当无法准确判断钢筋品种、牌号时，应增加化学成分、晶粒度等检验项目。

7.4.1 当粗、细骨料的实际含水量发生变化时，应及时调整粗、细骨料和拌合用水的用量。

7.4.5 对首次使用的配合比应进行开盘鉴定，开盘鉴定应包括下列内容：

1 混凝土的原材料与配合比设计所使用原材料的一致性；

2 出机混凝土工作性与配合比设计要求的一致性；

3 混凝土强度；

4 有特殊要求时，还应包括混凝土耐久性能。

7.5.3 采用搅拌运输车运送混凝土，当坍落度损失较大不能满足施工要求时，可在运输车罐内加入适量的与原配合比相同成分的减水剂。减水剂加入量应事先由试验确定，并应做出记录。加入减水剂后，混凝土罐车应快速旋转搅拌均匀，并应达到要求的工作性能后再泵送或浇筑。

7.6.7 采用预拌混凝土时，供方应提供混凝土配合比通知单、混凝土抗压强度报告、混凝土质量合格证和混凝土运输单；当需要其他资料时，供需双方应在合同中明确约定。

8.1.1 混凝土浇筑前应完成下列工作：
1 隐蔽工程验收和技术复核；
2 对操作人员进行技术交底；
3 根据施工方案中的技术要求，检查并确认施工现场具备实施条件；
4 施工单位应填报浇筑申请单，并经监理单位签认。

8.1.4 混凝土运输、输送、浇筑过程中严禁加水；混凝土运输、输送、浇筑过程中散落的混凝土严禁用于结构浇筑。

8.3.5 混凝土浇筑的布料点宜接近浇筑位置，应采取减少混凝土下料冲击的措施，并应符合下列规定：
1 宜先浇筑竖向结构构件，后浇筑水平结构构件；
2 浇筑区域结构平面有高差时，宜先浇筑低区部分再浇筑高区部分。

8.3.8 柱、墙混凝土设计强度等级高于梁、板混凝土设计强度等级时，混凝土浇筑应符合下列规定：
1 柱、墙混凝土设计强度比梁、板混凝土设计强度高一个等级时，柱、墙位置梁、板高度范围内的混凝土经设计单位同意，可采用与梁、板混凝土设计强度等级相同的混凝土进行浇筑。
2 柱、墙混凝土设计强度比梁、板混凝土设计强度高两个等级及以上时，应在交界区域采取分隔措施。分隔位置应在低强度等级的构件中，且距高强度等级构件边缘不应小于500mm。
3 宜先浇筑高强度等级混凝土，后浇筑低强度等级混凝土。

8.4.3 振动棒振捣混凝土应符合下列规定：
1 应按分层浇筑厚度分别进行振捣，振动棒的前端应插入前一层混凝土中，插入深度不应小于50mm。
2 振动棒应垂直于混凝土表面并快插慢拔均匀振捣；当混凝土表面无明显塌陷、有水泥浆出现、不再冒气泡时，可结束该部位振捣。
3 振动棒与模板的距离不应大于振动棒作用半径的0.5倍；振捣插点间距不应大于振动棒的作用半径的1.4倍。

8.9.4 混凝土结构外观严重缺陷修整应符合下列规定：
1 对于露筋、蜂窝、孔洞、夹渣、疏松、外表缺陷，应凿除胶结不牢固部分的混凝土至密实部位，清理表面，支设模板，洒水湿润，涂抹混凝土界面剂，应采用比原混凝土强度等级高一级的细石混凝土浇筑密实，养护时间不应少于7d。

2 开裂缺陷修整应符合下列规定：

1）对于民用建筑的地下室、卫生间、屋面等接触水介质的构件，均应注浆封闭处理，注浆材料可采用环氧、聚氨酯、氰凝、丙凝等。对于民用建筑不接触水介质的构件，可采用注浆封闭、聚合物砂浆粉刷或其他表面封闭材料进行封闭。

2）对于无腐蚀介质工业建筑的地下室、屋面、卫生间等接触水介质的构件以及有腐蚀介质的所有构件，均应注浆封闭处理，注浆材料可采用环氧、聚氨酯、氰凝、丙凝等。对于无腐蚀介质工业建筑不接触水介质的构件，可采用注浆封闭、聚合物砂浆粉刷或其他表面封闭材料进行封闭。

3 清水混凝土的外形和外表严重缺陷，宜在水泥砂浆或细石混凝土修补后用磨光机械磨平。

11 《建设工程施工现场消防安全技术规范》GB 50720—2011

3.1.3 施工现场出入口的设置应满足消防车通行的要求，并宜布置在不同方向，其数量不宜少于2个。当确有困难只能设置1个出入口时，应在施工现场内设置满足消防车通行的环形道路。

3.2.1 易燃易爆危险品库房与在建工程的防火间距不应小于15m，可燃材料堆场及其加工厂、固定动火作业场与在建工程的防火间距不应小于10m，其他临时房屋、临时设施与在建工程的防火间距不应小于6m。

3.2.2 施工现场主要临时房屋、临时设施的防火间距不应小于相关规定。当办公用房、宿舍成组布置时，其防火间距可适当减小，但应符合下列规定：

1 每组临时用房的栋数不应超过10栋，组与组之间的防火间距不应小于8m。

2 组内临时用房之间的防火间距不应小于3.5m，当建筑构件燃烧性能等级为A级时，其防火间距可减少到3m。

3.3.1 施工现场内应设置临时消防车道，临时消防车道与在建工程、临时用房、可燃材料堆场及其加工厂的距离不宜小于5m，且不宜大于40m；施工现场周边道路满足消防车通行及灭火救援要求时，施工现场内可不设置临时消防车道。

3.3.2 临时消防车道的设置应符合下列规定：

1 临时消防车道宜为环形，设置环形车道确有困难时，应在消防车道尽端设置尺寸不小于12m×12m的回车场。

2 临时消防车道的净宽度和净空高度均不应小于4m。

3 临时消防车道的右侧应设置消防车行进路线指示标识。

4 临时消防车道路基、路面及其下部设施应能承受消防车通行压力及工作荷载。

5.1.2 临时消防设施应与在建工程的施工同步设置。房屋建筑工程中，临时消防设施的设置与在建工程主体结构施工进度的差距不应超过3层。

5.1.4 施工现场的消火栓泵应采用专用消防配电线路。专用消防配电线路应自施工现场总配电箱的总断路器上端接入，且应保持不间断供电。

5.1.5 地下工程的施工作业场所宜配备防毒面具。

5.3.4 临时用房建筑面积之和大于1000m²或在建工程单体体积大于10000m³时，应设置临时室外消防给水系统。当施工现场处于市政消火栓150m保护范围内时，且市政消火栓的数量满足室外消防用水量要求时，可不设置临时室外消防给水系统。

5.3.7 施工现场临时室外消防给水系统的设置应符合下列规定：

1 给水管网宜布置成环状。

2 临时室外消防给水干管的管径，应根据施工现场临时消防用水量和干管内水流计算速度计算确定，且不应小于DN100。

3 室外消火栓应沿在建工程、临时用房和可燃材料堆场及其加工厂均匀布置，与在建工程、临时用房和可燃材料堆场及其加工厂的外边线的距离不应小于5m。

4 消火栓的间距不应大于120m。

5 消火栓的最大保护半径不应大于150m。

5.3.8 建筑高度大于24m或单体体积超过30000m³的在建工程，应设置临时室内消防给水系统。

5.3.10 在建工程临时室内消防竖管的设置应符合下列规定：

1 消防竖管的设置位置应便于消防人员操作，其数量不应少于2根，当结构封顶时，应将消防竖管设置成环状。

2 消防竖管的管径应根据在建工程临时消防用水量、竖管内水流计算速度计算确定，且不应小于DN100。

5.3.12 设置临时室内消防给水系统的在建工程，各结构层均应设置室内消火栓接口及消防软管接口，并应符合下列规定：

1 消火栓接口及软管接口应设置在位置明显且易于操作的部位。

2 消火栓接口的前端应设置截止阀。

3 消火栓接口或软管接口的间距，多层建筑不应大于50m，高层建筑不应大于30m。

5.3.13 在建工程结构施工完毕的每层楼梯处应设置消防水枪、水带及软管，且每个设置点不应少于2套。

6.3.3 施工现场用气应符合下列规定：

1 储装气体的罐瓶及其附件应合格、完好和有效；严禁使用减压器及其他附件缺损的氧气瓶，严禁使用乙炔专用减压器、回火防止器及其他附件缺损的乙炔瓶。

2 气瓶运输、存放、使用时，应符合下列规定：

1）气瓶应保持直立状态，并采取防倾倒措施，乙炔瓶严禁横躺卧放。

2）严禁碰撞、敲打、抛掷、滚动气瓶。

3）气瓶应远离火源，与火源的距离不应小于10m，并应采取避免高温和防止暴晒的措施。

4）燃气储装瓶罐应设置防静电装置。

3 气瓶应分类储存，库房内应通风良好；空瓶和实瓶同库存放时，应分开放置，空瓶和实瓶的间距不应小于1.5m。

4 气瓶使用时，应符合下列规定：

2）氧气瓶与乙炔瓶的工作间距不应小于5m，气瓶与明火作业点的距离不应小于10m。

4）氧气瓶内剩余气体的压力不应小于0.1MPa。
5）气瓶使用后应及时归库。

12 《钢筋混凝土用钢 第2部分：热轧带肋钢筋》GB/T 1499.2—2018

6.6.2 钢筋实际重量与理论重量的允许偏差应符合下表规定

公称直径（mm）	实际重量与理论重量的偏差%
6～12	±6
14～20	±5
22～50	±4

8.4.1 测量钢筋重量偏差时，试样应从不同根钢筋上截取，数量不少于5支，每支试样长度不小于500mm。长度应逐支测量，应精确到1mm。测量试样总重量时，应精确到不大于总重量的1%。

8.4.2 钢筋实际重量与理论重量的偏差按下式计算：

$$重量偏差 = \frac{试样实际总重量 - (试样总长度 \times 理论重量)}{试样总长度 \times 理论重量} \times 100\%$$

9.3.2.1 钢筋应按批进行检查和验收，每批由同一牌号、同一炉罐号、同一规格的钢筋组成。每批重量通常不大于60t。超过60t的部分，每增加40t（或不足40t的余数），增加一个拉伸试验试样和一个弯曲试验试样。

13 《钢筋混凝土用钢 第1部分：热轧光圆钢筋》GB/T 1499.1—2017

6.6.2 钢筋实际重量与理论重量的允许偏差应符合下表规定

公称直径（mm）	实际重量与理论重量的偏差%
6～12	±6
14～22	±5

8.4.1 测量钢筋重量偏差时，试样应从不同根钢筋上截取，数量不少于5支，每支试样长度不小于500mm。长度应逐支测量，应精确到1mm。测量试样总重量时，应精确到不大于总重量的1%。

8.4.2 钢筋实际重量与理论重量的偏差按下式计算：

$$重量偏差 = \frac{试样实际总重量 - (试样总长度 \times 理论重量)}{试样总长度 \times 理论重量} \times 100\%$$

9.3.2.1 钢筋应按批进行检查和验收，每批由同一牌号、同一炉罐号、同一尺寸的钢筋组成。每批重量通常不大于60t。超过60t的部分，每增加40t（或不足40t的余数），增加一个拉伸试验试样和一个弯曲试验试样。

14 《绿色建筑评价标准》GB/T 50378—2019

3.1.2 绿色建筑评价应在建筑工程竣工后进行。在建筑工程施工图设计完成后，可进行预评价。

3.1.5 申请绿色金融服务的建筑项目，应对节能措施、节水措施、建筑能耗和碳排放等进行计算和说明，并应形成专项报告。

3.2.1 绿色建筑评价指标体系应由安全耐久、健康舒适、生活便利、资源节约、环境宜居5类指标组成，且每类指标均包括控制项和评分项；评价指标体系还统一设置加分项。

3.2.2 控制项的评定结果应为达标或不达标；评分项和加分项的评定结果应为分值。

3.2.4 绿色建筑评价的分值设定应符合下表规定。

	控制项基础得分	评分项满分值					提高与创新加分项满分值
		安全耐久	健康舒适	生活便利	资源节约	环境宜居	
预评价分值	400	100	100	70	200	100	100
评价分值	400	100	100	100	200	100	100

3.2.5 绿色建筑评价总得分应按下式计算

$$Q = (Q_0 + Q_1 + Q_2 + Q_3 + Q_4 + Q_5 + Q_A)/10$$

式中　　Q——总得分；

Q_0——控制项基础得分，当满足所有控制项的要求时取400分；

$Q_1 \sim Q_5$——5类指标评分项得分；

Q_A——提高与创新加分项都分。

3.2.6 绿色建筑划分应为基本级、一星级、二星级、三星级4个等级。

3.2.7 当满足全部控制项要求时，绿色建筑等级应为基本级。

3.2.8 绿色建筑星级等级应按下列规定确定：

1 一星级、二星级、三星级3个等级的绿色建筑均应满足本标准全部控制项的要求，且每类指标的评分项得分不应小于其评分项满分值的30%。

2 一星级、二星级、三星级3个等级的绿色建筑均应进行全装修，全装修工程质量、选用材料及产品质量应符合国家现行有关标准的规定。

3 当总得分分别达到60分、70分、85分且应满足相关技术要求时，绿色建筑等级分别为一星级、二星级、三星级。

总结如下：

等级	基本级	一星级	二星级	三星级
满足条件	—	满足全部控制项要求		
		每类指标评分项得分不小于满分值的30%		
		全装修		
		总分≥60分	总分≥70分	总分≥85分

15 《建筑基坑工程监测技术规范》GB 50497—2009

3.0.1 开挖深度大于等于5m或开挖深度小于5m,但现场地质情况和周边环境较复杂的基坑工程以及其他需要监测的基坑工程应实施基坑工程监测。

3.0.3 基坑工程施工前,应由建设方委托具备相应资质的第三方对基坑工程实施现场监测。监测单位应编制监测方案,监测方案需经建设方、设计方、监理方等认可,必要时还需与基坑周边环境涉及的有关管理单位协商一致后方可实施。

3.0.7 下列基坑工程的监测方案应专门进行专家论证:

1 地质和环境条件复杂的基坑工程。

2 邻近重要建筑和管线,以及历史文物、优秀近现代建筑、地铁、隧道等破坏后果很严重的基坑工程。

3 已发生严重事故,重新组织施工的基坑工程。

4 采用新技术、新工艺、新材料、新设备的一、二级基坑工程。

5 其他需要论证的基坑工程。

5.2.1 围护墙或基坑边坡顶部的水平和竖向位移监测点应沿基坑周边布置,周边中部、阳角处应布置监测点。监测点水平间距不宜大于20m,每边监测点数目不宜小于3个。水平和竖向位移监测点宜为共用点,监测点宜设置在围护墙顶或基坑坡顶上。

5.2.2 围护墙或土体深层水平位移监测点宜布置在基坑周边的中部、阳角处及有代表性的部位。建筑点水平间距宜为20~50m,每边监测点数目不应少于1个。

7.0.2 基坑工程监测工作应贯穿于基坑工程和地下工程施工全过程。监测期应从基坑工程施工前开始,直至地下工程完成为止。对有特殊要求的基坑周边环境的监测应根据需要延续至变形趋于稳定后结束。

7.0.4 当出现下列情况之一时,应提高监测频率:

1 监测数据达到报警值。

2 监测数据变化较大或者速率加快。

3 存在勘察未发现的不良地质。

4 超深、超长开挖或未及时加撑等违反设计工况施工。

5 基坑及周边大量积水、长时间连续降雨、市政管道出现泄漏。

6 基坑附近地面荷载突然增大或超过设计限值。

7 支护结构出现开裂。

8 周边地面突发较大沉降或出现严重开裂。

9 邻近建筑突发较大沉降、不均匀沉降或出现严重开裂。

10 基坑底部、侧壁出现管涌、渗漏或流沙等现象。

11 基坑工程发生事故后重新组织施工。

12 出现其他影响基坑及周边环境安全的异常情况。

8.0.7 当出现下列情况之一时,必须立即进行危险报警,并应对基坑支护结构和周边环境中的保护对象采取应急措施。

1 监测数据达到监测报警值的累计值。

2 基坑支护结构或周边土体的位移值突然明显增大或基坑出现流沙、管涌、隆起、陷落或较严重的渗漏等。

3 基坑支护结构的支撑或锚杆体系出现过大变形、压屈、断裂、松弛或拔出的迹象。

4 周边建筑的结构部分、周边地面出现较严重的突发裂缝或危害结构的变形裂缝。

5 周边管线变形突然明显增大或出现裂缝、泄漏等。

6 根据当地工程经验判断，出现其他必须进行危险报警的情况。

16 《建筑施工脚手架安全技术统一标准》GB 51210—2016

8.2 作业脚手架

8.2.1 作业脚手架的宽度不应小于0.8m，且不宜大于1.2m。作业层高度不应小于1.7m，且不宜大于2.0m。

8.2.2 作业脚手架应按设计计算和构造要求设置连墙件，并应符合下列规定：

1 连墙件应采用能承受压力和拉力的构造，并应与建筑结构和架体连接牢固。

2 连墙点的水平间距不得超过3跨，竖向间距不得超过3步，连墙点之上架体的悬臂高度不应超过2步。

3 在架体的转角处、开口型作业脚手架端部应增设连墙件，连墙件的垂直间距不应大于建筑物层高，且不应大于4.0m。

8.2.3 在作业脚手架的纵向外侧立面上应设置竖向剪刀撑，并应符合下列规定：

1 每道剪刀撑的宽度应为4～6跨，且不应小于6m，也不应大于9m；剪刀撑斜杆与水平面的倾角应在45°～60°之间。

2 搭设高度在24m以下时，应在架体两端、转角及中间每隔不超过15m各设置一道剪刀撑，并由底至顶连续设置；搭设高度在24m及以上时，应在全外侧立面上由底至顶连续设置。

3 悬挑脚手架、附着式升降脚手架应在全外侧立面上由底至顶连续设置。

8.2.5 作业脚手架底部立杆上应设置纵向和横向扫地杆。

8.2.6 悬挑脚手架立杆底部应与悬挑支撑结构可靠连接；应在立杆底部设置纵向扫地杆，并应间断设置水平剪刀撑或水平斜撑杆。

8.2.8 作业脚手架的作业层上应满铺脚手板，并应采取可靠的连接方式与水平杆固定。当作业层边缘与建筑物间隙大于150mm时，应采取防护措施。作业层外侧应设置栏杆和挡脚板。

8.3 支撑脚手架

8.3.1 支撑脚手架的立杆间距和步距应按设计计算确定，且间距不宜大于1.5m，步距不应大于2.0m。

8.3.2 支撑脚手架独立架体高宽比不应大于3.0。

8.3.3 当有既有建筑结构时，支撑脚手架应与既有建筑结构可靠连接，连接点至架体主节点的距离不宜大于300mm，应与水平杆同层设置，并应符合下列规定：

1 连接点竖向间距不宜超过2步。

2 连接点水平向间距不宜大于8m。

8.3.4 支撑脚手架应设置竖向剪刀撑，并应符合下列规定：

1 安全等级为Ⅱ级的支撑脚手架应在架体周边、内部纵向和横向每隔不大于9m设置一道。

2 安全等级为Ⅰ级的支撑脚手架应在架体周边、内部纵向和横向每隔不大于6m设置一道。

3 每道竖向剪刀撑的宽度宜为6~9m，剪刀撑斜杆与水平面的倾角应为45°~60°。

8.3.6 支撑脚手架应设置水平剪刀撑，并应符合下列规定：

1 安全等级为Ⅱ级的支撑脚手架宜在架顶处设置一道水平剪刀撑。

2 安全等级为Ⅰ级的支撑脚手架应在架顶、竖向每隔不大于8m各设置一道水平剪刀撑。

3 每道水平剪刀撑应连续设置，剪刀撑的宽度宜为6~9m。

8.3.9 支撑脚手架的水平杆应按步距沿纵向和横向通长连续设置，不得缺失。在支撑脚手架立杆底部应设置纵向和横向扫地杆，水平杆和扫地杆应与相临立杆连接牢固。

8.3.10 安全等级为Ⅰ级的支撑脚手架顶层两步距范围内架体的纵向和横向水平杆宜按减小步距加密设置。

8.3.13 支撑脚手架的可调底座和可调托座插入立杆的长度不应小于150mm，其可调螺杆的外伸长度不宜大于300mm。当可调托座调节螺杆的外伸长度较大时，宜在水平方向设有限位措施，其可调螺杆的外伸长度应按计算确定。

8.3.14 当支撑脚手架同时满足下列条件时，可不设置竖向、水平剪刀撑：

1 搭设高度小于5m，架体高宽比小于1.5。

2 被支撑结构自重面荷载不大于$5kN/m^2$；线荷载不大于$8kN/m$。

3 杆件连接节点的转动刚度应符合本标准要求。

4 架体结构与既有建筑结构按本标准第8.3.3条的规定进行了可靠连接。

5 立杆基础均匀，满足承载力要求。

8.3.15 满堂支撑脚手架应在外侧立面、内部纵向和横向每隔6~9m由底至顶连续设置一道竖向剪刀撑，在顶层和竖向间隔不超过8m处设置一道水平剪刀撑，并应在底层立杆上设置纵向和横向扫地杆。

9.0.5 作业脚手架连墙件的安装必须符合下列规定：

1 连墙件的安装必须随作业脚手架搭设同步进行，严禁滞后安装。

2 当作业脚手架操作层高出相邻连墙件2步及以上时，在上层连墙件安装完毕前，必须采取临时拉结措施。

9.0.8 脚手架的拆除作业必须符合下列规定：

1 架体的拆除应从上而下逐层进行，严禁上下同时作业。

2 同层杆件和构配件必须按先外后内的顺序拆除；剪刀撑、斜撑杆等加固杆件必须在拆卸至该部位杆件时再拆除。

3 作业脚手架连墙件必须随架体逐层拆除，严禁先将连墙件整层或数层拆除后再拆架体。拆除作业过程中，当架体的自由端高度超过2步时，必须加设临时拉结措施。

11.2.2 严禁将支撑脚手架、缆风绳、混凝土输送泵管、卸料平台及大型设备的支撑件等固定在作业脚手架上。严禁在作业脚手架上悬挂起重设备。

11.2.4 作业脚手架外侧和支撑脚手架作业层栏杆应采用密目式安全网或其他措施全封闭防护。密目式安全网应为阻燃产品。

11.2.5 作业脚手架临街的外侧立面、转角处应采取硬防护措施，硬防护的高度不应小于1.2m，转角处硬防护的宽度应为作业脚手架宽度。

11.2.6 作业脚手架同时满载作业的层数不应超过2层。

11.2.11 支撑脚手架在施加荷载的过程中，架体下严禁有人。

17 《建筑施工扣件式钢管脚手架安全技术规范》JGJ 130—2011

3.1.2 脚手架钢管宜采用 $\phi 48.3 \times 3.6mm$ 钢管。每根钢管的最大质量不应大于25.8kg。

3.2.2 扣件在螺栓拧紧扭力矩达到65N·m时，不得发生破坏。

3.3.1 脚手板可采用钢、木、竹材料制作，单块脚手板的质量不宜大于30kg。

3.4.1 可调托撑螺杆外径不得小于36mm。

3.4.3 可调托撑受压承载力设计值不应小于40kN，支托板厚不应小于5mm。

4.2.3 当在双排脚手架上同时有2个及以上操作层作业时，在同一跨距内各操作层的施工均布荷载标准值总和不得超过$5.0kN/m^2$。

6.2.2-1 作业层上非主节点处的横向水平杆，宜根据支撑脚手板的需要等间距设置，最大间距不应大于纵距的1/2。

6.3.4 单、双排脚手架底层步距均不应大于2m。

6.3.7 脚手架立杆顶部栏杆宜高出女儿墙上端1m，宜高出檐口上端1.5m。

6.4.2 脚手架连墙件数量的设置除应满足本规范的计算要求外，还应符合下表的规定。

连墙件布置最大间距

搭设方法	高度	竖向间距（h）	水平间距（l_a）	每根连墙件覆盖面积（m^2）
双排落地	≤50m	$3h$	$3l_a$	≤40
双排悬挑	>50m	$2h$	$3l_a$	≤27
单排	≤24m	$3h$	$3l_a$	≤40

注：h—步距；l_a—纵距。

6.4.3 连墙件的布置应符合下列规定：

1 应靠近主节点设置，偏离主节点的距离不应大于300mm。

2 应从底层第一步纵向水平杆处开始设置，当该处设置有困难时，应采用其他可靠措施固定。

3 应优先采用菱形布置，或采用方形、矩形布置。

6.4.4 开口型脚手架的两端必须设置连墙件，连墙件的垂直间距不应大于建筑物的层高,并且不应大于 4m。

6.6.2　单、双排脚手架剪刀撑的设置应符合下列规定:

1　每道剪刀撑跨越立杆的根数应按下表规定确定。每道剪刀撑宽度不应小于 4 跨,且不应小于 6m,斜杆与地面的倾角应在 45°~60°之间。

剪刀撑跨越立杆的最多根数

剪刀撑斜杆与地面的倾角 α	45°	50°	60°
剪刀撑跨越立杆的最多根数 n	7	6	5

2　剪刀撑斜杆的接长应采用搭接或对接,搭接应符合本规范第 6.3.6 条第 2 款的规定。

3　剪刀撑斜杆应用旋转扣件固定在与之相交的横向水平杆的伸出端或立杆上,旋转扣件中心线至主节点的距离不应大于 150mm。

6.9.1　满堂支撑架步距不宜超过 1.8m,立杆间距不宜超过 1.2m。立杆伸出顶层水平杆中心线至支撑点的长度不应超过 0.5m。满堂支撑架搭设高度不宜超过 30m。

6.9.6　满堂支撑架的可调底座、可调托撑螺杆伸出长度不宜超 300mm,插入立杆内的长度不得小于 150mm。

6.10.1　一次悬挑脚手架高度不宜超过 20m。

6.10.2　型钢悬挑梁宜采用双轴对称截面的型钢。悬挑钢梁型号及铺固件应按设计确定,钢梁截面高度不应小于 160mm。悬挑梁尾端应在两处及以上固定于钢筋混凝土梁板结构上。锚固型钢悬挑梁的 U 形钢筋拉环或锚匝螺栓直径不宜小于 16mm。

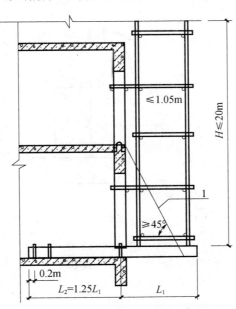

型钢悬挑脚手架构构造
1—钢丝绳或钢拉杆

6.10.5　悬挑钢梁悬挑长度应按设计确定,固定段长度不应小于悬挑段长度的 1.25 倍。型钢悬挑梁固定端应采用 2 个(对)及以上 U 形钢筋拉环或锚固螺栓与建筑结构梁板固定。

6.10.8 锚固位置设置在楼板上时，楼板的厚度不宜小于120mm。如果楼板的厚度小于120mm，应采取加固措施。

6.10.9 悬挑梁间距应按悬挑架架体立杆纵距设置，每一纵距设置一根。

6.10.10 悬挑架的外立面剪刀撑应自下而上连续设置。

6.10.12 锚固型钢的主体结构混凝土强度等级不应低于C20。

7.4.3 当脚手架拆至下部最后一根长立杆的高度（约6.5m）时，应先在适当位置搭设临时抛撑加固后，再拆除连墙件。当单、双排脚手架采取分段、分立面拆除时，对不拆除的脚手架两端，应先设置连墙件和横向斜撑加固。

18 《塔式起重机混凝土基础工程技术标准》 JGJ/T 187—2019

3.0.4 塔机基础和地基应分别按下列规定进行计算：

1 塔机基础及地基均应满足承载力计算的有关规定

2 塔机基础应进行地基变形计算

注：当地基主要受力层的承载力特征值（f_{ak}）不小于130kPa；或小于130kPa但有地区经验，且黏性土的状态不低于可塑、砂土的密实度不低于稍密时，可不进行塔机基础的天然地基变形验算，其他塔机基础的天然地基均应进行变形验算。

3 塔机基础应进行稳定性计算

注：当塔机基础底标高接近稳定边坡坡底或基坑底部，并符合下列要求之一时，可不做地基稳定性验算：

（1）a不小于2.0m，c不大于1.0m，f_{ak}不小于130kPa，且其下无软弱下卧层。

（2）采用桩基础。

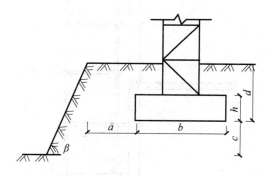

基础位于边坡的示意

a—基础底面外边缘线至坡顶的水平距离（m）；b—垂直于坡顶边缘线的基础底面边长（m）；
c—基础底面至坡（坑）底的竖向距离（m）；d—基础埋置深度（m）；β—边坡坡角（°）

5.2.1 基础高度应满足塔机预埋件的抗拔要求，且不宜小于1200mm，不宜采用坡形或台阶形截面的基础。

5.2.2 基础的混凝土强度等级不应低于C30，垫层混凝土强度等级不应低于C20，混凝土垫层厚度不宜小于100mm。

5.2.3 板式基础在基础表层和底层配置直径不应小于12mm、间距不应大于200mm的钢筋，且上下层主筋用间距不大于500mm的竖向构造钢筋连接。

5.2.5 矩形基础的长边与短边长度之比不应大于2，宜采用方形基础，十字形基础的节点处应采用加腋构造。

8.1.3 安装塔机时基础混凝土应达到80%以上设计强度，塔机运行使用时基础混凝土应达到设计强度的100%。

19 《混凝土强度检验评定标准》GB/T 50107—2010

4.1.3 试件的取样频率和数量应符合下列规定：
1 每100盘，但不超过100m^3的同配合比混凝土，取样次数不应少于一次。
2 每一工作班拌制的同配合比混凝土，不足100盘和100m^3时其取样次数不应少于一次。
3 当一次连续浇筑的同配合比混凝土超过1000m^3时，每200m^3取样不应少于一次。
4 对房屋建筑，每一楼层、同一配合比的混凝土，取样不应少于一次。
4.2.1 每次取样应至少制作一组标准养护试件。
4.2.2 每组3个试件应由同一盘或同一车的混凝土中取样制作。
4.3.1 每组混凝土试件强度代表值的确定，应符合下列规定：
1 取3个试件强度的算术平均值作为每组试件的强度代表值。
2 当一组试件中强度的最大值或最小值与中间值之差超过中间值的15%时，取中间值作为该组试件的强度代表值。
3 当一组试件中强度的最大值和最小值与中间值之差均超过中间值的15%时，该组试件的强度不应作为评定的依据。
注：根据设计规定，可采用大于28d龄期的混凝土试件。

20 《建筑工程施工质量验收统一标准》GB 50300—2013

4.0.2 单位工程应按下列原则划分：
1 具备独立施工条件并能形成独立使用功能的建筑物或构筑物为一个单位工程。
2 对于规模较大的单位工程，可将其能形成独立使用功能的部分划分为一个子单位工程。
4.0.3 分部工程应按下列原则划分：
1 可按专业性质、工程部位确定。
2 当分部工程较大或较复杂时，可按材料种类、施工特点、施工程序、专业系统及类别将分部工程划分为若干个子分部工程。
4.0.4 分项工程可按主要工种、材料、施工工艺、设备类别进行划分。
4.0.5 检验批可根据施工、质量控制和专业验收的需要，按工程量、楼层、施工段、变形缝进行划分。
5.0.6 当建筑工程施工质量不符合要求时，应按下列规定进行处理：

1　经返工或返修的检验批，应重新进行验收。
　　2　经有资质的检测机构检测鉴定能够达到设计要求的检验批，应予以验收。
　　3　经有资质的检测机构检测鉴定达不到设计要求、但经原设计单位核算认可能够满足安全和使用功能的检验批，可予以验收。
　　4　经返修或加固处理的分项、分部工程，满足安全及使用功能要求时，可按技术处理方案和协商文件的要求予以验收。
　　5.0.7　工程质量控制资料应齐全完整。当部分资料缺失时，应委托有资质的检测机构按有关标准进行相应的实体检验或抽样试验。
　　5.0.8　经返修或加固处理仍不能满足安全或重要使用要求的分部工程及单位工程，严禁验收。
　　6.0.1　检验批应由专业监理工程师组织施工单位项目专业质量检查员、专业工长等进行验收。
　　6.0.2　分项工程应由专业监理工程师组织施工单位项目专业技术负责人等进行验收。
　　6.0.3　分部工程应由总监理工程师组织施工单位项目负责人和项目技术负责人等进行验收。
　　勘察、设计单位项目负责人和施工单位技术、质量部门负责人应参加地基与基础分部工程的验收。
　　设计单位项目负责人和施工单位技术、质量部门负责人应参加主体结构、节能分部工程的验收。
　　6.0.4　单位工程中的分包工程完工后，分包单位应对所承包的工程项目进行自检，并应按本标准规定的程序进行验收。验收时，总包单位应派人参加。分包单位应对所分包工程的质量控制资料整理完整，并移交给总包单位。
　　6.0.5　单位工程完工后，施工单位应组织有关人员进行自检。总监理工程师应组织各专业监理工程师对工程质量进行竣工预验收。存在施工质量问题时，应由施工单位整改。整改完毕后，由施工单位向建设单位提交工程竣工报告，申请工程竣工验收。
　　6.0.6　建设单位收到工程竣工报告后，应由建设单位项目负责人组织监理、施工、设计、勘察等单位项目负责人进行单位工程验收。
　　H.0.2　《单位工程质量竣工验收记录》中的验收记录由施工单位填写，验收结论由监理单位填写。综合验收结论经参加验收各方共同商定，由建设单位填写，应对工程质量是否符合设计文件和相关标准的规定及总体质量水平作出评价。
　　注：单位工程验收时，验收签字人员应由相应单位的法人代表书面授权。